宁波技能人才发展报告

（2016）

宁波市人力资源和社会保障局/编

科学出版社

北京

内 容 简 介

本书共分发展综述、综合评价、专题调查、区域发展、比较分析、特别报告和工作重点七部分展开，准确反映宁波市技能人才发展水平，及时把握全市技能人才发展动态，剖析宁波市技能人才工作的特色与问题，提出推进宁波市技能人才发展的政策建议，力图为从事技能人才工作的领导者、实践者和研究者等提供工作参考，为全国技能人才队伍建设提供宁波样本、贡献宁波智慧。

"发展综述篇"综述 2016 年度宁波市技能人才发展现状；"综合评价篇"具体刻画、立体展现宁波市技能人才发展动态；"专题调查篇"深入剖析技能人才发展面临的问题与挑战；"区域发展篇"真实展示各区域的工作亮点与特色；"比较分析篇"全面比较区域技能人才竞争力；"特别报告篇"发布"宁波市技能人才发展指数研究报告"，直观展现全市、各县市区及各重点行业技能人才发展水平和变化趋势；"工作重点篇"对宁波市技能人才发展的形势作出预判与规划。

图书在版编目（CIP）数据

宁波技能人才发展报告.2016／宁波市人力资源和社会保障局编. —北京：科学出版社，2018.6

ISBN 978-7-03-057802-0

Ⅰ.①宁…　Ⅱ.①宁…　Ⅲ.①技术人才–人才培养–研究报告–宁波–2016　Ⅳ.①G316

中国版本图书馆 CIP 数据核字（2018）第 124758 号

责任编辑：魏如萍／责任校对：贾娜娜
责任印制：吴兆东／封面设计：无极书装

科 学 出 版 社 出版
北京东黄城根北街 16 号
邮政编码：100717
http://www.sciencep.com

北京虎彩文化传播有限公司 印刷
科学出版社发行　各地新华书店经销

*

2018 年 6 月第 一 版　　开本：720×1000　1/16
2018 年 6 月第一次印刷　　印张：15
字数：300 000

定价：105.00 元
（如有印装质量问题，我社负责调换）

本书编委会

名誉主编：宋越舜

主　　编：陈　瑜

副 主 编：王效民　范柏乃

成　　员：陈美君　陈　斌　金　洁　张　骞
　　　　　张茜蓉　刘四方

前　言

十九大报告提出，贯彻新发展理念，建设现代化经济体系。我国经济已由高速增长阶段转向高质量发展阶段，正处在转变发展方式、优化经济结构、转换增长动力的攻关期，建设现代化经济体系是跨越关口的迫切要求和我国发展的战略目标。技能人才，特别是高技能人才，已成为区域竞争的战略资源，是创新技术技能、创造社会财富的主要力量。"建设知识型、技能型、创新型劳动者大军，弘扬劳模精神和工匠精神，营造劳动光荣的社会风尚和精益求精的敬业风气"是党的十九大赋予技能人才队伍建设工作的使命，为技能人才工作明确了新的奋斗目标，开启了技能人才发展的新局面。

宁波市始终将技能人才发展作为重点工作，立足地方现有实际，学习借鉴国内外先进经验，加大政策支持力度，理顺管理体制，改进培养方式，努力打造一支适应地方经济社会发展需要、数量充足、结构合理、技术精湛、素质优良的技能人才队伍。近年来，宁波市更是将技能人才开发作为推进"一圈三中心"建设的重要突破方向，纳入城市补短板创优势整体发展战略，职业教育培训稳步发展，评价服务机制日益健全，建立了政府、院校、企业联合培养高技能人才的网络体系，构建了较为完善的高技能人才培养的激励保障制度。

对人才发展的系统调研，是客观评价人才发展水平、摸清人才发展薄弱环节的重要手段。在此背景下，宁波市人力资源和社会保障局开展系统调研，研究编写《宁波技能人才发展报告（2016）》，希望能够实现三大目标：一是为进一步推进宁波技能人才发展提供坚实理论和翔实资料，推动打造"技能宁波"城市品牌，助力建设人才生态最优市；二是填补技能人才蓝皮书研究领域的空白，为技能人才发展研究提供有益探索，唤醒社会对技能人才发展问题的关注；三是为从事技能人才工作的实践者和研究者等提供工作参考，为全国技能人才队伍建设提供宁波样本、贡献宁波智慧。

本书共分为七篇展开：一是发展综述篇，综述 2016 年度宁波市技能人才发展现状；二是综合评价篇，从技能人才队伍建设、技能人才成长环境、技能人才与产业发展协调性等三个方面立体展现宁波市技能人才发展现状，同时设计技能人才队伍建设绩效综合评价方案，客观评价技能人才发展水平，把握发展动态；三是专题调查篇，围绕技能人才发展的各个环节，面向各工作主体（院校、企业、技能人才），开展技工院校（机构）技能人才培养调查、企业技能人才供给与需求调查、技能人才工作与生活状况调查等三项专题调查，系统考察各环节的基本特征，全面追踪各主体的真实感受，深入剖析技能人才发展面临的问题与挑战，为技能人才工作提供决策依据；四是区域发展篇，收集宁波市各区县（市）技能人才工作的主要做法和经验，真实展示各区域的工作亮点与特色，为全市乃至全国技能人才工作提供参考；五是比较分析篇，从技能人才队伍结构、企业技能人才评价和工作环境满意度等三个维度对宁波市各区县（市）技能人才发展进行比较分析，科学剖析优势与不足，全面比较各区域技能人才竞争力，为各地提供决策依据，同时收集其他城市技能人才发展经验，为宁波市技能人才发展提供经验借鉴；六是特别报告篇，发布"宁波市技能人才发展指数报告"，从技能人才发展供求指数、质量指数、潜力指数、环境指数四个维度构建宁波市技能人才发展指数模型，直观展现全市、各区县（市）及各重点行业技能人才发展水平和变化趋势；七是工作重点篇，对宁波市技能人才发展的形势作出预判，规划今后宁波技能人才发展与工作重点。

　　本书在撰写过程中，得到了宁波市各地人社部门同仁的鼎力支持，在此表示诚挚的感谢！同时，感谢参与调研的相关企业、相关院校，以及来自各行各业技能人才的积极配合！

　　由于能力所限和时间仓促，本书仍会存在许多不足与需要完善之处，恳请各位同仁和读者继续批评指正。未来，我们也将持续开展技能人才相关研究和实践工作，尽最大努力，争取为技能人才发展做出更大的贡献。

目　　录

第一篇 发展综述

1 弘扬工匠精神 打造"技能宁波"品牌

——2016 年宁波市技能人才发展综述

弘扬工匠精神、培养大国工匠已成为时代使命。"十三五"时期是我国全面建成小康社会的决定性阶段和全面实施"制造强国"战略的关键期，是宁波建设的战略机遇期。实施"中国制造 2025"，加快制造业转型升级，实现制造大国向制造强国转变，需要培养大批拥有工匠精神的技能人才。

当前，宁波经济社会发展已进入速度换挡、结构调整、转型升级的关键时期，产业结构正从以中低端为主向以中高端为主提升，技能人才已成为区域竞争的战略资源。面对新形势、新任务和新要求，必须从经济社会发展的战略高度加快推进技能人才工作，坚定不移地走技能兴市之路，为推动宁波"中国制造 2025"试点城市建设、产业转型升级和经济社会持续发展提供技能人才支撑。

2016 年，宁波市把技能人才开发作为推进"一圈三中心"建设的重要突破方向，纳入城市补短板创优势整体发展战略，以争创国家技能人才振兴综合示范区为目标，通过立法规范、规划引领，助推技能人才开发工作，建设一支数量充足、技能精湛、素质优秀的技能人才队伍，实现技能人才服务产业健康、快速发展，打造技能优先、技能领先的"技能宁波"。技能人才发展主要呈现以下鲜明特点。

1.1 技能人才队伍发展稳步前进

2016 年，宁波市委市政府高度重视技能人才队伍建设，将其作为人才强市的重要举措，不断加大投入，拓宽培养途径，完善评价方法，强化激励措施，推动了技能人才，特别是高技能人才队伍的建设。截至 2016 年年底，宁波全市技能人才总量为 129 万人，高技能人才总量为 33.3 万人，高技能人才占技能人才比重由"十二五"初期的 19%提高到目前的 25.8%。完成各类城乡劳动者职业技能培训 25.8 万人次，高技能人才培训 3.8 万人次，新增市级技能大师工作室 10 家，累计 60 家；新增省级技能大师工作室 6 家，累计 30 家。新增全国技术能手 2 人，累计 29 人。同时，两项"国字号"荣誉首次落户宁波，宁波舟山港集团的胡耀华获"中华技能大奖"；宁波技师学院、宁波古林职业高级中学分别获批成为第 44 届世界技能大赛塑料模具工程项目、烹饪项目中国集训基地。

1.2 地方立法护航技能人才开发

推进职业技能地方立法，主要是通过建立正式的制度安排来弘扬工匠精神，解决职业技能培训工作存在的问题，通过增强技能人才的供给提高产业的供给能力。宁波在全国率先开展职业技能培训地方立法，《宁波市职业技能培训条例》已于 2016 年 7 月 1 日起正式实施，该法规重点从理顺管理体制、明确企业责任义务和加快市场化培训等方面着手，为技能人才培养提供制度安排。

一是理顺管理体制。针对职能不清、多头管理等问题，从法律上明确人力资源和社会保障部（人社部）是职业技能培训工作主管部门，建立职业技能培训协调机制。规定职业技能培训工作应当纳入国民经济和社会发展规划、人才发展总体规划，着力解决培训资源缺乏整合等问题。

二是加快市场培育。进一步放开市场准入，支持民间资金参与职业技能培训机构发展建设，实行分类登记管理，允许营利性民办培训机构按企业法人进行登记，推进技能人才培训市场化发展。

三是制定配套办法。制定实施职业技能培训补贴、职业技能竞赛管理等配套办法，探索差别化职业补贴标准，推动条例落地生根。根据产业发展规划、职业市场需求、人才紧缺程度和培训成本，将补贴工种划分为 A、B、C、D 四大类。同时，突出高技能人才培养，提升宁波市高技能人才总量，对高级工及以上的级别，补贴标准进行了较大幅度提升，最高较原标准提升了 90%。职业培训补贴紧贴产业发展和市场需求，充分发挥政策引导、资金引领的作用。

1.3　行动计划引领技能人才工作

为对接"中国制造 2025"试点示范城市建设，着眼技能人才发展规划顶层设计，宁波市人力资源和社会保障局制定了《宁波市高技能人才"十三五"规划（2016—2020）》，为技能人才培养提供了目标和实施路径。同时，配套实施了《"技能宁波"三年行动计划（2016～2018 年）》，将其纳入市政府工作报告，并作为对县（市、区）人社部门目标管理考核的重要内容，积极推进名师、名匠、名校建设，努力打造立足宁波、面向长三角的技能人才开发、培训、评价和竞赛高地。

四大建设目标引领。《"技能宁波"三年行动计划（2016～2018 年）》主要包含以下四大建设目标。

（1）壮大技能人才队伍规模。到 2018 年年末，全市技能人才总量达到 150 万人，高技能人才总量 40 万人；力争技能人才占从业人员比例达到 40%，高技能人才占技能人才比例达 28%，形成与经济社会发展相适应，比例结构基本合理的技能人才发展格局。

（2）建设技能人才培养平台。初步建成 1 家综合性公共实训中心、5 家区域性公共实训基地、5 家专业性公共实训基地，增设 30 家市级技能大师工作室，培育 10 所专业特色鲜明、具有影响力的技工院校。

（3）完善技能人才评价机制。完善以企业技能人才评价和社会化职业技能鉴定为主要内容的多元评价体系。开发 5～10 个精品职业技能培训鉴定题库，培育 10～20 家示范性职业技能鉴定所（站），培养 100 名优秀职业技能鉴定考评人员。

（4）优化技能人才成长环境。完善高技能人才成长的政策体系和制度环境，形成高技能人才引进、培养、使用的良好环境，优化技能人才结构。组织开展多形式多层次技能竞赛活动，积极承办全国技能大赛，力争承办世界技能大赛集训，营造"劳动光荣、技能宝贵、创造伟大"的良好氛围。

十大主要任务先行。《"技能宁波"三年行动计划（2016～2018年）》主要包含以下重点项目：①"国家技能振兴综合示范区"创建计划；②"技能宁波"新型智库建设计划；③"551"高技能引才集聚计划；④技能人才培训计划；⑤高技能人才"155"公共实训基地建设计划；⑥技工院校发展行动计划；⑦技能人才评价推进计划；⑧技能创业孵化平台建设计划；⑨技能人才校企合作推进计划；⑩技能人才成长环境优化计划。

1.4 发展指数评估技能人才发展

2016年，宁波市首次发布"技能人才发展指数"，主要服务于"中国制造2025"试点示范城市建设要求，构建宁波市技能人才发展指数的测度模型，了解和把握全市、各县（市、区）及各行业技能人才发展水平的现状和变化趋势，为"技能宁波"建设提供及时、客观的决策依据。

重点领域全覆盖。技能人才发展指数报告对宁波14个县（市、区）和重点发展区域，以及17个重点行业领域的技能人才发展状况进行了评价，涉及机械制造与模具、汽车及零部件、纺织服装、石化、钢铁冶金、日用家电等6个传统优势产业，新能源与节能技术、新材料、生物医药、精密仪器仪表、电子信息与光电等5个新兴产业，以及人力资源服务、会展与旅游、餐饮服务、现代物流、科技服务、商业与贸易6个现代服务业。

四大指数全评估。一是技能人才发展供求指数，通过技能人才供给指数和需求指数两个分指数对宁波市技能人才需求供给状况进行动态监测。二是技能人才发展质量指数，通过技能人才结构指数、流动指数两个分指数对技能人才的发展质量进行检测，主要涉及技能人才年龄、学历、职称结构和技能人才流动情况。三是技能人才发展潜力指数，通过技能人才储备指数和培训指数两个分指标对技能人才发展潜力进行评估，主要涉及青年技能人才储备情况、技能培训教学水平与效果。四是技能人才发展环境指数，由技能人才发展工作环境指数、政策环境指数、文化环境指数、环境信心指数四个分指标构成，主要涉及对培训机制、晋升机制、薪酬制度、激励机制、工作场所满意度，政策满意度、政策知晓度，对职业教育的认可度、对技能人才的尊重和认可度，对目前工作的信心、对未来技能人才发展的信心等方面。

1.5 "155"公共实训体系搭建培养平台

结合宁波市新兴产业结构特点，按照"统筹规划、合理布局、资源共享、高端引领"的原则，充分利用各类职业院校、技工院校及大型骨干企业的资源优势，整合优质资源，统筹规划新兴产业高技能人才公共实训基地建设。至2018年年末，初步完成1个市级综合性公共实训中心，5个区域性公共实训基地，5个专业性公共实训基地建设，构筑功能互补、特色发展的"综合性＋区域性＋专业性"的高技能人才实训体制，为技能人才专业化提升提供平台基础。

一是综合性公共实训中心。按照"资源共享、高端引领"的原则，把握《中国制造2025》的战略契机，建设 1 个主要面向宁波市的重点产业，集职业技能培训、技能鉴定、师资培训、创业培训、世赛集训、国赛承接等于一体的市级综合性公共实训中心，开展职业教育师资培训、高技能人才和创业人才培训与评价服务，与院校紧密结合，与企业深度融合，发挥其对产业升级、结构调整、技术创新的推动和引领作用。

二是区域性公共实训基地。结合区域经济发展的特点和产业发展的需求，由政府和民间共同出资在区县周边共建 5 个区域性公共实训基地，发挥基地辐射作用，带动周边相关产业发展，满足当地院校、企业、社会培训机构等基本技能实训的需要，承担一般性、基础性技能实训项目。

三是专业性公共实训基地。利用行业组织、龙头企业、职业院校、社会培训机构在某个专业实训领域的特色优势和优质资源，建设 5 家专业性公共实训基地，满足自身实训需求的同时，面向其他院校、社会培训机构和企业提供专项技能实训、技能培训等服务。

1.6 "港城工匠"计划助力技能人才提升

2016 年，宁波市专门出资 2000 万元，建立"港城工匠发展基金"，用于一线优秀技术工人学历技能提升的教育培训补助，对入选"港城工匠"的人才给予一定奖励，并优先推荐参加国家、省、市各类高技能人才计划和荣誉的评选。2016 年 7 月以来，为进一步传承宁波文化，弘扬工匠精神、劳动精神，培养一批长期奋战在生产一线、爱岗敬业、技艺精湛、精益求精、勇于创新、追求卓越的优秀劳动者，宁波市总工会、宁波市经济和信息化委员会、宁波市人力资源和社会保障局联合发起"寻找身边工匠"活动，向社会公开征集"港城工匠"候选人，经过层层筛选，最终选出了宁波首批 50 名"港城工匠"，每人可获学历技能提升补助金 1 万元。

为实施"港城工匠"培育计划，宁波市构筑了五大平台[①]。

一是构建"港城工匠"孵化发育平台。宁波市总工会首次出资 2000 万元，发起建立"港城工匠发展基金"，五年内全额用于一线优秀技术工人学历技能提升的教育培训补助。成立"宁波职工发展中心"，做大做强工会培训机构，通过与知名高校、职业院校、大型企业的项目化合作，深化职工学历继续教育、职业技能培训、工会业务培训、职工文艺培训等项目。

二是构建"港城工匠"成长成才平台。推进企业职工技能等级自主评聘，推广由市场和企业评价技能人才的做法，促进传统技能人才评价方式转型。重点围绕企业生产关键技术、前沿技术、高端技术和解决生产难题的工种，大力开展各级各类职工职业技能大赛。

三是构建"港城工匠"创新实践平台。全面深化一线职工"五小"竞赛，以及合理化建议"金点子"征集、疑难问题揭榜攻关、先进操作法总结推广等活动，激发广大职工立足岗位创新实践的积极性。提升劳模创新工作室创建质量，注重打造"劳模精神弘扬基地、

① http://www.nbec.gov.cn/art/2017/3/28/art_6982_12.html.

职工技能提升基地、创新成果孵化基地、优秀人才成长基地"四大功能合一的综合体。推出"港城工匠创新成果展",真正发挥精英模范对广大职工立足岗位创业创新的导向激励作用。

四是积极构建"港城工匠"带徒传艺平台。组织"万名技师带高徒",积极组织和引导劳模创新工作室领衔人、首席工人、技术能手等享受政府技能人才津贴的高技能人才都能自觉参与"万名技师带高徒"活动。市本级每年遴选100名师父与学徒签订《师徒结对协议书》,进行重点关注和跟踪服务,对带徒业绩突出的师父,授予"名师"荣誉称号。

五是积极构建"港城工匠"集结聚力平台。建设"工匠智库",吸纳"港城工匠"、劳动模范、首席工人、技术能手加盟,形成若干工种的专业委员会,推动形成基础广泛、专业丰富、人才荟萃的宁波市技能人才专家库。大力表彰"港城工匠",当选年度"港城工匠"的职工,可获"港城工匠发展基金"拨付的学历技能提升补助金1万元,免费享受宁波半边山工人疗养院休养体检一次,同等条件下可优先推荐为省、市五一劳动奖章获得者。

1.7　系列活动打造"技能宁波"城市品牌

2016年,宁波市以职业技能培训立法、世界技能大赛中国集训基地创建、中华技能大奖评选、世界青年技能日、"技星汇"活动等为契机,组织开展多项品牌活动完善技能人才成长的政策体系和制度环境,形成技能人才引进、培养、使用的良好环境,打造"技能宁波"城市品牌,营造"劳动光荣、技能宝贵、创造伟大"的社会氛围。

一是全方位开展技能成才宣传活动。2016年,宁波市通过《中国劳动保障报》、《宁波日报》等纸质媒体,宁波电视台等电视媒体,人民网、凤凰网及央广网、技能中国、浙江人社等网络媒体,持续推出《打造"技能宁波"做大培训市场——我国首部职业技能培训地方法规正式颁布实施》《青年技能人才占我市高技能人才"半壁江山"》《宁波市首次获批世界技能大赛中国集训基地》《我市工人首度摘取"中华技能大奖"多项"组合拳"助推"金蓝领"一线成才》等系列专题报道。充分利用了广播、电视、报纸、网络等新闻媒体和各种形式的宣传活动,较好地动员全社会关心和支持高技能人才队伍建设,共同营造"劳动光荣、技能宝贵、创造伟大"的社会氛围。

二是品牌活动开创"技能宁波"新名片。在前五届"百校千企"活动的基础上,创新高技能人才培养平台,推出宁波市高技能人才"技星汇"活动。组织了世赛标准与高技能人才培养研讨会、非物质文化遗产传承人进行技能展示、"寻找身边工匠"活动、"技能之星"职业技能大赛及《宁波市技能人才发展指数报告》发布等活动。其中,完成第三届"技能之星"职业技能大赛10个职业(工种)的比赛,举办"技能之星"颁奖晚会。同时,组织开展多种形式的职业技能竞赛活动,全年指导各部门、行业协会组织开展市级一类、二类竞赛200余项,极大地调动了广大劳动者学技术、比技能的积极性。

三是推动世界技能大赛中国集训基地筹建。2016年,宁波市积极推动世界技能大赛中国集训基地筹建工作,完善技能大赛体系建设、提高竞赛标准,实现技能人才的快速成长。宁波技师学院、宁波古林职业高级中学分别获批成为第44届世界技能大赛塑料模具工程项目、烹饪项目中国集训基地。

第二篇 综合评价

2 技能人才队伍建设：规模、结构与质量

"中国制造"历经 30 多年风雨历程，为我国经济发展立下了汗马功劳。在经济新常态下，"中国制造"面临着转型升级的巨大压力和严峻挑战，技术水平与美国、欧洲、日本等国家和地区相比仍有较大差距。建设制造强国，必须紧紧抓住战略机遇，积极应对挑战。实践证明，技能人才数量和质量是先进制造业竞争的最重要因素，培养高素质劳动力队伍是建设制造强国的根本。如何建立健全科学合理的选人、用人、育人机制，加快培养制造业发展急需的"大国工匠"，建设具有一丝不苟、精益求精"工匠精神"的技能人才队伍，是摆在我们面前一项重要而紧迫的任务。

近年来，我国职业教育事业快速发展，体系建设稳步推进，培养培训了大批中技能人才，为提高劳动者素质、推动经济社会发展和促进产业转型升级作出了重要贡献。但同时也要看到，当前职业教育还不能完全适应我国经济社会发展和产业转型升级的迫切需要。从总量来看，人力资源和社会保障部提供的数字显示，2016 年全年新增高技能人才 290万人，高技能人才总量达到 4791 万人，占就业人口的比重较低，高技能人才仍处于短缺状况。从结构来看，我国高技能人才分布在国有大中型企业的多，民企和中小企业的少；传统机械加工类工种多，新型产业和现代制造业的少；有 40%以上的技师、高级技师年龄超过 46 岁，人才断档问题比较突出，年轻高技能人才严重短缺。从市场供需来看，近年来，技能劳动者的求人倍率一直在 1.5 以上，高级技工的求人倍率甚至达到 2 以上的水平，供需矛盾十分突出。从体制机制看，对技能人才培养投入总体不足，培养培训机构能力建设滞后，人才评价机制不合理，激励保障体系不健全，技能人才普遍存在发展通道不畅、待遇偏低、地位不高等问题。从社会氛围看，"重装备、轻技工，重学历、轻能力，重理论、轻操作"的观念还没有从根本上得到扭转，企业职工和青年学生学习技能的积极性有待提高，技能人才发挥作用的整体环境不佳。我国技能人才总量短缺、结构不合理、领军人才匮乏、培养投入总体不足、培养培训机构能力建设滞后、保障激励机制不完善、人才发展的体制机制障碍和社会氛围有待改善等问题依然突出，已不能满足我国社会经济发展和产业转型升级的需要。可以说，培养具有精湛技术的技能人才为核心骨干的自主技术工人队伍，提高整体创新能力已迫在眉睫。

2.1 技能人才的概念界定与内涵解读

自 20 世纪 90 年代中期以来，"技能人才""高技能人才"被频繁运用。随着我国工业化建设的转型，尤其"中国制造 2025"战略提出后，社会对高技能人才需求的迫切性愈加凸显。然而，当前社会对技能人才的认识仍然较为模糊。

2.1.1　技能人才的概念界定

技能人才一般指在生产服务等一线工作的高层次实用人才，主要在生产第一线从事管理和应用工作，将成熟的技术和管理规范转变成现实生产和服务。根据《中华人民共和国职业分类大典》可将技能人才按技术等级分为职业资格五级初级工、职业资格四级中级工、职业资格三级高级工、职业资格二级技师和职业资格一级高级技师。

技能人才是一个发展的概念，不同时期其地位、特征和角色不尽相同。从古至今，技能人才概念经历了一系列的历史演变——从农业社会的匠人，到知识经济社会的知识工人[①]。

（1）农业社会——匠人。在生产力水平低下，开发、利用资源的手段有限的农业经济时代，个体手工业者（被称为"艺人""匠人""师傅"）等成为第一批技能工作者，是"技能人才"的雏形。工艺精湛，能做出特色产品或有"绝活儿"的能工巧匠即是"高技能人才"。

（2）工业社会——技师。进入工业社会，开发和利用资源的手段增强，技能劳动者工作的技术含量增加，技能人才的概念趋职业化，高技能人才不仅要带徒弟，还要负责管理工作。最初这种人被称为"师傅"，我国明清时代称之为"技手""技士"，日本、韩国等国则称之为"技能长"或"高级技术士"。

（3）知识经济社会——知识工人。随着以知识为基础的新兴产业的迅速崛起，科学技术成为第一生产力。知识经济社会的"高技能人才"逐渐被称为"知识工人"，还有用"高级蓝领""灰领""银领""金蓝领"等称呼来描述和界定新的、发展中的高技能人才群体。

2.1.2　技能人才的内涵解读

当前，社会上对技能人才的认识较模糊，学界对其内涵和外延的理解也有很多种说法，仍没有形成一个能够比较充分显示其"全面性、权威性、通用性"的定义表述。不同学者研究的侧重点不同，根据技能人才的类型、能力结构等因素，技能人才概念存在以下理解。

1. 人才分类视角

按照"人才四分说"，人才可分为学术型、工程型、技术型和技能型四类[②]。技术型和技能型人才均在生产、建设、服务和管理一线从事为社会谋取直接利益的工作，技术型人才主要在工程型人才的策划、设计等变换成物质形态过程中，应用管理与技能进行工作；而技能型人才在工程型人才的策划、设计等变换成物质形态过程中，主要依赖技能操作完成工作任务[③]。

① 郎群秀. 高技能人才内涵解析[J]. 职业技术教育，2006，（22）：18-20. 李亚杰. 多层次高技能人才内涵解析[J]. 职教论坛，2009，（5）：46-48.

② 匡瑛，石伟平. 高职人才培养目标的转换——从"技术应用性人才"到"高技能人才"[J]. 职业技术教育，2006，（22）：21-23.

③ 董刚，杨理连. 高职教育高素质技术技能型人才培养质量研究[J]. 中国高教研究，2012，（9）：91-94.

2. 能力结构视角

由于技术发展日趋复杂化和综合化，社会职业群之间进一步加强合作，相关职业群类之间的工作领域存在着大量交叉重叠现象，相关人才类型间的知识能力结构上也存在重叠现象，技能人才研究开始侧重于能力结构分析，并对其内涵产生了不同理解。

"实操性"取向。强调劳动者操作技能的精湛程度和熟练程度，认为技能人才必须把使用的专业技能放在首位，而不应过分强调理论知识等能力。尽管"知识和理论"是高技能人才的必要条件，但"丰富的实践经验"才是高技能人才"高技能"形成的关键因素，"有较强动手操作能力并能够解决生产实际操作难题"是高技能人才的特色与价值所在[①]。

"知识性"取向。持此观点的学者强调知识和理论的重要性[②]，认为"掌握相当的技术原理、工作原理和专门知识"使高技能人才与普通的技能型人才得以区分。高技能人才掌握精湛的技艺，具有独立解决复杂性、关键性和超常规实际操作难题的能力，而一般技能人才不具备这种技能和能力。

"并重性"取向。即强调知识技能和实操技能的并重。根据 H. W. French 提出的职业带理论，将职业带理论（图 2.1）根据工作岗位所需理论知识和操作技能的比重所分的技术工人、技术员和工程师三个系列分别对应于技能人才、高技能人才、工程型人才[③]。高技能人才是"身怀绝技"的一线操作能手、"手脑并用"的知识技能型人才、具有综合素质的创造技能型人才[④]。

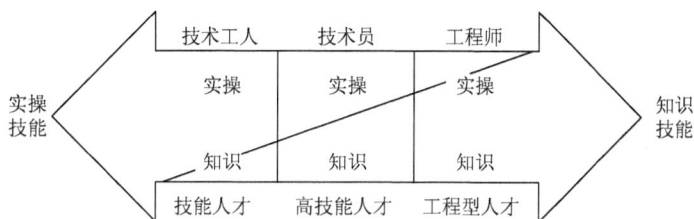

图 2.1　职业带理论示意图

"岗位领域性"取向。即强调劳动者特定的工作岗位领域。这种观点不对"技能人才"的"操作性"和"技术性"做区分，不对其动作技能和心智技能（或者是经验技术和理论技术）的比重做区分，却强调其隶属于"工人队伍"，特指在制造、加工、建筑、能源、环保等传统产业和电子信息、航空航天等高新技术产业及现代服务业领域工作的一线人员[⑤]。

---

① 何应林，宋兴川. 高技能人才概念研究[J]. 职教论坛，2006，（1）：18-20.

② 郎群秀. 高技能人才内涵解析[J]. 职业技术教育，2006，（22）：18-20.

③ 王玲. 高技能人才与技术技能型人才的区别及培养定位[J]. 职业技术教育，2013，（28）：11-15.

④ 刘春生，马振华. 高技能人才界说[J]. 职教通讯，2006，（3）：16-18，27.

⑤ 汤霓，石伟平. 为高技能人才"正名"：国际视野下高技能人才内涵辨析[J]. 职教论坛，2011，（22）：49-53.

2.2　宁波市技能人才队伍建设：规模、结构、质量

近年来，宁波市通过完善工作机制、拓宽培养途径、创新评价方法、强化激励引导等举措，大力推进技能人才工作，初步形成了政府、技工院校、企业合力培养技能人才的新格局，创造了可观的"质量型人口红利"，为实施创新驱动战略和产业转型升级发挥了重要作用。

2.2.1　技能人才队伍规模

近年来，宁波市高度重视技能人才队伍建设，通过完善工作机制、拓宽培养途径、创新评价方法、强化激励引导等举措，大力培养技能人才，初步形成政府、院校、企业三方携手培养技能人才的新格局。截至 2016 年年底，全市技能人才总量为 129 万人，高技能人才总量为 33.3 万人，高技能人才占技能人才比重由"十二五"初期的 19%提高到目前的 25.8%。完成各类城乡劳动者职业技能培训 25.8 万人次，高技能人才培训 3.8 万人次；新增市级技能大师工作室 10 家，累计 60 家；新增省级技能大师工作室 6 家，累计 30 家。当前，宁波全市现有技工院校 11 所，其中技师学院 3 所，国家级重点技工学校 5 所，省级重点技工学校 3 所，在校生规模 1.8 万余人，以高级工、技师为培养目标额占在校学生的 61%。同时，经过几年发展，技工院校取得了长足发展，现拥有国家级改革发展示范校 1 所、国家高技能人才培养基地 2 个、省级高技能人才实训基地 3 个、省品牌专业 11 个，无论是发展规模，还是技能人才培养数量与质量，都稳步增长。

2.2.2　技能人才队伍结构

技能人才队伍结构主要包含技能人才职称等级结构、学历层次结构和年龄结构。由于全市技能人才具体统计数据采集具有一定的困难，课题组参考《宁波市技能人才发展指数》与"企业技能人才供给与需求调查"专题调查所得抽样数据，对宁波市技能人才队伍结构进行分析。

2.2.2.1　职业等级结构

由宁波市技能人才发展指数研究中所抽取的 513 家企业的技能人才数据可得，技能人才等级结构指数[①]为 0.584，可见技能人才中，高级工、技师和高级技师占比较小，高技能人才缺乏依然是宁波市技能人才发展过程中存在的重要问题。其中，初级工占技能人才总数的

---

① 将技师定义为 1，高级技师为 1.2，高级工为 0.8，中级工为 0.6，初级工为 0.4，技能人才等级指数等于不同等级技能人才所占比例与其权数乘积之和。

41.9%；中级工占技能人才总数的34.0%；高级工占技能人才总数的16.2%；技师和高级技师分别占技能人才总数的6.1%和1.8%（图2.2）。

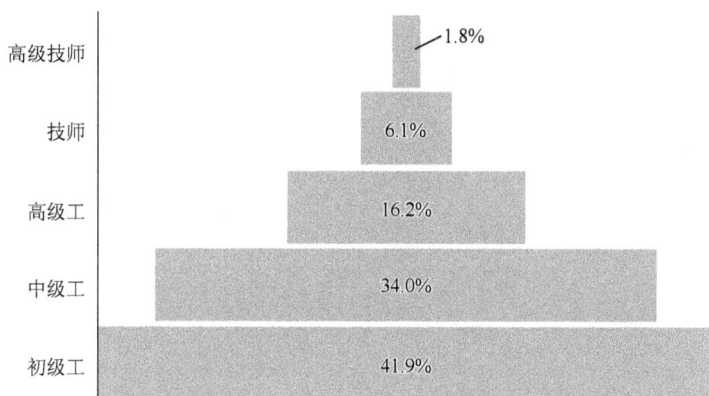

图2.2 技能人才等级结构

可见，宁波市技能人才比例中初级工和中级工的比例最高，而高级工、技师和高级技师等高技能人才比例仍处于较低水平，技能人才队伍仍然存在总量不足、结构不合理的状况，而宁波作为首个"中国制造2025"试点示范城市，技能人才形势更加严峻。企业技能人才的培养、合理的技能人才数量和结构，将直接关系着企业尤其是工业类型企业的生存和未来，关系着宁波市经济腾飞和高速发展。

2.2.2.2 学历结构

由宁波市技能人才发展指数研究中所抽取的513家企业的技能人才数据可得，技能人才学历结构指数[①]为0.642，可见技能人才学历水平并不高。从具体数据来看（图2.3），初

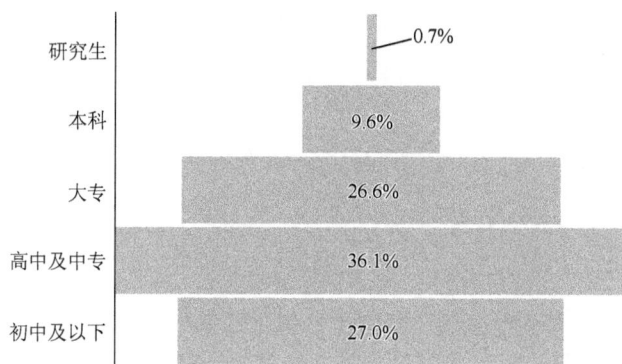

图2.3 技能人才学历结构

---

① 将本科学历的技能人才的权数定义为1，将研究生、大专、高中及中专、初中及以下分别定义为1.2、0.8、0.6、0.4，技能人才学历结构指数等于各学历层次的技能人才所占比例与其权数乘积。

中及以下学历的占所调查技能人才总数的 27.0%；高中及中专学历的技能人才占比最高，达到 36.1%；大专学历的占所调查技能人才总数的 26.6%；而本科和研究生学历的技能人才占比极少，分别占所调查技能人才总数的 9.6% 和 0.7%。可见，企业一线操作技术工人主要由中等和专科学历组成，而接受过高等教育的技能人才寥寥无几。

虽然技能人才的培养重实操而轻理论，重技能而轻学历，但是随着产业转型升级，新兴产业尤其是高新技术产业快速发展，需要技能人才掌握更全面的知识，学历的提升有助于技能人才为产业发展贡献更多力量，同时学历也是技能人才个人职业发展的重要保障。

2.2.2.3　年龄结构

由宁波市技能人才发展指数研究中所抽取的 513 家企业的技能人才数据可得，技能人才年龄结构指数[①]为 0.903，可见当前宁波的技能人才比较年轻，存在很大的发展动力。具体来看（图 2.4），35 岁以下的技能人才占所调查的技能人才总数的 62.9%，有 27.4% 的技能人才在 36～45 岁，46～55 岁的技能人才占 8.3%，另外有 1.4% 的技能人才年龄在 56 岁以上。企业技能人才年龄结构总体呈金字塔形，年轻一代的技能人才非常多，说明整个技能人才队伍经验较为欠缺，但是潜力巨大。"企业技能人才供给与需求调查"专题调查中亦得到如此结论。

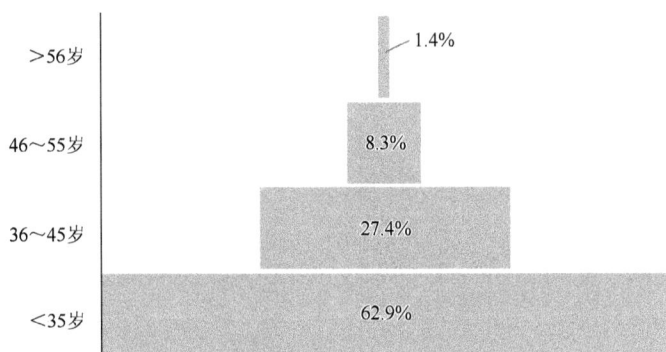

图 2.4　技能人才年龄结构

总体而言，技能人才年龄结构比较健康，中青年的技能人才相对较多。但是对于高级技师而言，中青年的技能人才相对较少。中老年技能人才操作经验丰富，但新技能创新不足，青年技能人才虽然能够跟上时代的脚步，但是经验不足。从"金字塔"状分布来看，青年初级技工过剩，主要从事一些简单、技术含量不高的工作，但经验丰富的技能人才较为稀缺。

① 将 35 岁以下的技能人才的权数定义为 1，36～45 岁定义为 0.8，46～55 岁定义为 0.6，56 岁以上定义为 0.4，技能人才年龄结构指数等于各年龄段技能人才所占比例与其权数乘积。

2.2.3 技能人才队伍质量

由于全市技能人才具体统计数据采集具有一定的困难，课题组参考"企业技能人才供给与需求调查"专题调查所得抽样数据，对宁波市技能人才队伍质量进行分析。企业对技能人才的评价①是评价技能人才是否符合实际需求的重要指标，课题组从技能人才工作态度、专业技能、学习能力、创新能力等四个方面考察技能人才质量。

总体来看，企业对技能人才质量较为满意，总体评价的均值在4.04（表2.1）。其中，工作态度满意度最高，均值为4.18，专业技能满意度均值为4.12，学习能力满意度均值4.06，均高于4.0，表明企业对技能人才工作态度、专业技能、学习能力较为满意。相对而言，技能人才的创新能力相对较低，均值为3.81，在调查中，企业对技能人才的创新能力满意度并不高。

表2.1　宁波市技能人才质量

分类	工作态度	专业技能	学习能力	创新能力	总体评价
初级工	3.90	3.55	3.62	3.18	3.59
中级工	3.94	3.84	3.72	3.51	3.77
高级工	4.25	4.24	4.11	3.85	4.10
技师	4.29	4.36	4.27	4.12	4.20
高级技师	4.53	4.61	4.56	4.39	4.54
平均	4.18	4.12	4.06	3.81	4.04

按技能等级分类来看，随着技能人才的技能等级提升，企业对技能人才的评价相对较高，尤其表现在创新能力、学习能力和专业技能方面。根据调查结果（图2.5），初级工工作态度满意度相对较高，而专业技能、学习能力和创新能力相对欠缺；中级工工作态度与专业技能方面能力较强，但学习能力和创新能力有所不足。高级工、技师和高级技师等高技能人才各方面能力相对均衡，企业对其各方面满意度均较高，表明高技能人才质量较高，能够满足企业的要求和期望。

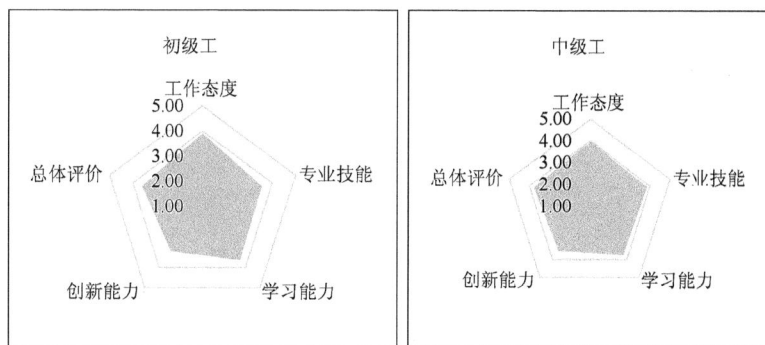

① 在问卷调查中，请企业相关负责人对技能人才的各个维度质量进行满意度评价，分为非常满意、比较满意、一般、不满意、非常不满意5个等级，分别赋分为5~1分，体现企业对技能人才质量的直观感受。

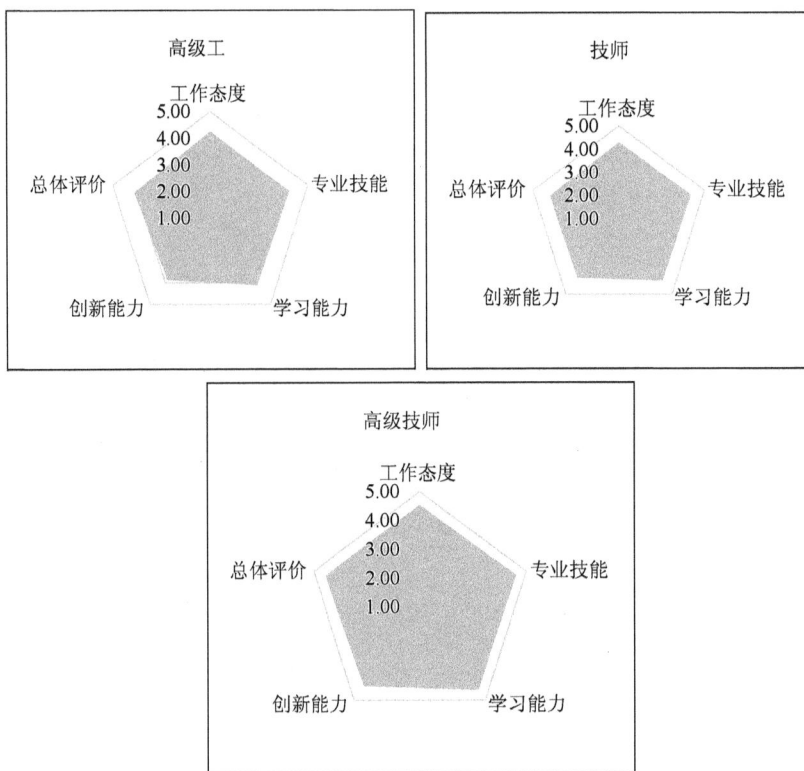

图 2.5　技能人才质量

图中数值表示调查中企业对各类人才各维度质量的满意程度

3 技能人才成长环境：培养、评价、使用与激励

人才是科学发展的第一资源，是科技创新的主导力量，对经济社会发展具有"第一推动力"作用。技能人才，特别是高技能人才在加快转变经济发展方式、促进产业结构优化升级、提高企业竞争力、推动技术创新和科技成果转化等方面发挥着重要作用。实践经验表明，发达国家的技能人才成长和发展得益于公共政策的支持和市场机制的运转，政府和市场共同发力，才能更好地促进技能人才成长发展，其中政府通过公共政策在技能人才队伍建设中发挥重要的引导、推动、激励和保障作用，为技能人才提供良好的成长环境。

人力资源市场发展相对滞后、力量薄弱的现状下，政府部门在产业发展重点、人才队伍结构等方面仍具有信息优势和前瞻性，能够在人才培养和发展策略上弥补市场的盲目性，提供相对合理的人才培养方向；同时，政府资源整合能力能够帮助企业、院校、社会形成合力，形成资源共享、优势互补的人才培养机制。鉴于此，各级政府应围绕重点产业发展，加大对技能人才开发的扶持力度，完善技能人才培养、使用、评价、激励体制机制，促进技能人才成长发展。

从 2003 年的全国人才工作会议开始，技能人才的战略地位得到进一步肯定，将技能人才队伍建设工作视为提高核心竞争力和综合国力、产业优化升级、实施人才强国战略、建设创新型国家的重要举措。国家层面出台了一系列政策措施，如《关于进一步加强高技能人才工作的意见》《高技能人才培养体系建设"十一五"规划纲要（2010—2016 年）》《关于建立国家高技能人才培养示范基地的通知》《高技能人才队伍建设中长期规划（2010—2020 年）》等，提出要加快培养一大批数量充足、结构合理、素质优良的技术技能型、复合技能型和知识技能型人才，建立培养体系完善、评价和使用机制科学、激励和保障措施健全的技能型人才工作新机制。

近年来，宁波市按照《国家中长期人才发展规划纲要（2010—2020 年）》《高技能人才队伍建设中长期规划（2010—2020 年）》和《浙江省中长期人才发展规划纲要（2010—2020 年）》的总体要求，制定了相应的政策，推动技能人才队伍建设，特别是高技能人才建设取得了长足发展，为推动宁波现代产业体系建设和企业转型升级发挥了重要作用。本章旨在梳理近年来宁波市出台的技能人才队伍建设政策，对技能人才成长环境做初步分析。

3.1 宁波市技能人才成长环境：政策梳理

近年来，宁波市探索"政府买单提供培训，绩能并重、多渠道的人才评价体系，完善的激励机制"的技能人才队伍建设路径，制定了一系列人才培养、使用、评价和激励相关的政策。

2006 年，"高技能人才"概念首次出现在宁波市发展规划中，《宁波市国民经济和社会发展第十一个五年规划纲要》将"高技能人才培训工程"列入"构筑人才高地"的重要手段，开始重视高技能人才在经济社会发展中的重要作用。同年，《宁波市"十一五"人才发展规划》特别强调大力培养紧缺高技能人才，并制定了高技能人才培养的具体目标（表 3.1）。"十一五"期间，宁波市陆续制定了"技术工种就业准入制度""技能鉴定题库管理制度""优秀高技能人才奖励制度"等政策，推动技能人才队伍建设。"十二五"期间，宁波市对高技能人才队伍建设的重视程度有了进一步提高，《宁波市国民经济和社会发展第十二个五年规划纲要》在"幸福美丽"新农村建设、"智慧城市"建设、教育现代化、人才强市战略中均涉及技能人才队伍建设，特别提出建设"公共职业技能培训平台"，精心实施以企业人才为主体的"3511"人才培养工程，重点培养 30 万名企业技能人才等目标，并将"高技能人才培养工程"列入十大重点人才工程。《宁波市"十二五"人才发展规划》《宁波市中长期人才发展规划纲要（2010—2020 年）》《宁波市中长期和"十二五"教育发展规划汇编》《宁波市"十二五"科技创新发展规划》均不同程度上针对高技能人才队伍建设提出发展目标和实施措施。

进入"十三五"以来，为对接"中国制造 2025"试点示范城市建设，《宁波市国民经济和社会发展第十三个五年规划纲要》在着力提升就业质量、加快人才强市建设、推进职业教育创新发展等方面均涉及技能人才队伍建设，并将"高技能人才培育工程"列入"人才强市重大工程"，将世界技能大赛中国集训基地建设列入"民生实事重点工程项目"的重要内容。《宁波市"十三五"人才发展规划》《宁波市人社事业发展"十三五"规划（2016—2020 年）》《宁波市"十三五"教育事业发展规划》也均不同程度上针对技能人才队伍建设提出发展目标和实施措施。着眼技能人才发展规划顶层设计，宁波市制定了《宁波市高技能人才队伍建设"十三五"规划（2016—2020）》《"技能宁波"三年行动计划（2016—2018 年）》，纳入市政府工作报告，并作为对县（市、区）人社部门目标管理考核的重要内容。

3.1.1　人才培养政策

2004 年宁波市发布《关于加强高技能人才队伍建设的意见》，从工作机制、激励机制、经费投入、职前职后衔接、职业资格证书体系等方面对高技能人才培养提供了支持和动力。而后，宁波市相继出台了一系列针对不同对象的技能培训补助政策和致力于技能人才培养模式创新的政策。宁波于 2016 年 7 月 1 日起正式实施《宁波市职业技能培训条例》（以下简称《条例》），《条例》重点从理顺管理体制、明确企业责任义务和加快市场培训等方面着手，做了一些探索性制度安排，进一步完善健全宁波市职业培训政策体系。

3.1.1.1　职业技能培训地方立法

宁波在全国率先开展职业技能培训地方立法，《条例》已于 2016 年 7 月 1 日起正式实施，共分 6 章 36 条。《条例》规定人社部门是职业技能培训工作的主管部门，在市层面建

表 3.1 宁波市发展规划和专项规划中的技能人才队伍建设

规划	技能人才队伍建设重点	重点工程	具体目标
《宁波市"十一五"人才发展规划》	以高职院校、技师学院和重点中职学校为依托,以企业技术培训基地为核心,大力开展紧缺岗位高级技能培训项目	(1)"万名高技能人才培养工程" (2)"百名首席工人培养计划"	(1)每年新增高技能人才2000人以上 (2)每年评选20名首席工人,实施重点培养
《宁波市"十二五"规划》	(1)以宁波职业技术学院、技师学院、高级技工学校和行业龙头企业、重点骨干企业为依托,建立高技能人才培训基地 (2)率先实行中等职业教育免学费制度 (3)加快发展高端培训市场,推进公共实训平台建设 (4)建立完善职业技能鉴定实施网络	(1)"卓越工程师"培养计划 (2)"3511"人才培养工程 (3)"高技能人才培养工程" (4)企业优秀青工进修培训计划和科技师培训计划	重点培养30万名企业技能人才
《宁波市"十二五"人才发展规划》	(1)健全和完善高技能人才培养体系 (2)鼓励支持职业工人参加各类职业资格考评认证 (3)探索技能人才多元评价机制 (4)分产业建立一批高技能人才培养基地和实训基地,改革职业教育办学模式,推行校企合作、工学结合和顶岗实习 (5)加强职业学校"双师"队伍建设 (6)完善高技能人才评选表彰政策	"高技能人才培养计划"	(1)每年培养技能人才6万名,其中高技能人才1万名 (2)在"十二五"期间,培养技能人才30万名,其中高技能人才5万名
《宁波市中长期人才发展规划纲要(2010—2020年)》	(1)完善高技能人才培养训练体系 (2)实施高技能人才工程 (3)促进高技能人才评价的多元化 (4)开展"首席工人"评选和各类职业技能竞赛,加大高技能人才奖励表彰力度 (5)开展社会化、规模化培训 (6)建设一地市级高技能人才培训网络 (7)建立一地市级高技能人才培训基地和技工院校学生实习实训基地 (8)广泛开展各级各类技能竞赛活动	(1)"高技能人才培养工程" (2)企业优秀青工进修培训计划和科技师培训计划	(1)到2020年,技能劳动者总量达到110万人。其中高技能人才达到33万人 (2)重点实施企业30万名技能人才培养计划,每年培养技能人才2万名以上,其中高技能人才6万名,其中首席工人50名
《宁波市中长期教育改革和发展规划(2011—2020年)》	(1)完善"技能+学历"的双元制办学模式 (2)全面推进学历和职业资格"双证书"制度,严格职业资格准入 (3)提升高技能型人才的社会地位和待遇 (4)职业教育基础能力提升	(1)教育惠民推进项目 (2)职业教育基础能力提升项目	(1)到2015年,培养高技能人才总数23.8万人 (2)2011年起全市实施中等职业学校免学费政策 (3)中等职业教育生均公用经费逐步提高到普通高中的3倍以上 (4)到2015年,双师型教师占专业课教师和实习指导教师比例达75% (5)创建15所省级以上改革示范院校,16所市级特色专业中职学校,20个学结合的实习基地 (6)创建30个与市主要产业相适应的品牌专业,20个与战略新兴产业相结合的各示范专业 (7)组建5个具有行业性、区域性职业教育集团
《宁波市"十二五"教育发展规划》	(1)完善"技能+学历"的双元制办学模式 (2)全面推进学历和职业资格"双证书"制度,严格职业资格准入 (3)改革职业教育办学模式 (4)出台贯彻实施宁波市校企合作促进条例的办法,深化工学结合、校企合作机制		

续表

规划	技能人才队伍建设重点	重点工程	具体目标
《宁波市"十二五"科技创新发展规划》	(1) 大力引进国内外职业资格认证机构和紧缺人才考评项目 (2) 支持行业协会参与职业资格审核评定工作 (3) 加快培养技能型紧缺专门人才		
《宁波市"十三五"规划》	(1) 高技能人才培育计划 (2) 世界技能大赛中国集训基地建设 (3) 深化国家现代职业教育开放示范区建设，大力培养工程师、高级技工和高素质职业人才 (4) 建立普通教育与职业教育、技工教育互通桥梁 (5) 职业农民实训基地建设 (6) 构建劳动者终身职业培训体系	(1) 高技能人才培育计划 (2) 世界技能大赛中国集训基地建设	(1) 建成11个高技能人才公共实训（示范）基地、100家技能大师工作室 (2) 引进高技能领军人才、技能培训大师名师200名 (3) 每年培养高技能人才2.5万人以上
《宁波市人才发展"十三五"规划》	(1) 创新技能人才培养政策 (2) 落实《宁波市职业培训条例》 (3) 积极实施"技能宁波"三年行动计划 (4) 推进国家职业教育与产业协同创新试验区建设 (5) 实施高技能人才开发"奥运战略"、名校建设 (6) 推进高技能人才名师、名匠、名校建设 (7) 深化技能职业（工种）技师、高级技师岗位补贴力度 (8) 加大紧缺企业（行业）技能人才表彰激励力度 (9) 持续做强高技能人才		(1) 力争到2020年，建成100家技能大师（示范）基地 (2) 引进高技能领军人才、技能培训大师名师200名 (3) 高技能人才总量达到50万人
《宁波市高技能人才队伍建设"十二五"规划（2016—2020年）》	(1) 完善劳动者终身职业培训体系 (2) 实施"技能宁波"行动计划 (3) 推进技能人才名师、名匠建设 (4) 争创国家技能振兴综合示范区 (5) 健全高技能人才引进集聚机制 (6) 实施高技能人才开发"奥运战略" (7) 优化高技能人才开发评价选拔机制 (8) 加大高技能人才表彰激励力度 (9) 做大做强技工教育	(1) 设立高技能人才专项资金 (2) 实行高技能人才培训行动计划 (3) 实施"551"高技能人才集聚计划 (4) 建立高技能人才"155"公共实训基地 (5) 推进技工院校重点发展工程 (6) 组建高技能人才研究院	(1) 新增技能劳动者50万人，其中高技能人才20万人 (2) 高技能领军人才引进计划50名、技能名师引进计划100名 (3) 建设1个市级综合性公共实训中心、5个区域性公共实训基地 (4) 建成3所示范性技工院校，打造20个市级特色优势专业
《"技能宁波"三年行动计划（2016—2018年）》	(1) "国家技能振兴综合示范区"创建计划 (2) "技能宁波"新型智慧库建设计划 (3) "551"高技能人才集聚计划 (4) 技能人才引才计划 (5) 高技能人才"155"公共实训基地建设计划 (6) 技工院校发展行动计划		(1) 到2018年年末，全市技能人才总量达到150万，高技能人才总量40万；力争高技能人才占比重达40%，高级技能人才比重达到28% (2) 初步建成1家综合性公共实训中心、5家专业性公共实训基地，增加30家市级技能大师工作室，培育10所技工院校力的技工院校 (3) 共建成1家综合性公共实训中心、5个区域性公共实训基地，打造20个特色优势专业

续表

规划	技能人才队伍建设重点	重点工程	具体目标
《"技能宁波"三年行动计划（2016—2018年）》	(7) 技能人才评价推进计划 (8) 技能创业孵化平台建设计划 (9) 技能人才校企合作推进计划 (10) 技能人才成长环境优化计划		(3) "十三五"期间，重点引进高技能领军人才50名、技能培训大师50名，技工（职业）院校技能名师100名 (4) 开发5~10个精品职业技能培训鉴定题库，培育10~20家示范性职业技能鉴定所（站），培养100名优秀职业技能鉴定考评人员
《宁波市"十三五"教育事业发展规划》	(1) 建立多元开放的人才成长立交桥 (2) 引进海外优质项目和国际通用职业资格证书 (3) 建设"世界技能大赛"集训基地 (4) 全面推进创业创新教育	(1) 产教融合推进工程 (2) 专业结构调整工程 (3) 衔接与融通工程 (4) 课程改革深化工程	(1) 建设1个依托职业院校服务地方产业转型升级的示范性（骨干）职业教育集团（示范性校企合作共同体）、10个工程研发中心 (2) 重点建设30个教师协同创新工作室或平台 (3) 建成10个产教协同点示范校达到20所 (4) 现代学徒制建设5个全国性培训中心 (5) 打造5个全国职校名校 (6) 重点共建设10所中职名校 (7) 打造50个中职专业、20个高职特色专业和15个优势专业 (8) 到2020年，中职学校毕业生升学率达50% (9) 建成30个"创新实验室"和30个"创业一条街"，培育中高职毕业生自主创业企业100家

立职业技能培训协调机制，解决了管理职能重复交叉、职能不清、多头管理问题。《条例》明确了企业的主体责任，提出企业应当建立职工培训制度，实行技能培训与考核评价、工资待遇相结合的激励机制；劳动者有依法参加职业技能培训的权利，企业和其他用人单位有保障职工参加从事岗位所需技能培训的义务；鼓励社会力量投资举办或者引进职业技能培训机构和鉴定机构，对民间资金举办或参与举办的民办职业技能培训机构，按照营利性和非营利性进行分类登记和管理；提出实行职业资格目录清单制度；规定政府财政补贴培训项目实行服务外包的，必须通过竞争方式选定培训机构。同时，《条例》明确了人社及其他有关部门对职业技能培训和鉴定活动的监管责任，要求对受训者和培训实施主体建立信用档案，定期进行质量评估，并将信用信息纳入相关信用信息数据库并予公示。

3.1.1.2 技能培训补贴

为进一步提高劳动者、企业及各类培训机构参与职业技能培训的积极性，提升职业技能培训质量，强化职业培训促进就业的作用，宁波市从 2004 年起出台了一系列技能人才培养的补贴办法，也是宁波市出台的技能人才队伍建设相关政策中数量最多、范围最广的（表 3.2）。

表 3.2　宁波市技能人才培养补助政策梳理

年份	政策	部门	补贴对象	补贴力度
2004	《宁波市失业人员再就业培训管理办法》	市人社局[a]	失业人员	可按规定标准享受培训费补助和生活费补贴
2006	《关于做好外来务工农村劳动者职业培训工作的通知》	市人社局	外来务工的农村劳动者	参加职业资格培训并取得相应职业资格证书的，其培训考核费按每人不超过 300 元补助，培训考核费低于 300 元的按实补助； 参加岗位技能培训，并取得职业技能培训证书（专项技能证书）的，其培训考核费按每人不超过 150 元补助，培训考核费低于 150 元的按实补助
2008	《关于进一步做好促进就业工作的通知》	市人民政府办公厅	失业人员、被征地人员、本市农村劳动力等	参加创业培训，培训经费给予全额补助
			失业人员、被征地人员	参加职业指导、公益性岗位培训以及低保人员参加各类技能培训，其培训费和技能鉴定费给予全额补助
			进城务工农村劳动者（包括被征地人员、本市农村劳动力、外来务工人员，下同）	参加市民教育和职业指导培训的，其培训费给予全额补助
			各类失业人员和进城务工农村劳动者	参加职业资格培训并取得相应国家职业资格证书的，初级工、中级工、高级工、技师、高级技师分别给予 300 元、500 元、800 元、1000 元、1200 元的政府培训补贴； 取得职业技能培训合格证书且培训课时在 24 课时以上的每人给予 150 元培训补贴，培训课时在 40 课时以上的每人给予 180 元培训补助

续表

年份	政策	部门	补贴对象	补贴力度
2011	《关于开展退役士兵职业技能教育培训工作的意见》	市人民政府办公厅	城乡退役义务兵、复员士官和选择自谋职业的转业士官	退役1年内免费参加职业教育和技能培训；退役士兵参加各类职业技能培训的，其培训费、在承训机构的住宿费、职业技能鉴定费由政府全额补助，并按实际受训时间给予每人每月300元的生活费补贴；退役士兵参加全日制中高等学历教育的，其学杂费、住宿费由政府全额补助，并按实际在校时间给予每人每月300元的生活费补贴
2013	《关于使用失业保险基金享受职业培训补贴的实施办法》	市人社局、财政局	参与失业保险的培训学员	五级（初级技能）、四级（中级技能）、三级（高级技能）、二级（技师）、一级（高级技师）五个等级分别给予每人500元、800元、1200元、1500元、2000元的培训补贴；对列入紧缺技能人才培训项目的培训补贴可提高30%～50%
			定点培训机构	定点培训机构开展企业优秀青年技术工人培训，给予每人不超过3000元的培训补贴
2013	《关于使用失业保险基金享受职业技能鉴定补贴的实施办法》	市人社局、财政局	参加本市失业保险的个人	一次性全额职业技能鉴定补贴
2013	《关于使用失业保险基金享受以师带徒补贴的实施办法》	市人社局、财政局	经人力社保行政部门认定的市级及以上技能大师工作室	所带徒弟中取得中级工及以上职业资格证书人数达到60%（含）以上的，按带徒总数给予每人3000元的补贴；所带徒弟中取得中级工及以上职业资格证书人数在30%（含）～60%的，按带徒总数给予每人2000元的补贴；开展短期带徒活动并达到带徒协议要求的，按带徒人数给予每人500元的带徒培训补贴
2013	《关于使用失业保险基金享受技能实训补贴的实施办法》	市人社局、财政局	市级公共实训中心	考核合格取得高级工职业资格证书的，给予公共实训中心每人500元实训补贴，取得"实训合格证书"的，给予公共实训中心每人300元的实训补贴；完成技师或高级技师技能实训模块，经考核合格取得技师或高级技师职业资格证书的，给予公共实训中心每人1000元的实训补贴，取得实训合格证书的，给予公共实训中心每人600元的实训补贴
2014	《关于进一步完善我市职业培训补助政策的通知》	市人社局、财政局	城乡劳动者、企业职工和其他社会人员	按证书五级（初级技能）、四级（中级技能）、三级（高级技能）、二级（技师）、一级（高级技师）五个等级分别给予每人500元、800元、1200元、1500元、2000元的培训补助
			培训机构（以师带徒）	在协议规定期限内，所带徒弟中取得中级工及以上职业资格证书人数达到60%（含）以上，按带徒总数给予每人3000元的补贴；所带徒弟中取得中级工及以上职业资格证书人数在30%（含）～60%的，按带徒总数给予每人2000元的补贴
2014	《关于进一步促进普通高等学校毕业生就业创业的意见》	市人民政府办公厅	在甬[b]高校和宁波生源高校毕业生、毕业学年在校生、未就业高校毕业生、企业新招用毕业1年内高校毕业生	参照现行技能培训和技能实训补贴标准享受培训补贴；其中，参加定点职业院校（技校）组织的1～3个月全日制职业技能培训，并取得初级、中级、高级职业资格证书的，分别享受每人2500元、3600元、4600元技能培训补贴；直接参加全国、浙江省统考，以及在甬鉴定机构的职业技能鉴定，并取得相关证书的，可享受一次性职业技能鉴定补贴

a. 市人社局为宁波市人力资源和社会保障局的简称，本书下同

b. 甬为宁波的简称

第一，参与职业技能培训人员的补助。2014 年起，宁波市技能人才培训补助范围已覆盖全体劳动者，对于符合条件参加定点培训机构举办的各类职业资格（含技术职称）或岗位技能培训，并取得相应职业资格证书或职业技术培训证书的人员，按照取得的培训证书，以及初级、中级、高级、技师、高级技师等证书类别，宁波市分别给予每人 500 元、800 元、1200 元、1500 元和 2000 元不等的补贴。其中，在甬高校和宁波生源高校毕业生参加定点职业院校（技校）组织的 1～3 个月全日制职业技能培训，并取得初级、中级、高级职业资格证书的，分别享受每人 2500 元、3600 元、4600 元技能培训补贴。

第二，对培训机构、实训平台等的补助。技能大师工作室以师带徒、公共实训中心技能实训和紧缺技能人才岗位的补贴标准大幅度提高：①定点培训机构开展企业优秀青年技术工人培训，给予每人不超过 3000 元的培训补贴；②以师带徒的技能大师工作室，按所带徒弟获得职业资格等级和比例给予每人 500 元、2000 元和 3000 元不等的补助；③在公共实训中心进行实训，考核合格取得高级工职业资格证书的，给予公共实训中心每人 500 元实训补贴；取得实训合格证书的，给予每人 300 元的实训补贴；完成技师或高级技师技能实训模块，经考核合格取得技师或高级技师职业资格证书的，给予公共实训中心每人 1000 元的实训补贴，取得实训合格证书的，给予每人 600 元的实训补贴。

3.1.1.3 培养体系建设

2012 年，宁波市大力推进技能型人才培养试点工作，出台了《关于做好宁波市级大中专毕业生实践基地及首批宁波市大中专毕业生就业实（见）习示范基地评选工作的通知》《关于建立宁波市技能大师工作室的通知》《宁波市技能大师工作室管理暂行办法》《宁波市高技能人才公共实训基地管理暂行办法》四条政策（表 3.3），从职责任务、申报条件、评审认定程序、政策措施、管理等方面确立了"市级大中专毕业生实践基地及实习示范基地""技能大师工作室""高技能人才公共实训基地"的设立和管理机制。其中，对培训基地的具体保障措施有以下几条。①一次性奖励：对宁波市大中专毕业生就业实（见）习示范基地、市级技能大师工作室给予一次性 10 万元的奖励；②根据培训的数量和效果给予培训补助（表 3.2）；③重点扶持，其中对确定的技能大师工作室，列入市高技能人才培养和技术创新活动资助范围；④优先评奖。

表 3.3 宁波市技能人才培养体系建设相关政策

年份	政策	颁布部门
2012	《关于做好宁波市级大中专毕业生实践基地及首批宁波市大中专毕业生就业实（见）习示范基地评选工作的通知》	人社局
2012	《关于建立宁波市技能大师工作室的通知》	人社局
2012	《关于印发〈宁波市技能大师工作室管理暂行办法〉的通知》	人社局
2012	《关于印发〈宁波市高技能人才公共实训基地管理暂行办法〉的通知》	人社局
2014	《关于宁波市国家职业教育与产业协同创新试验区实施方案》	教育局
2014	《促进高等职业院校与地方共建的指导意见》	人民政府办公厅

2014 年，为进一步创新技能人才培养和职业教育机制，分别从产业和区域经济发展角度出台了两项职业教育相关的公共政策。为促进区域经济发展和服务产业升级，为全国现代化职业教育体系建设提供示范作用，宁波市发布了《关于宁波市国家职业教育与产业协同创新试验区实施方案》。主要任务包括：探索协同创新体制机制建设、探索职业教育与产业协同创新园建设、推进技术技能人才培养模式改革、推进大型公共职业技能平台建设、强化职业教育"双师型"队伍建设、开展职业教育与行业对话活动、实施职业院校科技成果转化工程、鼓励在职业院校内开展协同创新改革试点等 8 项。政府给予的政策支持有以下几条。①重点扶持，对协同创新试验区的项目建设在规划、用地、税收金融、人员编制、技改等相关政策予以重点扶持和优先保障；②资源整合，整合分布在科技、人力资源和社会保障、经济和信息化、教育等部门中的政策、资金、平台等资源要素；③大力引进民间资本和国际优质职业教育资源。同时，强化经费保障：加大对重点工程项目、重点专业建设、公共服务平台、高层次人才引进等项目政策扶持力度。

同年，宁波市还出台了《促进高等职业院校与地方共建的指导意见》，推动优质高等职业教育资源向县区和基层延伸，探索"以项目化为特征的合作共建模式""以优化资源配置为特征的共建共管模式""以共同出资建设为特征的合资共建模式"。保障措施包括：①建立校地沟通机制；②建立特色二级学院生均经费补偿机制；③定期进行专项考核，根据绩效考核情况给予适当经费补助。

3.1.2 人才评价政策

《关于加快技师职业资格考评工作的通知》（2004 年）、《关于进一步做好宁波市职业技能鉴定命题和国家题库市级分库运行管理工作的通知》（2008 年）和《宁波市职业技能鉴定国家题库市级分库管理办法（试行）》（2008 年）对职业资格考评和职业技能鉴定的规范性提出了具体要求，推动并规范职业技能鉴定工作。

为了充分发挥企业在技能人才培养评价中的作用，探索多元主体在职业鉴定中的重要作用，进一步完善技能人才的评价体系和运行机制，宁波市于 2010 年出台了《关于推进企业技能人才评价试点工作的通知》，试点企业技能人才评价工作，从评价范围与对象、试点企业基本条件、试点企业申报程序等方面规定了企业技能人才评价试点的具体工作要求，在符合要求的企业试点自主评价，企业技能人才评价内容包括职业能力考核、工作业绩评定、职业道德评价和理论知识考试四个方面。为进一步推进企业技能人才评价工作，各县（市、区）每年要确定 1 或 2 家有条件的企业开展技能人才评价试点工作，各级劳动保障部门要高度重视这项工作，提高认识、加强领导、完善措施、精心组织，通过开展企业技能人才评价工作，推动和引导企业建立完善培训、考核与使用相结合并与待遇相联系的激励机制，加快技能人才培养，营造有利于技能人才成长的良好环境。

2015 年下发《关于开展技能人才自主评价工作的实施意见》，提出技能人才自主评价工作的重要目标：力争到 2016 年年底，企业技能人才培养的主体作用得到充分发挥，工作机制基本形成，高技能人才短缺的局面得到明显改善。在全市建立 200 家自主评价示范企业，在 50 个行业协会（学会）和产业集聚区（以下统称为"行业"）中开展企业自主评价工作，修订 60 个职业（工种、专项能力）标准及题库，开发 40 个"职业培训包"，面向自主评价单位培养 6000 名企业培训师，全市累计开展自主评价工作的企业总数达到 5700 家以上。

3.1.3　人才使用政策

人才使用政策主要包含就业准入和岗位补贴两个方面。

3.1.3.1　就业准入

为全面提高劳动者的职业技能水平，促进城乡劳动力就业，规范人力资源市场建设和企业用工管理，努力为劳动者就业创造平等竞争的就业环境，2005 年宁波市出台了《关于对部分技术工种从业人员实行就业准入制度的通知》，从 2005 年 7 月 1 日起，对维修电工等 20 个职业（工种）实行就业准入制。具体措施如下。①本市行政区域内的用人单位招用列入就业准入职业（工种）的人员，必须按规定从取得相应职业资格证书的人员中录用。②对已在就业准入职业岗位从业而尚未取得相应职业资格证书的人员，须在实施本职业就业准入半年内参加培训考核，达到持证上岗要求。③各类职业院校毕业生全面推行学业证书和职业资格证书"双证制"。凡所学专业主体工种列入就业准入职业范围的，必须实行"双证制"。

2006 年，《关于对部分技术工种实施就业准入制度的意见》将就业准入制度所涉及的工种进行了进一步明确，并扩大到 30 个工种。从 2007 年 1 月 1 日起，宁波市实行职业资格就业准入的技术工种为：汽车修理工、维修电工、焊工、锅炉操作工、车工、铣工、摩托车调试维修工、中式烹调师、中式面点师、营业员、职业指导员、美容师、美发师、推销员、保健按摩师、眼镜验光员、眼镜定配工、客房服务员、音响调音员、家用电器（子）产品维修工、架子工、砌筑工、营养配餐员、食品检验工、加工中心操作工（数控机床工）、计算机安装调试维修员、制冷设备维修工、中药调剂员、摄影师、起重装卸机械操作工等 30 个职业（工种）。同时，将未取证从业人员取证缓冲时间延长至 1 年，规定意见实施前已经从事有就业准入要求的职业（工种）而又不具有相应职业资格证书的人员，应当在本意见实施之日起一年内取得相应的职业资格证书；一年后仍未取得相应职业资格证书的，不得再从事相应职业（工种）。

3.1.3.2　岗位补贴

为拓宽企业技能人才成长通道，保障和激励技能人才更好地服务企业发展，努力营造"崇尚技能、岗位成才"的社会氛围，宁波市政府办公厅于 2012 年发布了《宁波市人民政府关于使用失业保险基金预防失业促进就业有关问题的通知》，对紧缺工种高技能人才进行岗位补贴。对取得紧缺工种技师、高级技师职业资格的企业生产一线在岗职工，在劳动合同履行期内，按技师每人每月 500 元、高级技师每人每月 1000 元的标准给予紧缺工种高技能人才岗位补贴，补贴期限最长不超过 3 年。紧缺工种目录由市人力社保局根据本市技能人才紧缺情况定期予以公布。

3.1.4 人才激励政策

人才激励政策主要包含人才激励和人才保障两个方面。

3.1.4.1 人才激励

对优秀的高技能人才进行表彰、奖励能够进一步提高劳动者、企业及各类培训机构参与职业技能培训的积极性，提升职业技能培训质量，促进技能人才队伍结构优化和能力提升。在《关于选送企业优秀青工到技工（职业）院校进修培训的实施方案》（2005 年）的指导下，宁波市每年确定若干个适应主导产业发展需要的职业培训项目，采取政府补贴为主，企业、个人适当负担的方式，在全市范围内选择一批工作业绩突出、具有相当文化素质的企业优秀青工输送到技工院校、职业技术院校接受对口专业高新技术培训，以促进高技能人才队伍的年轻化，逐步培养一批与经济发展相适应的专业技能带头人。

根据《关于加快创新型领军和拔尖人才引进培养的若干意见》（2007 年），对于作为创新型领军和拔尖人才引进培养的高技能人才实施多项激励政策。①实施购房安家补助。由宁波市各级国家机关、各类企事业单位正式引进，落户宁波，并与单位签订五年服务期协议的，或宁波市自主培养的，政府给予购房安家补助，主要用于补助在甬购买自住房，补助金额为 75 万元；夫妻双方同时引进，且都属易地安家补助享受对象的，按一方全额、一方半额的补助标准实施。②妥善解决家属就业。引进对象家属的工作安排，列入政策性安置，由当地政府人事部门负责对口安置，各有关部门要主动接收。③重点照顾子女就学。引进对象子女可到地段服务区学校或教育行政部门指定的相对较好的学校就读，即使暂无户籍，也可免缴借读费；也可在全市有学额的学校自行择校就学，但要缴择校费。

2010 年正式颁布《宁波市优秀高技能人才奖评选奖励实施办法》，由市劳动保障局牵头组织，成立宁波市优秀高技能人才奖评审委员会，宁波市优秀高技能人才奖评选工作采取定期申报、逐级推荐、集中评选的办法进行，实行每 2 年评选一次，每次评选 15 人左右。"宁波市优秀高技能人才奖"由市委办公室、市政府办公室发文公布，市政府通报表彰，颁发荣誉证书，对获奖者每人给予一次性奖励 10 万元。

为加快选拔、培养一大批优秀技能人才，激发职工劳动热情和创造力，根据浙江省人力资源和社会保障厅等 8 部门《关于印发开展企业岗位大练兵技能大比武活动工作方案的通知》（浙人社发〔2013〕101 号），经研究，决定从 2013 年 6 月起，在全市范围内广泛开展企业职工岗位大练兵技能大比武活动。以劳动者生产技能提升、岗位素质提高和技能人才培养为重点，以百家企业、万名职工岗位大练兵、技能大比武为示范，引领和带动全市 50 万人次参加岗位练兵活动，全市计划开展不少于 20 个职业（工种）的市级一类、二类技能竞赛，组织参与赛前培训的技能劳动者达到 10 万人次，努力使技能成才、岗位成才的观念渗透到每个劳动者，切实在全市掀起钻研技能、提升技能的学习热潮。

激励措施如下。

（1）对获得全市性技能大赛（一类竞赛）决赛第一名的选手，由宁波市劳动竞赛委员会颁发奖牌和荣誉证书，授予"宁波市首席工人"荣誉称号，并由市总工会授予"宁波市十大技能状元"；对获得第二至第五名的选手，颁发奖牌和荣誉证书，由市劳动竞赛委员会办公室授予"宁波市技术能手"荣誉称号。对获得决赛各职业（工种）前五名、年龄在35周岁以下的在职职工选手，由团市委授予"宁波市青年岗位能手"荣誉称号；女职工选手由市妇联授予"宁波市巾帼建功标兵"荣誉称号。同时，在理论考试和实际操作考核均合格的前提下，对获得各职业（工种）个人前三名的选手，由市人力社保局核发二级（技师）职业资格证书；对获得第四至第六名的参赛选手，核发三级（高级工）职业资格证书。

（2）对行业性技能大赛（二类竞赛）或区域性技能大赛前三名的选手，颁发奖牌和荣誉证书，由市劳动竞赛委员会办公室授予"宁波市技术能手"荣誉称号；年龄在35周岁以下的职工选手，由团市委授予"宁波市青年岗位能手"荣誉称号；女职工选手由市妇联授予"宁波市巾帼建功标兵"荣誉称号（其中，导游员技能竞赛按甬旅字〔2013〕65号文件有关规定执行）。同时，在理论考试和实际操作考核均合格的前提下，对获得各职业（工种）个人第一名的选手，由市人力社保局核发二级（技师）职业资格证书；对获得第二至第五名的参赛选手，核发三级（高级工）职业资格证书。

（3）通报岗位练兵成效显著的企业，对部分比武成绩突出的个人，分别由各县（市）区命名为学技能标兵。

（4）对在岗位大练兵技能大比武活动中表现优秀的选手，择优推荐参加全省技能大比武活动。

（5）本次大赛设团体奖三名，团体奖的名次按各选送县（市）区的参赛成绩之和计分，分别对第一名、第二名、第三名的获奖单位授予"优秀组织奖"荣誉奖牌。

3.1.4.2 人才保障

2007年，宁波市开始对困难家庭未就业大中专毕业生开展临时生活补助工作，根据《宁波市困难家庭未就业大中专毕业生临时生活补助办法》，符合要求的大中专毕业生获得每人每月500元的临时生活补助。

在人才吸引方面，宁波市针对高层次人才出台了《宁波市引进重点高层次人才配偶就业子女入学暂行办法》（2012年）、《宁波市关于引进人才及家属落户实施意见》（2014年），解决高技能人才与家属落户、配偶就业和子女入学问题，如表3.4所示。

表3.4 宁波市技能人才保障政策

年份	政策	颁布部门
2007	《宁波市困难家庭未就业大中专毕业生临时生活补助办法》	人社局
2012	《宁波市引进重点高层次人才配偶就业子女入学暂行办法》	人社局
2014	《宁波市关于引进人才及家属落户实施意见》	人社局

3.2　宁波市技能人才成长环境：政策分析

据不完全统计，自 2000 年以来宁波市共出台技能人才队伍建设相关政策 40 余条，涵盖人才培养、人才使用、人才评价和人才激励保障等重要环节。

3.2.1　基于政策工具的政策供给特征分析

借鉴罗斯维尔（Rothwell）的研究成果，将供给型、环境型和需求型三类政策工具作为政策分析的视角，重点分析三种政策工具在宁波市技能人才队伍建设中发挥的作用。其中，供给型和需求型的政策工具对技能人才队伍建设的发展具有直接的推动与拉动作用，环境型政策工具为间接的影响作用（图 3.1）。

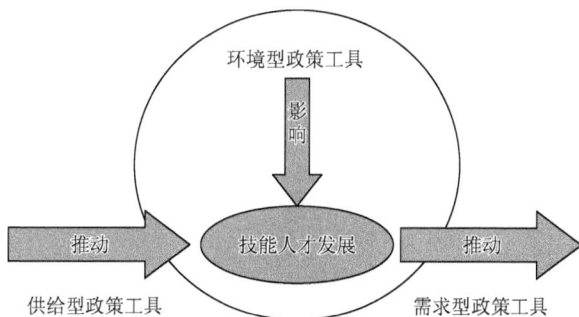

图 3.1　政策工具对技能人才发展作用

供给型政策工具是指政府通过各种方式的支持，扩大技能人才的供给，改善技能人才的供需状况，进而推动技能人才队伍建设。根据政府支持方式的不同可以将供给型政策工具划分为人才培养、人才信息支持、人才基础设施建设、人才资金投入及公共服务几种。

需求型政策工具指政府通过人才引进和国际贸易的管制等方法改善人才市场不稳定状况，积极拓展高层次人才市场，进而拉动人才市场向全方位和高水平发展与进步。由此可以将需求型的政策工具分为政府采购、服务外包等几方面。

环境型政策工具是指政府政策对技能人才发展的影响作用，即政府借助目标规划、财务金融、税收制度、法规管制等政策为技能人才提供有利的发展环境，推动技能人才自身价值及技能强国目标的实现。环境型政策工具包括目标规划、财务金融、税收优惠、法规管制、策略性措施等。

3.2.1.1　供给型政策工具主导推动

"人才培养推动，平台建设支撑"的供给型政策工具是宁波市技能人才队伍建设的强大推动力。整体看来，宁波市技能人才队伍建设的政策体系中，供给型政策工具占比较高，起到主导作用。究其原因，一方面是由于"重学历、轻技能"的观念长期存在，形成了技能人才的断层，人才培养势在必行；另一方面，人才培养政策的大量涌现体现了我国政府期望通过合适的方式培养出优秀技能人才，这是人才培养最为直接和有效的方式。

技能人才培养，尤其是技能培训绝大多数面向的是企业职工，参加培训往往影响工作进度又需要投入，职工培训积极性不高，技能培训补贴成为政府提高职工参训积极性，提升技能水平的重要手段。自2004年以来，宁波市围绕"技能培训"出台了一系列面对不同对象的技能培训补助政策，逐步完成技能人才培训补助范围全覆盖。目前，宁波市高级工、技师、高级技师培训最高补助水平较原标准提升了90%，覆盖所有工种的职业培训和职业技能鉴定补贴制度、建立公共实训补贴和以师带徒补贴制度，将职业资格考核评价和专项能力证书认定工种全部纳入鉴定补贴范围。同时，由于受到资金、设备、人才等要素严重制约，技能培训机构初期投入大、回报慢，政府以一次性奖励、培训补助、重点扶持等方式大力推进技能人才培养平台建设，成为技能大师工作室、公共实训基地、技工院校等平台的重要支撑。

3.2.1.2　环境型政策工具积极引导

技能人才队伍建设工作的思想认识、策略体系及行动策略等方面尚处于探索阶段，"目标策略引导，财政金融激励"的环境型政策工具为宁波市技能人才工作各环节创造良好环境，有利于各类工作的有序开展，保障相关主体的正常运行。

整体看来，技能人才培养（尤其是培养平台建设环节）、人才使用、人才评价、人才激励等各环节各项政策在具体条款上均较多地使用了环境型政策工具。进一步研究发现，此类政策工具的频繁使用充分反映了宁波市对技能人才工作的重视，规制管制类政策较少，目标规划、财务金融、策略性措施等引导类政策较丰富，如"力争到2016年年底，在全市建立200家自主评价示范企业，在50个行业协会（学会）和产业集聚区（以下统称为'行业'）中开展企业自主评价工作"、"评价实施单位可采取校企合作培养、'以师带徒'、技能竞赛等手段，实现评价工作与职工培训制度有机结合"。目标规划、财务金融、策略性措施等诱导类政策为主的环境型政策工具有利于正面激励人才成长和相关机构发展，是一种"加法"政策，意在通过宏观的政策引领，构建和谐的技能人才发展环境，是加快技能人才队伍建设的重要途径。

然而，在技能人才队伍建设工作机制探索的初期，一些政策条款的模糊性较强、配套措施出台不够及时，使得可操作性不强，无法到达应有的效果。

3.2.1.3　需求型政策工具略有缺位

需求型政策工具从某种程度上确保了人才发展的持续性，拓宽了人才来源渠道。需求型政策工具比环境型政策工具更为直接和快捷，它不仅保证了人才数量增多的持续性，还提高了人才质量。然而，从宁波市技能人才队伍建设相关40余条政策的内容梳理结果来看，需求型政策工具应用相对不足，特别是服务外包、贸易管制及海外人才机构等则更少涉及。然而，这些政策工具指向明确，是促进人才事业发展最为直接的方式，它们的缺少弱化了政策整体的指导作用，这为后续政策的制定提供了进步的空间。需求型人才政策的补充与完善应该成为近期技能人才工作的重点。

3.2.2 宁波市技能人才队伍建设政策优势

（1）立法先行，护航技能人才发展。宁波在全国率先开展职业技能培训地方立法，《宁波市职业技能培训条例》已于 2016 年 7 月 1 日起正式实施，其重点从理顺管理体制、明确企业责任义务和加快市场化培训等方面着手，为技能人才培养提供制度安排。推进职业技能地方立法，主要是通过建立正式的制度安排来弘扬工匠精神，解决职业技能培训工作存在的问题，通过增强技能人才的供给提高产业的供给能力，为技能人才发展保驾护航。

（2）政策条款内容丰富，与工作重点一致。技能人才队伍建设不仅是解决就业、招工两难并存结构性问题的重要途径，也是经济转型升级、建设制造强国的强大推动力。宁波市高度重视技能人才队伍建设工作，近十年来制定相关政策 40 余条，针对技能人才工作的人才培养、人才使用、人才评价和人才激励保障等环节，重点围绕技能培训、公共实训基地、大师工作室等人才培养平台构建、企业人才自主评价等内容开展，紧密联系实际，与技能人才发展的工作重点始终保持一致，有利于推动技能人才队伍建设的有序开展。

（3）政策工具结构合理，与发展现实适应。"供给型政策主导推动，环境型政策积极引导"的政策结构与技能人才队伍建设现实相适应，有利于发挥"市场主导配置，政府引领示范"的作用。在宁波市技能人才队伍建设相关政策梳理中，发现以"人才培养推动，平台建设支撑"为特征的供给型政策工具，以职业培训和培养体系构建为主要抓手，加大资金投入力度，提升公共服务平台建设水平，是当前技能人才结构性短缺现状下，实现技能人才队伍突破，引领"中国制造"的重要途径。同时，以"目标策略引导，财政金融激励"为特征的环境型政策工具以引导类政策为主，有利于正面激励技能人才工作的创新和突破，是一种"加法"政策。在市场化程度逐渐加强的环境中，引导性政策相较规制类强制性政策，面临的行政成本及在实施过程中遭遇的阻力将小得多。在技能人才发展大环境尚未成熟的情况下，"加法"政策以金融支持、人才培训、平台建设等激励手段提高市场主体参与技能人才队伍建设的主动性和积极性，是推进技能人才队伍建设和技能培训产业发展的重要途径。

（4）政策可操作较强，确保政策落实有力。每项政策基本涵盖指导思想、目标任务、建设重点、建设内容和保障机制等条款，政策对象既具有明确的规定和要求，政策力度大小也具有详细的指标支撑。以技能培训补贴政策为例，宁波市不断完善和修订政策，逐步形成了面向全体劳动者的职业培训格局，凸显享受人群的普惠性、补贴内容的针对性和补贴范围的广泛性，实现职业培训政策全覆盖。对所有涵盖对象的补贴标准和补贴形式均作出明确规定，使技能培训补贴操作有理可循。

3.2.3 宁波市技能人才队伍建设政策不足与缺位

3.2.3.1 政策"同构化"

我国处于产业转型升级和经济结构战略性调整的关键时期，技能型人才供求总量和结构性矛盾严重。认识到这一发展瓶颈，各地开始探索技能人才队伍建设的良方，相继出台政策以提升广大劳动者的职业素质，加快技能人才队伍建设。然而，政府部门缺乏主动的政策创新意识，导致各地政策同构性较强，缺乏特色，吸引力不足。主要表现在以下两点。

（1）政策重点的同构。自上而下的任务下达式政策制定思路，导致各地在技能人才制定重点措施上趋同，容易导致"刮风式"政策行为，一方面"盲目跟风"可能引起政策"水土不服"，另一方面容易引发"政绩攀比"而使政策脱离实际。

（2）政策内容的同构。为了培养和吸引各类技能人才，各地推出一系列人才培养补助政策、引进优惠政策，政策内容和措施往往大同小异，仅在补助和奖励额度上一争高下，少有从政策对象、补助形式、实施方案等方面来进行真正意义上的创新。

3.2.3.2 政策"碎片化"

在国家和省级人社部门的指导下，宁波市技能人才队伍建设工作形成了技能培训、培养平台建设、技能人才评价、人才引进、激励和保障等多个环节的政策体系，并形成了"紧缺人才培训计划""优秀青工培训计划""大师工作室""公共实训基地""企业自主评价试点"等多个项目。毋庸置疑，这些人才专项计划的实施对培养、引进和激励技能人才起到了积极作用，但目前存在三个方面问题亟待解决：①人才项目缺乏协同性和交流沟通，从而导致人才政策交叉和混乱，缺乏系统性；②人才项目到底是短期性计划还是长期性政策，定位不明确；③人才项目缺乏有效的评估，运行效果到底如何也无法得到科学的评价等，存在明显的"碎片化"现象。

3.2.3.3 政策"弱市场化"

培育具有"工匠精神"的"大国工匠"，必须发挥市场在资源配置中的决定性作用，企业是技能人才培养、引进和聚集的重要主体，扶持和规范民办机构能够最大限度地激发市场活力。然而，目前技能人才政策对民办培训机构和企业的扶持力度尚不足，主要体现为以下两点：

（1）激励制度"官本化"，目前宁波市培训补贴和奖励支持政策对培训机构的资质要求甚高，相对政府下属机构和事业单位而言，民办机构往往处于劣势，这种"弱市场化"的政策导向，不利于调动市场积极性，也不利于民办机构在市场竞争中抢占先机。

（2）人才培养政策"弱企业化"，目前对于技能人才培养企业主体责任淡化，未能引导企业在人才培养、校企合作中主动承担的意识和积极性，故技能人才政策"弱市场化"现象必须扭转，且从政策层面加大力度支持民办机构，激发市场活力。

3.2.3.4 政策"引领性"缺乏

伴随社会经济结构的调整和农业、工业、服务业的现代化，行业企业在生产和服务过程中科技含量不断提高，行业迫切需要大批复合型、高水平、高技术的应用型专门人才。随着节能环保、信息技术、生物、高端装备制造、新能源、新材料等战略新兴产业的崛起，社会对相应产业和技术领域的应用型专门人才的整体需求更加紧迫。社会对高层次应用型人才的需求增长比例必将大幅度超过普通劳动者的总量增长。然而，技能人才政策工具不完善，需求型工具缺失，在培育、使用、引进和集聚技能型人才方面，仍集中于传统制造业工种，缺乏对高端制造业和战略新兴产业相关工种的引导，无法实现公共政策对产业发展、技能人才培养、专业设置等的引领作用。

4 技能人才与产业发展：产业人才结构偏离度与紧缺指数

现代产业是城市发展转型的根本支撑，城市经济能级是竞争力的根本体现。改革开放以来，宁波走出了一条以临港制造为主导，以民营经济为特色的产业发展之路。但当前，新一轮技术革命和产业革命的叠加影响正在加深，全球和区域产业分工格局加速调整，信息化与工业化、制造业和服务业深度融合成为转型主流，新业态、新模式、新产业层出不穷，各个产业都在经历新的重大转型，经济结构调整和产业优化升级势在必行。

宁波是国际港口城市、长三角南翼经济中心和国家历史文化名城。全市陆域总面积9816km²，其中市区面积为3730.1km²，下辖海曙、江北、镇海、北仑、鄞州、奉化6个区，宁海、象山2个县，慈溪、余姚2个县级市，2016年全市户籍人口591万人。"十二五"以来，宁波大力实施"双驱动四治理"决策部署和经济社会转型三年行动计划，经济保持平稳增长，居民生活品质持续提高，现代化国际港口城市建设迈上新台阶。

宁波经济正处于动力转换、质量提升的关键时期，产业转型升级任重道远，工业大而不强、生产性服务业发展滞后等问题突出。应对"十三五"带来的机遇与挑战，不仅需要一支规模可观的高层次人才队伍，而且必须保持人才结构与产业结构之间的良性互动。

4.1 宁波市产业发展现状与特征研究

面对错综复杂的内外形势和宏观经济下行压力，宁波市紧紧围绕加快建设工业强市和"稳增长、调结构、促发展"等一系列决策部署，着力抓生产稳增长，抓服务提信心，抓调整助转型，抓创新促提升，产业发展和经济指标平稳缓升，发展质量稳步提高，呈现"稳中趋好"的势头，但面临的不确定因素依然很多，多方面风险和困难尚未有效缓解，经济下行压力仍然较大，转型升级任务艰巨。

4.1.1 宁波市产业结构特征分析

1984年被确定为全国首批沿海对外开放城市以来，依托优良的港口条件和改革开放的先发优势，宁波大力发展民营经济、实体经济，经济社会快速发展。2016年宁波全市实现地区生产总值（GDP）8541.1亿元，按可比价格计算，比上年增长7.1%。2016年三次产业之比为3.6∶49.6∶46.8。特别是港口生产方面，宁波舟山港2016年货物吞吐量9.2亿吨，居全球第一位；完成集装箱吞吐量2156.1万标箱，吞吐量居全球第4位。

4.1.1.1　产业结构逐步优化

从三大产业的 GDP 比重看，目前，宁波市产业发展呈现"二、三、一"的结构特征，逐步体现二、三产业并重发展的特征。三次产业之比从 2005 年的 5.3∶55.3∶39.4，调整为 2016 年的 3.6∶49.6∶46.8，一产比例下降 1.7 个百分点，二产比例下降 5.7 个百分点，三产比例提高 7.4 个百分点，实现了产业结构的逐步优化（图 4.1）。其中，一产生产总值由 2005 年 132.26 亿元增至 307.48 亿元；二产生产总值由 2005 年 1341.46 亿元增至 2016 年 4236.39 亿元，近十年时间增长近两倍；三产生产总值由 2005 年 975.59 亿元增至 2016 年 3997.23 亿元，2016 年生产总值为 2005 年的四倍多。

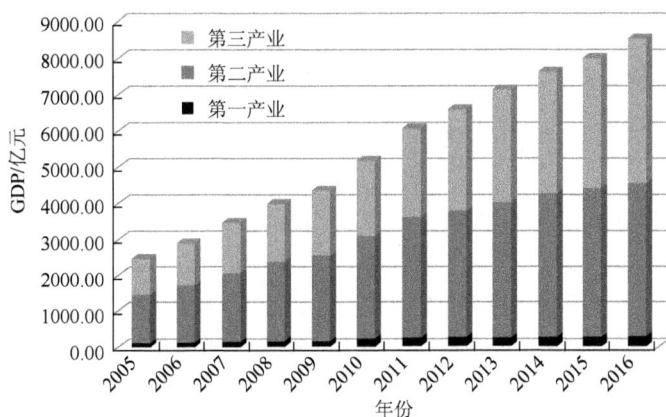

图 4.1　宁波市按产业划分的生产总值（2005～2016 年）

4.1.1.2　结构调整任务艰巨

宁波工业经济虽以超万亿元的总量规模跻身全国工业大市之列，但工业增加值率不到 20%，"宁波制造"仍处于低附加值环节，战略性新兴产业聚焦不足、发展缓慢。2016 年，宁波市服务业增加值占 GDP 比重仅为 46.8%，为制造业服务的研发设计、商务中介、营销物流等生产性服务业发展滞后，占服务业增加值比重多年来徘徊在 52% 左右。随着互联网技术的加速渗透，信息经济发展日新月异，"大众创业，万众创新"成为新经济增长点，然而宁波发展相对缓慢，且未能形成激发创业创新活力的良好生态环境。城乡一体化尚未完全实现，户籍管理、社会保障、土地利用等制度仍呈二元分割形态。城市、产业空间"单中心、碎片化、垂直型"特征依旧突出，区域和部门发展的"断点、断链、断流"弊端制约严重。

4.1.2　宁波市工业经济发展特征[①]

宁波是中国近代工业的发源地之一。中华人民共和国成立后，特别是改革开放之后，

---

① 2016 年全市工业经济运行情况综述，《宁波工业与信息化》2017 年第 3 期。

宁波被国家和浙江省列为重点投资地区，工业进入快速发展时期。1987 年，宁波在成为计划单列市以后，工业更是迎来高速发展期，成为中国重要的先进制造业基地，跨进了工业化中后期的门槛。如今，工业是宁波立市之本。2016 年，面对国内外更加复杂严峻的经济形势和中长期结构调整诸多叠加因素影响，全市经信系统攻坚克难，砥砺前行，坚决贯彻落实国家、省、市各项战略部署，扎实推进"稳增长、调结构、增效益、降成本、优服务"等重点任务，工业经济运行总体呈现出增速领先、质效双升、结构优化、动力增强的良好态势，为全市经济社会发展发挥了重要的支撑作用。

4.1.2.1　工业生产平稳向好

2016 年全市实现工业增加值 3766.6 亿元，同比增长 7.0%。其中，规模以上工业增加值 2799.1 亿元，增长 7.3%，增速比上年提高 3.5 个百分点。2016 年全市规模以上工业企业实现利润总额 993.8 亿元，比上年增长 30.5%；实现利税总额 1746.9 亿元，增长 18.0%。工业对区域经济发展起到了支撑性作用。

一是主要指标平稳增长。2016 年，全市规模以上企业完成工业增加值 2799.1 亿元，同比增长 7.3%，增速高出全省平均 1.1 个百分点。工业运行稳定性不断增强，全年呈现出"前三季度稳步回升，四季度稳中趋缓"的预期走势；从月度情况看，除 11 月（1.6%）、12 月（2.8%）受上年基数影响增速放缓外，4 月以来全市规模以上工业增加值增速基本保持了 7.5%以上增长。杭州湾新区（15.4%）、北仑区（12.5%）、大榭开发区（11.3%）、江北区（11.1%）、高新区（8.7%）、余姚市（8.1%）等地增速高于全市平均，对全市工业增长起到重要的支撑作用。

二是工业用电同步支撑。2016 年，全市工业用电量 476.7 亿 kW·h，其中，制造业用电量 438.1 亿 kW·h，同比均增长 9.6%；增速高于规模以上工业增加值 2.3 个百分点，与工业生产基本匹配。从月度情况看，呈现出"上半年平稳小幅回升，下半年加速增长"的明显走势，7 月以来的月度增速均保持了两位数增长（10 月高达 25%）。二十大制造行业中，累计用电正增长行业 19 个（唯一负增长行业为化纤制造-1.4%）；其中，交通运输电气电子设备制造（9.4%）、化学原料制品（17.3%）、金属制品（7.9%）、塑料制品（9.2%）、通用及专用设备制造（10.0%）等宁波市用电前五大行业（合计占比 53.8%），增速均呈现较快增长。

三是工业出口低位平稳。2016 年，全市规模以上企业完成出口交货值 2816.9 亿元，同比下降 1.5%；增幅虽仍处于负增长区间，但与 2015 年（-7.1%）相比，企业稳态势明显。从全年趋势看，总体保持"低位平稳小幅波动"的运行趋势。29 个有出口实绩的行业中，累计正增长行业 14 个，增长面 48.2%。前十大行业中，累计正增长行业 5 个，塑料制品（7.8%）、汽车制造（6.6%）、专用设备（5.0%）增速相对较快；化学原材料（-18.6%）、计算机电子（-8.3%）、金属制品（-6.7%）降幅较大。

4.1.2.2　工业发展质效双升

一是经济效益高位增长。2016 年 1～11 月，全市规模以上企业实现利税总额 1567.6

亿元，同比增长 17.3%；其中利润总额 889.8 亿元，同比增长 32.8%，增速在上年增长 14.7% 的基础上继续加快。行业效益实现普涨。35 个大类行业中，1~11 月利润同比增长的行业 25 个，其中，19 个行业利润实现两位数增长，1 个行业减亏；重点行业中，黑色金属（462.1%）、化学原料制品（110.1%）、有色金属（79.1%）、汽车制造（66.6%）、石油加工（55.5%）、计算机电子（33.9%）等行业利润保持高速增长，通用设备（22.6%）、电气机械（21.1%）、文教用品（20.3%）、塑料制品（19.8%）等行业也保持较快增长。

二是降本减负成效明显。2016 年年初，宁波市在全国城市中较早出台了 35 条降本减负政策，并深入开展了一系列专项行动，全年全市落实兑现减负资金超过 200 亿元。企业降本减负成效明显，截至 2016 年 11 月底，全市规模以上企业亏损面 17.9%，保持年初以来的稳步下降趋势；亏损企业亏损额同比下降 28.2%；企业应缴税金总额同比下降 1.5%；每百元主营业务成本 82.1 元，比 2015 年下降 1.0 元，分别低于全省 2.0 元、全国 3.6 元。

三是生产效率持续提升。随着全市工业智能化、数字化、绿色化制造深入推进，企业生产效率持续提升。截至 2016 年 11 月底，全市规模以上企业从业人员 141.7 万人，比上年下降 1.6%，在劳动用工数量比去年减少 2.3 万人的情况下，实现工业增加值的较快增长。全员劳动率达到 19.8 万元/人，同比增长 9.0%；万元工业增加值用工同比下降 8.3%；全市规模以上工业增加值率 19.4%，比上年提高 0.7 个百分点。

4.1.2.3　产业结构调整优化

"十三五"以来，根据国家产业结构调整政策和宁波市产业发展特点，宁波市紧抓全国"中国制造 2025"试点示范城市建设契机，加快发展以新材料、高端装备和新一代信息技术为代表的三大战略产业，做强做优以汽车制造、绿色石化、时尚纺织服装、智能家电、清洁能源为代表的五大优势产业，积极培育以生物医药、海洋高技术、节能环保为代表的一批新兴产业和以工业创新设计、科技服务、检验检测为代表的一批生产性服务业，努力打造形成"3511"新型产业体系。2016 年，全市装备制造业累计实现工业增加值 1319.9 亿元，同比增长 11.1%，占规模以上工业比重达到 47.2%，汽车制造成为第一大产业。

一是装备制造业主导地位进一步巩固。2016 年，全市共有规模以上装备制造业企业 4118 家，累计实现工业增加值 1319.9 亿元，同比增长 11.1%，增速快于全市平均 3.8 个百分点；装备制造业占全市规模以上比重为 47.2%，比上年提高 1.8 个百分点。全市产值规模前十大行业中，五大行业属于装备制造业（2015 年只有 4 个），分别是：汽车制造、电气机械、计算机电子、通用设备、专用设备等，其中，专用设备制造业规模首次进入前十大行业。

二是汽车制造业成为全市第一大行业。2016 年，在全市 35 个大类行业中，汽车制造业产值规模首次超过电气机械、化学原料制品业，从 2015 年第三大行业跃升为全市第一大行业。截至 2016 年年底，全市共有规模以上汽车制造企业 537 家（比上年增加 55 家），累计完成产值 1924.0 亿元，同比增长 29.8%；产值规模占全市比重 13.4%，比上年提高 2.8 个百分点；1~11 月实现利税 259.4 亿元、利润 181.2 亿元，在 35 个大类行业中分别排名第二、第一。

三是企业组织结构更优。2016 年年底，全市规模以上工业企业户数 7302 家，比上年增加 39 家。在产品价格比上年下降的情况下［2016 年生产价格指数（producer price index，PPI）为 97.7］，全年产值超 100 亿元规模以上企业达到 16 家，比上年增加 6 家；超 10 亿元企业 177 家，与上年持平；超亿元企业 1947 家，比上年增加 1 家。2 家企业入选工业和信息化部（工信部）单项冠军示范（培育）企业，10 家企业入选省"隐形冠军"示范及培育名单；初步预计 600 家小微企业升级为规模以上企业，完成数量位居全省前列。

四是落后产能淘汰力度加大。2016 年，全市淘汰落后产能涉及企业 293 家、整治提升"脏乱差""低小散"企业（作坊）1900 余家，超额完成全年目标任务，盘活存量建设用地 24100 亩[①]，腾出用能空间 24.3 万 t 标准煤、新（改扩）建标准厂房 84 万 m^2。全年处置特困企业 38 家，盘活土地面积 4243.8 亩、厂房建筑面积 114 万 m^2、存量资产 74.6 亿元，化解银行不良资产 82 亿元，安置职工 7471 人。

五是产业集聚水平不断提高。近年来，宁波市加快推动开发区（园区）整合提升工作，提高产业集聚水平，促进产业空间布局由"低、小、散"向"园区化""集群化"转变。一批高水平产业集群平台相继建成，日益成为支撑全市工业发展的主阵地。宁波国家高新区（宁波新材料科技城）、石化经济技术开发园区、梅山保税港区成功升格为国家级开发区；杭州湾新区发展迅速。各级各类工业园区、开发区和产业功能区占全市规模以上工业比重已超 60%。块状特色经济不断向现代产业集群转型提升，整体发展水平和发展质量显著改善。

4.1.2.4 创新发展动力增强

2016 年宁波全市规模以上企业完成新产品产值 4613.7 亿元，同比增长 14.3%；新产品产值率 32.0%，刷新历史新高。全市高新技术产业实现产值 6317.4 亿元、实现增加值 1153.7 亿元，比上年分别增长 11.6%、9.1%；占规模以上工业比重分别为 43.8%、41.2%，产值和增加值占比首次双双突破 40%。新型经济快速发展。2016 年全市战略性新兴产业实现增加值 484.5 亿元，同比增长 10.4%。其中，新一代信息技术产业实现快速发展，全年完成工业增加值 138.4 亿元，比上年增长 30.6%，占全市战略性新兴产业比重接近三成。宁波市大力发展的高端装备制造业实现增加值 372.7 亿元，同比增长 10.2%；全年实现软件业务收入 450.5 亿元，比上年增长 18.3%。

一是创新投入力度稳步加大。1～11 月，规模以上企业科技活动经费支出 175.8 亿元，同比增长 12.2%，增速高出主营业务收入 7.8 个百分点，高出去年同期 5.6 个百分点；科技活动经费支出占主营业务收入比重达到 1.49%，比上年提高 0.1 个百分点，高出全省平均 0.11 个百分点。培育一批优质品牌产品，26 家企业的 29 个产品获批"浙江制造精品"，宁波模具城列入工信部品牌培育试点示范。新增国家级企业技术中心 5 家（共 17 家），省级企业技术中心 15 家（共 137 家）。

二是创新产出成果丰硕。2016 年宁波全市规模以上企业完成新产品产值 4613.7 亿元，

---

① 1 亩≈666.7m^2。

同比增长 14.3%，高出同期产值增速 9.9 个百分点；新产品产值率 32.0%，高出上年 2.6 个百分点。全市高新技术产业实现产值 6317.4 亿元、实现增加值 1153.7 亿元，比上年分别增长 11.6%、9.1%；占规模以上工业比重分别为 43.8%、41.2%，分别较上年提高 4.7 个、4.2 个百分点，产值和增加值占比首次双双突破 40%。

三是新型经济快速发展。2016 年，宁波全市战略性新兴产业实现增加值 484.5 亿元，同比增长 10.4%；增速高于全市规模以上工业增加值 3.1 个百分点。其中，新一代信息技术产业实现快速发展，全年完成工业增加值 138.4 亿元，比上年增长 30.6%，占全市战略性新兴产业比重接近三成。宁波市大力发展的高端装备制造业实现增加值 372.7 亿元，同比增长 10.2%；全年实现软件业务收入 450.5 亿元，比上年增长 18.3%。

目前，宁波市正加快推进"中国制造 2025"试点示范城市建设，今后三年试点期内，市财政将安排超过 100 亿元专项资金用于扶持和推进试点示范城市建设，积极探索打造"智能升级、智慧转化、智力集聚"的"宁波智造"路径，为制造强国建设提供更多的宁波经验、宁波元素。

4.1.3　宁波市当前经济运行中存在的主要问题

2016 年，宁波市工业经济发展整体保持了平稳运行、稳中有进、稳中有好的良好态势，但同时也要清楚看到，发展中存在的结构性、素质性问题和矛盾仍然存在。当前，有以下五方面制约较为突出。

4.1.3.1　工业投资进入调整期

2016 年全市工业投资在建项目数 1774 个，比上年下降 3.2%；完成工业投资 1469.9 亿元，比上年下降 2.0%；其中技改投资 1124.8 亿元，下降 11.7%；宁波市工业投资在经历了"十二五"期间（年均增速 19.4%）快速增长后，进入低位调整期。重大项目接续乏力，5000 万以上在建项目 688 个，比上年大幅下降 34.2%，其中新开工项目 367 个，比上年下降 23.1%。

4.1.3.2　外资企业发展面临考验

随着优惠政策不断调整及综合成本的提高，宁波市外资企业发展面临考验。2016 年，宁波市规模以上外资企业（含港澳台控股）完成产值 4769.8 亿元，比上年仅增长 1.0%；产值规模占全市比重 33.0%，与 2012 年占比 42.5% 相比，已下降 9.5 个百分点。外商投资大幅下滑，2016 年，全市工业投资中，外商投资 219.5 亿元，比上年下降 31.3%。

4.1.3.3　小微企业发展仍负重前行

据近期对中小微企业运行数据监测及问卷调查反映，当前经营向好、订单回暖的企业占比虽有所提高，但成本居高不下的现状并未缓解，反映较为突出的有：一是随着下半年原材料、能源价格快速上涨，小微企业成本负担明显增加；二是员工工资上涨较快，推高社保基数，抵消社保费率下调降低的空间；三是外来务工人员社保并轨政策的全面推开、住房公积金强制征缴扩面等政策施行均不同程度增加了企业用工成本。

4.1.3.4　企业招工难问题依然突出

受春节返乡潮的影响，企业在 2016 年年底用工缺口较上年有所扩大。从企业招工难易度调查情况来看，仅有不到一成（8.4%）的企业认为招工难度较小，存在用工缺口的企业超五成（54.5%），其中，用工缺口在 10 人以上的企业占比 13.2%。同时，不少企业人员流失严重、职工素质不高等问题也较为突出。

4.1.3.5　新产业新动能接续引领不足

近年来，宁波市新兴产业虽然在部分领域呈现加速增长的良好势头，但整体规模比重较小，发展重点不突出，对工业增长的带动作用有限；战略性新兴产业目前占全市规模以上比重仅为 17.3%，高新技术产业投资增速低于全市工业平均水平。

新兴产业未成规模，整体发展水平有待提升。首先，新兴产业中带动性强的龙头企业数量偏少，产业规模与周边地区仍有较大差距。其次，主导产品多处于价值链中低端，技术含量高、附加值与规模效益显著的高端产品数量有限，在同一领域，重复水平、重复建设的比较多。再次，核心竞争力不强。行业重点企业大多缺少自主知识产权的关键技术和核心技术，高新技术消化能力不足。最后，产业链协同发展的格局仍未完全形成。企业间关联发展、协同增值效应差，产业配套能力弱，布局分散，大规模的生产基地建设薄弱。

4.2　宁波市产业人才结构偏离度分析

随着宁波经济的迅猛发展，无论是新产业的崛起还是传统产业的升级，都对人才需求提出了一个共同的要求——高水平的技能人才。他们不仅需要掌握专业的理论知识，还需要拥有较强的实际操作能力。事实上，能够同时满足以上两个条件的技能型人才为数不多，某些岗位甚至出现了"一将难求"的紧缺局面。技能人才短缺已经成为宁波人才队伍建设的一块"短板"。

随着社会经济的发展，产业结构与人才结构在逐步调整，但人才结构调整的基本规律与产业结构调整的基本规律客观上并不一致，调整步调也不同步，导致两者间出现一定的偏离。

4.2.1　产业结构与人才结构的互动研究

产业结构调整实际上是资源配置关系的改变，使资源在各产业、行业、企业之间合理流动，在流动中获得优化配置，从而带动总量增长，达到新的平衡。同时，通过产业结构调整，使产业与产业、行业与行业及企业与企业之间存在的各种投入产出关系相互促进，实现相互协调[1]。经济转型升级为技能人才队伍建设带来了机遇，同时也使技能人才队伍建设面临着重大而紧迫的挑战：产业结构调整背景下，人才结构与产业结构的匹配性问题。

4.2.1.1 产业结构与人才结构：互动机理

人才结构优化与产业结构升级关联性研究并不多，一些学者从不同角度论证了劳动力结构与产业结构的互动关系，其中最为经典的理论属配第-克拉克定理。Clark 1940 年指出，随着经济发展，人均国民收入水平提高，第一产业国民收入和劳动力相对比重逐渐下降，第二产业国民收入和劳动力的相对比重上升，经济进一步发展，第三产业国民收入和劳动力的相对比重也开始上升。Barbour 2002 年进一步分析了产业结构与职业结构的相关关系，通过对加利福尼亚州 11 个大城市的分析得出产业结构和职业结构之间的一致性，从国家的产业组合中可以分析得到大城市的职业需求，并且通过建立产业-职业矩阵来判断就业情况[2]。

产业的发展阶段要求与之相适应的人才发展进程，产业结构调整的高级化过程，依次经历以下 4 个阶段：以劳动密集型轻工业为主导的工业化阶段、以物质资本密集型重工业为主导的工业化阶段、以技术密集型高加工度组装工业为主导的工业化阶段、知识密集型后工业化阶段。与此 4 个阶段相适应的人才发展大致可分为积累期、快速发展期、饱和期和饱和后期（图 4.2）。

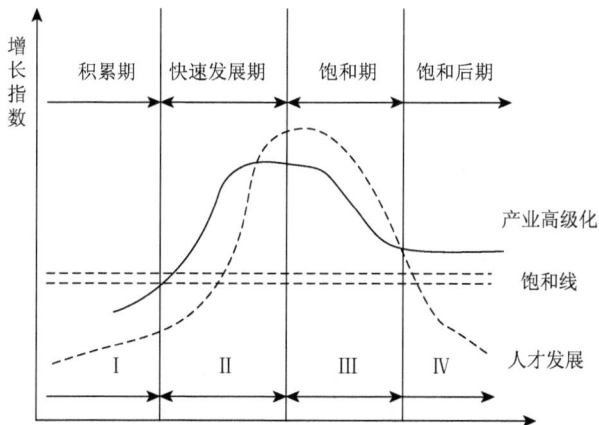

图 4.2 产业发展阶段与人才发展阶段的逻辑进程

Ⅰ. 劳动密集型轻工业主导的工业化阶段；Ⅱ. 物质资本密集型重工业主导的工业化阶段；Ⅲ. 技术密集型高加工度组装工业为主导的工业化阶段；Ⅳ. 知识密集型后工业化阶段

① 罗文标, 黄照升, 王斌伟. 产业结构调整过程中人才结构的构建[J]. 科技进步与对策, 2003, 20, (11): 117-119.
② 张延平, 李明生. 我国区域人才结构优化与产业结构升级的协调适配度评价研究[J]. 中国软科学, 2011, (3): 177-192.

4.2.1.2　产业结构与人才结构：推力-拉力规律

从人才结构调整的一般规律和产业结构调整的一般规律看，人才结构与产业结构互动符合人才资源流动的推力-拉力规律，即人才结构调整推动产业结构调整，产业结构调整拉动人才结构调整，两种力量在动态中保持平衡，为经济的持续稳定增长奠定基础。

人才结构调整推动产业结构调整。产业结构调整包括产业结构高级化和合理化两个方面。产业结构高级化，指产业结构系统由低级形式向高级形式演进的过程；产业结构合理化，指各产业间的数量比例关系、经济技术联系和相互作用关系趋向协调平衡，从而适应市场需求，带来最佳效益的产业协调过程。

产业结构调整拉动人才结构调整。产业结构与人才需求结构之间存在着相互依存、相互促进的关系，产业结构的发展状况决定了人才需求的分布、类型、规格、数量和质量。人才的需求与一定时期的社会经济发展水平相联系，并处于不断的变化之中[①]。

4.2.2　宁波市产业人才结构偏离度的指标构建

唐纳德·博格在20世纪50年代末提出了的人口转移的"推拉"理论，人才结构与产业结构之间的互动同样符合推力-拉力规律。相应地，"赛尔奎因-钱纳里结构变动模式"以就业结构与产值结构的协调性来说明经济发展水平的合理性。此模式在以普通劳动力为基础性生产要素的工业化早期和中期非常恰当。

随着产业经济的知识化、信息化，人力资本逐步取代普通劳动力，成为产业经济发展的核心要素和最重要动力，专业人才的数量和质量便成了制约产业升级和经济发展的主要变量。杨益民等2007年以专业人才数替代从业人员数，修正产业人才结构偏离度指标，以便更准确地反映产业经济发展的内在需要[②]。

然而，由于专业人才统计数据的缺失，本书依旧采用从业人员数量计算产业人才结构的偏离度。计算公式如下：

$$产业人才结构偏离度\ S_i = GDP产业构成比 / 从业人才产业构成比 - 1$$

式中，GDP 产业构成比 $= Y_i/Y$；专业人才产业构成比 $= L_i/L$；Y_i 表示第 i 产业的产值；Y 表示三大产业总产值；L_i 表示第 i 产业就业人才数量；L 表示总就业人员数。

根据上述公式，如果专业人才队伍的总量和内部结构完全适应产业发展的需要，产业人才结构偏离度应该是0。反之，偏离度系数偏离0越远，即正值越大、负值越小，越说明专业人才队伍的内部结构失衡，与产业结构不协调，不能相互满足发展需求。

① 李彬. 产业结构的调整与人才需求及供给的选择[J]. 科学学与科学技术管理, 2005, 26,（12）: 132-136.

② 杨益民. 人才结构与经济发展协调性分析的指标及应用[J]. 安徽大学学报（哲学社会科学版）, 2007, 31,（1）: 118-123.

4.2.3 宁波市产业人才结构偏离度的演变轨迹

人才结构与产业结构有着相互促进、相互制约的关系，两者的协调程度直接影响着经济的高效发展。随着社会经济的发展，产业结构与人才结构在逐步调整，但人才结构调整的基本规律与产业结构调整的基本规律客观上并不一致，调整步调也不同步，导致两者间出现一定的偏离[①]。经济结构调整和产业优化升级日益强化，凝聚知识和技术载体的人力资本特别是高技能人才对经济社会发展的贡献率越来越大，产业结构的调整必须要有相应的技能人才队伍相匹配[②]。

2005～2015 年宁波产业结构与人才结构如表 4.1 所示。根据杨益民等设计的产业人才结构偏离度分析，在计算出各产业人才结构偏离度后，可以将三次产业人才结构偏离度进行加总，得出人才结构的总偏离度：

$$总偏离度 S = | 第一产业偏离度 S_1 | + | 第二产业偏离度 S_2 | + | 第三产业篇离度 S_3 |$$

表 4.1 2005～2015 年宁波产业结构与人才结构数据

年份	GDP 构成比			从业人员构成比		
	第一产业	第二产业	第三产业	第一产业	第二产业	第三产业
2005	0.054	0.548	0.398	0.184	0.514	0.302
2006	0.048	0.551	0.401	0.165	0.522	0.314
2007	0.044	0.553	0.403	0.154	0.523	0.323
2008	0.042	0.555	0.403	0.147	0.529	0.325
2009	0.042	0.546	0.412	0.094	0.539	0.367
2010	0.042	0.556	0.402	0.068	0.559	0.373
2011	0.042	0.553	0.405	0.066	0.554	0.380
2012	0.041	0.534	0.425	0.059	0.549	0.392
2013	0.038	0.514	0.448	0.057	0.544	0.398
2014	0.036	0.523	0.441	0.038	0.534	0.428
2015	0.036	0.512	0.452	0.038	0.531	0.431

表 4.2 计算出了 GDP 三大产业各自的产业人才结构偏离度、总偏离度。通过偏离度的计算结果，可以判断尽管宁波市的人才总量迅速增加，甚至形成了某种程度的就业压力，但在宁波的整个社会经济系统中，人才结构与产业结构的构成比例存在不协调的现象，尤其是在 2009 年之前，各产业的人才供给与该产业的人才需求失衡，具体表现为第一产业从业人才供大于求，而第二、三产业的专业人才供不应求。

---

① 赵光辉. 我国人才结构与产业结构互动研究的探讨[J]. 中国人力资源开发，2005，(5)：23-28.

② 吕宏芬，王君. 高技能人才与产业结构关联性研究：浙江案例[J]. 高等工程教育研究，2011，(1)：67-72.

表 4.2　宁波产业人才结构偏离度

年份	第一产业 S_1	第二产业 S_2	第三产业 S_3	总偏离度
2005	−0.707	0.066	0.317	1.090
2006	−0.706	0.056	0.277	1.039
2007	−0.714	0.058	0.247	1.019
2008	−0.712	0.050	0.240	1.002
2009	−0.549	0.013	0.122	0.684
2010	−0.372	−0.006	0.077	0.455
2011	−0.361	−0.002	0.066	0.429
2012	−0.312	−0.026	0.084	0.423
2013	−0.337	−0.056	0.126	0.520
2014	−0.044	−0.021	0.030	0.095
2015	−0.055	−0.035	0.048	0.139

　　进一步分析，2005～2009 年，第二产业、第三产业偏离度均是正值，说明第二产业和第三产业的专业人才供给小于它们的需求，呈现出供不应求的态势。表 4.2 的数据显示，宁波市第二、三产业的人才结构偏离度相对第一产业小得多，表明第二、三产业人才分布相对合理。2010～2015 年，第二产业人才结构偏离系数由正转负，表明宁波市第二产业从业人员数量逐渐趋于饱和。然而，目前宁波市第二产业人才结构偏离度尚接近于 0，未出现较大的波动，表明宁波市第二产业从业人员供求趋于平衡，且较为稳定。

　　不仅如此，在产业结构调整的不同历史阶段，三大产业的偏离度还呈现出了动态差异性。从统计数据上看，第一产业在宁波 GDP 的构成中不断下降，相应的劳动力也不断转移，并在 2005～2008 年与 2010～2013 年两个阶段保持平衡，总的来说，两者在产业结构调整与劳动力转移的数量和速度上基本保持一致，如图 4.3 所示。

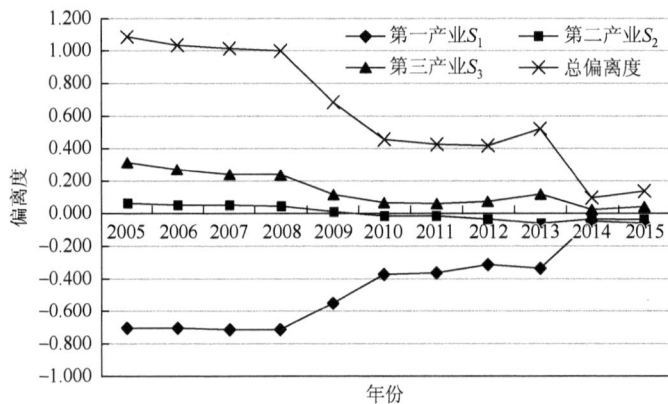

图 4.3　宁波市产业人才结构偏离度的演变轨迹

从产业人才结构偏离度计算结果来看，目前宁波市第二产业从业人员结构相对协调，第三产业从业人员存在轻微的供不应求，而第一产业从业人员存在相对明显的过剩状况。

4.3 宁波市重点产业技能人才紧缺指数分析

产业结构与人才需求结构之间存在着相互依存、相互促进的关系，随着产业升级速度的加快，技术结构的调整不仅改变着人才需求的结构，而且也对人才的类型、规格和层次提出了多样化的要求[①]。经济转型升级为技能人才队伍建设带来了机遇，同时也使技能人才队伍建设面临着重大而紧迫的挑战，重点产业人才发展分析迫在眉睫。

2016 年，宁波市连续第 10 轮研究和发布《宁波市人才紧缺指数》，充分分析全市紧缺人才开发和培养工作面临的新的形势和新的任务，加强对人才发展形势、趋势的综合判断，为完善和实施紧缺人才政策和服务提供信息导向，为人才、资本、项目精准对接提供信息支持。

4.3.1 宁波市人才紧缺指数分析

为了更好地服务经济社会发展，打造人才生态最优市，宁波市人力资源和社会保障局对人才指数的编制工作做出了进一步的完善。修订后的宁波人才指数（Ningbo talent index，NTI）体系由 4 个相对独立的基础指数构成，包括需求指数（requirement index，RI）、发展指数（development index，DI）、流动指数（liquidity index，LI）、信心指数（confidence index，CI）。新编人才指数强调对市场经济规律和人才成长规律的同步把握，充分体现了人才工作的产业导向性。在数据采集的对象上，紧密契合宁波市"十三五"规划纲要所提出的发展导向，并充分考虑了宁波构建"3511"产业体系等最新思路，对战略性新兴产业、传统优势产业、现代服务业等重点领域均有所涉及。本轮发布的人才紧缺指数，旨在全方位、多层次、动态化反映宁波全市人才市场及紧缺人才各项指标的实际状况，为有关单位及时把握人才发展趋势提供全面的信息支持。2016 年宁波人才指数的主要结论如下。

4.3.1.1 全市人才需求指数均值居于高位，各产业整体人才需求旺盛

需求指数主要反映用人单位有新增岗位招聘需求或者现有员工离职后有补缺需求的整体状况。2016 年以来，宁波市各产业人才需求比较旺盛，全市人才需求指数均值为 54.9，其中，金融服务、电工电器（含智能家电）和文化创意 3 个产业处于红色区间，需求指数均在 60 以上；新一代信息技术、电子商务、建筑与工程等 14 个产业处于黄色区间，节能环保、绿色石化、现代农业等 7 个产业处于绿色区间，没有出现人才指数处于蓝色区间的产业。同时，宁波市"新经济、新业态、新技术、新模式"发展势头良好，新兴产业的快速增长对传统产业人才结构调整起到了一定的作用。具体来看，新一代信息技术产业、智

---

① 李彬. 产业结构的调整与人才需求及供给的选择[J]. 科学学与科学技术管理，2005，26，（12）：132-136.

能制造、金融业、文化创意等产业人才聚集效应逐步显现，建筑与工程、新能源、外贸、物流等产业的人才需求复苏迹象明显，全市监测范围内的 24 个重点产业人才需求指数程度较高。

4.3.1.2　各产业发展指数差距较大，高技术、高技能人才的需求显著

发展指数主要反映出某个产业内,企业由拓展新业务或者生产规模扩大而引发的招聘活动的活跃程度。24 个产业的发展指数均值为 51.2，其中 14 个产业的发展指数高于 50 的分界线，在政策和市场的双重推动下，通用航空、节能环保、新装备制造和新能源汽车等产业的人才发展指数也达到 58 以上，相关产业整体发展形势较好，企业新业务拓展和规模扩张带动了对相关领域人才的需求。从岗位来看，制造业核心技术研发人才、营销人才和高层管理人才的发展指数较高，分别达到了 54.7、53.7 和 52.5，服务业核心技术人才、项目管理人才的发展指数也均在 50 以上。

4.3.1.3　各产业流动指数整体较低，综合行政等三类人才流动性较大

流动指数反映不同时期各产业由人才离职等原因引发的企业招聘活动的活跃程度，当人才流动指数大于 50 时，说明企业人才稳定性较差，从指数统计结果来看，全市人才流动指数均值为 48.8，有 10 个产业的流动指数高于 50 的分界线，相关产业流动指数较高的原因有两类：绿色石化、港航物流和商贸领域的人才流动指数过高，与国际市场需求上升和国际航运经济短期复苏有关；而新一代信息技术、文化创意、旅游、金融产业人才流动指数较高，则与产业快速发展，企业数量和规模的大幅扩张有关。从岗位来看，综合行政管理、服务业执行和操作、制造业技能这三类人才的流动指数较高，分别达到 53.5、52.5 和 51.1，超过 50 的基准线，而核心技术研发人员和销售人员的流动指数偏低，此类人才的招聘需求则多由业务发展引发。

4.3.1.4　产业信心指数整体较为乐观，高级管理及研发人才招聘难度较大

信心指数反映各单位通过招聘会、网络平台等各种渠道成功招聘到理想员工的信心，数值越大代表企业雇佣到胜任员工的信心越强。从信心指数统计结果来看，各产业信心指数均值达到 51.8，有 13 个产业的信心指数高于 50 的分界线，其中，商贸、现代农业、智能家电、电子商务、建工等产业的人才信心指数较高，均达到 55 以上；海洋高技术、绿色石化、新能源、节能环保、科技服务、机械制造等产业，则由于产业发展迅速、市场复苏及本地人才培养不足等，招聘信心明显不足。从岗位来看，HR 经理普遍对综合行政类岗位、制造业和服务业技能岗位、销售类岗位的招聘结果比较乐观，信心指数超过 50 的基准线，而高级管理人才、高级研发及高级项目管理人员（含各类学科带头人）的招聘结果比较悲观，预期不高，其中制造业普遍需求较大的专业技术人才信心指数只有 46.9，对高层管理人才的招聘信心指数则只有 46.2。

整体来看，2016 年以来，宁波市人才市场呈现出"需求规模依然较大，产业人才需求分化，各类人才加速流动"的特征，同时，长期存在的高级经营管理、高级项目管理及高级研发人才供给不足、招聘难度大的状况没有明显改善，针对这些新情况、新特征，应贯彻落实中央、省关于加快人才发展体制机制改革的意见，深入实施宁波市人才发展"十三五"规划，采取更加积极、更具针对性的人才政策措施，充分发挥市场在人力资源配置过程中的决定性作用，系统研究全市人才供求信息，加快引进国内外高层次人才，加强本地存量人才的挖潜和开发工作，并针对海洋经济、智能制造、新一代信息技术、电商文创、现代服务等人才需求集中的产业，加快人才平台载体建设及人才储备工作。

4.3.2　宁波市重点产业发展与技能人才开发

2016 年 6 月，宁波正式获批全国首个"中国制造 2025"试点示范城市。宁波市正式发布《"中国制造 2025"宁波行动纲要》《宁波市建设"中国制造 2025"试点示范城市实施方案》《关于宁波市推进"中国制造 2025"试点示范城市建设的若干政策意见》，致力于打造具有宁波特色的"3511"新型产业体系[①]。因此，对重点产业的技能人才[②]需求指数、发展指数、流动指数、信心指数进行重点分析，有利于把握技能人才与产业发展的现状和发展趋势。

4.3.2.1　三大战略性产业

总体来看，新材料领域人才紧缺指数各维度与各领域平均基本吻合，十分相近；而新装备制造和新一代技术则各自在发展指数和流动指数上存在良好或是一般的表现，如表 4.3、图 4.4 所示。

表 4.3　宁波三大战略性产业技能人才紧缺指数

	需求指数	发展指数	流动指数	信心指数
新一代信息技术	60.4	52.0	48.0	46.3
新材料	68.3	57.8	42.2	51.0
新装备制造	60.9	61.4	38.7	51.9
各领域平均	57.8	52.8	47.2	53.1
三大战略性产业平均	63.2	57.1	43.0	49.7

① 构建"3511"产业体系。重点发展以新材料、高端装备和新一代信息技术为代表的三大战略性产业，提升发展以汽车制造、绿色石化、时尚纺织服装、家用电器、清洁能源为代表的五大优势产业，加快发展以生物医药、海洋高技术、节能环保为代表的一批新兴产业和以工业创新设计、软件信息服务、科技服务、检验检测为代表的一批生产性服务业（以下简称"3511"产业），发展壮大稀土磁性材料、高端金属合金材料、石墨烯、专用装备、关键基础件、光学电子、集成电路、工业物联网八大细分行业（以下简称"八大细分行业"），着力培育形成一批新的千亿级细分行业和产业集群。

② 以相关产业人才紧缺指数人才细分中的制造业技术、制造业技能、服务业技术和服务业操作为技能人才相关数据进行分析。

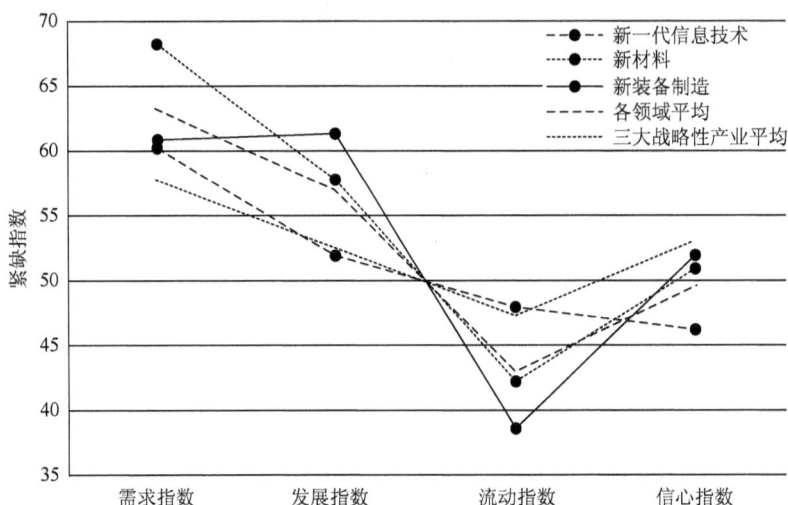

图 4.4　宁波三大战略性产业技能人才紧缺指数

从技能人才需求指数看，三大战略性产业技能人才需求指数均高于各领域需求指数均值（57.8），其中新材料产业（68.3）技能人才需求最高，新一代信息技术（60.4）和新装备制造产业（60.9）技能人才需求指数也超过了60，表明三大战略性产业的制造业技术、制造业技能、服务业技术和服务业操作等岗位人才需求相当旺盛。

从技能人才发展指数看，新一代信息技术产业技能人才发展指数（52.0）低于各领域发展指数的均值（52.8），发展态势相对较弱；而新材料（57.8）和新装备制造产业（61.4）人才发展态势良好，显著高于平均水平。

从流动指数看，除新一代信息技术产业人才流动指数（48.0）高于各领域平均水平（47.2）外，新材料产业（42.2）和新装备制造产业（38.7）人才流动指数均低于各领域平均水平，人才稳定性相对较好。其中，新装备制造产业技能人才稳定性相当出色，这或许与技能人才技术技能专业性较强有关。

从信心指数看，三大战略性产业技能人才信心指数均低于各领域平均水平（53.1），表明企业对招聘到胜任员工的信心相对不足，新一代信息技术、新材料和新装备制造产业技能人才供给不足，企业技能人才招聘形势不容乐观。

4.3.2.2　五大优势产业

宁波市近年来大力发展以汽车制造、绿色石化、时尚纺织服装、家用电器、清洁能源为代表的五大优势产业，从五大优势产业技能人才需求指数看，五大优势产业技能人才需求指数平均与各领域总体平均基本吻合，但五大产业间存在较大的差异。电工电器/智能家电（70.1）人才需求指数远高于各领域人才需求均值（57.8），技能人才需求相对更为旺盛；而绿色石化（56.2）、新能源/清洁能源（57.1）和纺织服装产业（58.8）技能人才需求指数基本与各领域需求指数均值（57.8）持平；汽车及零部件产业（52.3）技能人才需求指数低于平均水平，技能人才需求相对较弱，如表4.4、图4.5所示。

表4.4 宁波市五大优势产业技能人才紧缺指数

	需求指数	发展指数	流动指数	信心指数
新能源/清洁能源	57.1	53.6	46.5	52.7
汽车及零部件	52.3	49.5	50.6	52.0
绿色石化	56.2	54.1	45.9	52.8
纺织服装	58.8	43.9	56.1	51.1
电工电器/智能家电	70.1	46.7	53.4	63.5
各领域平均	57.8	52.8	47.2	53.1
五大优势产业平均	58.9	49.5	50.5	54.4

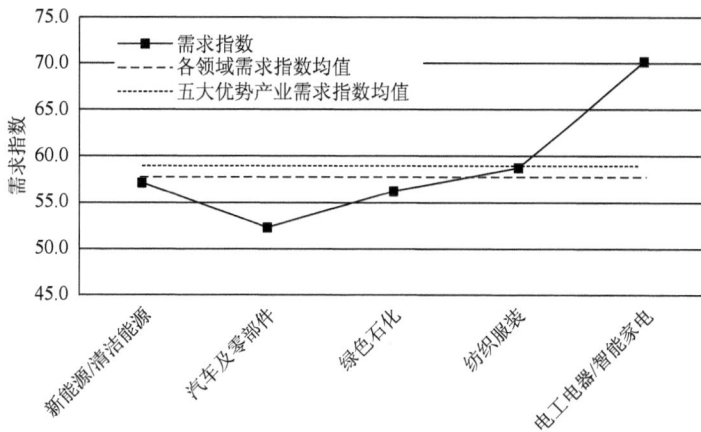

图4.5 宁波市五大优势产业技能人才需求指数

从发展指数看，五大优势产业技能人才发展指数均值低于各领域总体平均水平，表明五大优势产业技能人才发展态势相对较弱。具体来看，仅新能源/清洁能源（53.6）和绿色石化产业（54.1）技能人才发展指数与各领域均值（52.8）接近，且相对略高；汽车及零部件（49.5）、纺织服装（43.9）、电工电器/智能家电产业（46.7）技能人才发展指数均低于50，特别是纺织服装产业发展指数最低，技能人才发展态势不容乐观，如图4.6所示。

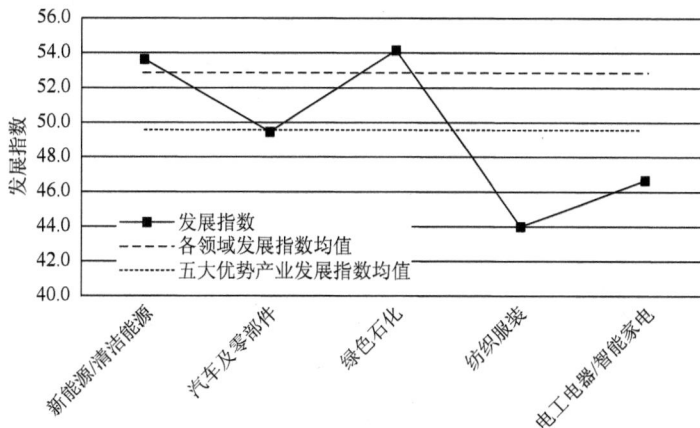

图4.6 宁波市五大优势产业技能人才发展指数

从流动指数看，五大优势产业技能人才流动指数均值高于各领域总体平均水平，表明五大优势产业技能人才流动性较强。具体来看，除新能源/清洁能源产业（46.5）与绿色石化产业（45.9）技能人才流动指数低于各领域均值（47.2）外，汽车及零部件（50.6）、纺织服装（56.1）、电工电器/智能家电产业（53.4）技能人才流动指数均高于50，特别是纺织服装产业人才流动指数最高，人才流动性较强，如图4.7所示。

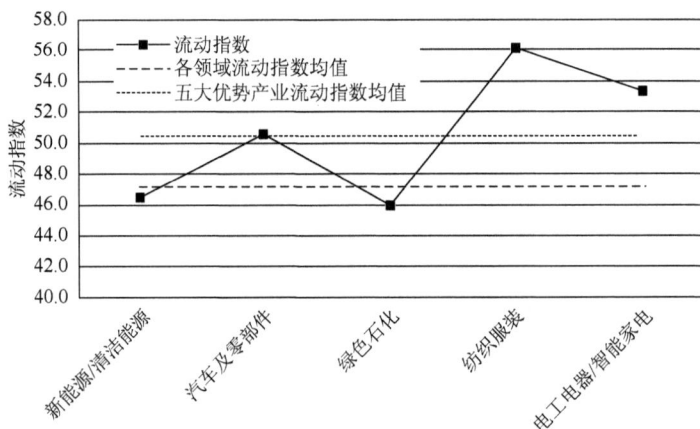

图4.7　宁波市五大优势产业技能人才流动指数

从信心指数看，五大优势产业中电工电器/智能家电产业技能人才信心指数最高（63.5），远高于各领域总体平均水平（53.1），表明该产业技能人才招聘相当乐观。然而，五大优势产业中，其余产业技能人才信心指数均接近或略低于各领域平均水平，具体来看，新能源/清洁能源（52.7）、汽车及零部件（52.0）、绿色石化（52.8）和纺织服装产业（51.1）人才信心指数均高于50，人才招聘信心较强，形势较为乐观，如图4.8所示。

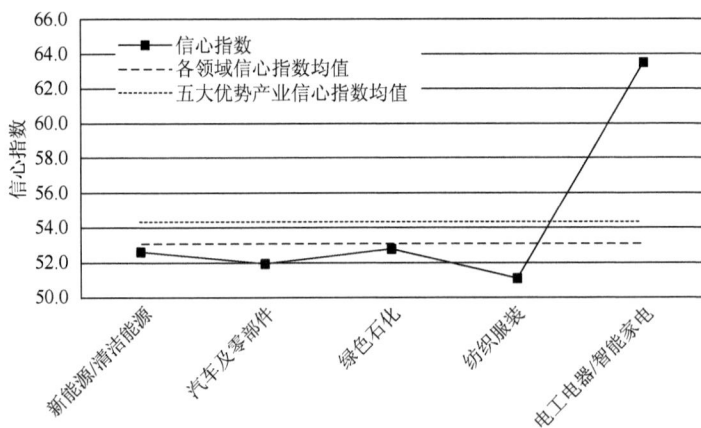

图4.8　宁波市五大优势产业技能人才信心指数

4.3.2.3 新兴产业

总体来看，除人才需求指数，新兴产业紧缺指数均值与各领域平均水平存在差异，新兴产业人才发展指数高于各领域平均，而流动指数和信心指数则低于各领域平均水平。新兴产业人才发展态势较好，但人才流动性和发展信心不容乐观。

具体来看（表 4.5、图 4.9），从新兴产业技能人才需求指数看，节能环保产业技能人才需求指数（58.6）高于各领域需求指数均值（57.8），人才需求较为旺盛；而生命健康/生物制药产业（55.9）、海洋高技术产业（54.7）略低于各领域均值。从发展指数看，节能环保（67.3）和海洋高技术产业（54.2）人才发展指数均高于各领域发展指数的均值（52.8），发展态势相对较强；但生命健康/生物制药产业（50.5）技能人才发展态势较弱。从流动指数看，生命健康/生物制药产业（49.5）和海洋高技术产业（45.9）技能人才流动指数与各领域平均水平（47.2）较为接近，人才流动性相对较强，而节能环保产业技能人才流动指数（32.8）远远低于各领域平均值，表明节能环保产业技能人才流动性相对较弱。从信心指数看，生命健康/生物制药产业（60.8）人才发展信心最强，表明企业对招聘到胜任员工十分乐观；而海洋高技术产业（37.5）人才信心指数远低于各领域平均水平，表明该产业信心指数整体不足。

表 4.5 宁波市新兴产业技能人才紧缺指数

	需求指数	发展指数	流动指数	信心指数
生命健康/生物制药	55.9	50.5	49.5	60.8
节能环保	58.6	67.3	32.8	47.4
海洋高技术	54.7	54.2	45.9	37.5
各领域平均	57.8	52.8	47.2	53.1
新兴产业均值	56.4	57.3	42.7	48.6

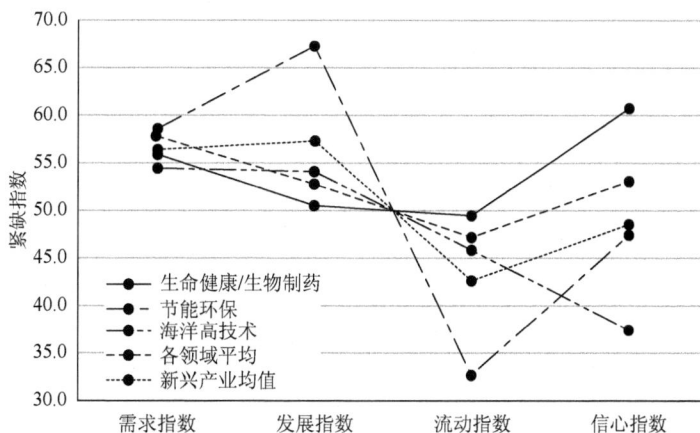

图 4.9 宁波市新兴产业技能人才紧缺指数

5 技能人才队伍建设绩效综合评价方案设计

当前，宁波经济社会发展已进入速度换挡、结构调整、转型升级的关键时期，产业结构正在从以中低端为主向以中高端为主提升。经济社会发展面临着宏观环境复杂、产业竞争加剧、资源环境约束趋紧等挑战，技能人才，特别是高技能人才已成为区域竞争的战略资源。为全面贯彻落实国家有关技能人才队伍建设的一系列重大部署和政策措施，建设技能强市，宁波先后做出了《宁波市高技能人才"十三五"规划（2016—2020年）》《"技能宁波"三年行动计划（2016—2018年）》等一系列重要部署。为更好地了解宁波技能人才队伍建设绩效，动态调整宁波技能人才建设相关政策，需要设计制定技能人才队伍建设绩效综合评价体系。

5.1 指 标 体 系

指标体系是绩效评价的核心，科学的指标体系是保证科学评估结果的必要条件。为更好地在《宁波市高技能人才"十三五"规划（2016—2020年）》顶层设计下开展宁波技能人才队伍建设工作，掌握已完成工作绩效与目标绩效间的差距，及时适当地调整相关政策措施，拟在规划中提出的各项目标基础上设计宁波技能人才队伍建设绩效综合评价指标体系（表5.1）。

表5.1 宁波技能人才队伍建设绩效综合评价指标体系

一级指标	二级指标	评价方法
技能人才队伍规模	（1）全市技能人才总量	指标数据＋认同度评估
	（2）全市高技能人才总量	
	（3）技能人才占从业人员比重	
	（4）高技能人才占技能人才比重	
	（5）引进高技能领军人才、紧缺人才人数	
	（6）引进技能培训大师人数	
	（7）引进技工院校名师人数	
技能人才培养机制	（1）公共实训中心（基地）建设	认同度评估
	（2）技能大师工作室建设	
	（3）技工（职业）院校创新发展	
技能人才成长环境	（1）职业技能坚定体系建设	认同度评估
	（2）职业技能活动、竞赛举办情况	

一级指标	二级指标	评价方法
技能人才成长环境	（3）"技能创业"产业孵化平台建设 （4）宣传与社会风尚引导	认同度评估
"技能宁波"品牌创建	（1）技能人才发展环境构筑 （2）"技能宁波"新型智库建设 （3）技能人才开发服务产业	认同度评估

5.2　评价主体选择

政府绩效评估体系中，评估主体、对象、指标、标准和环境等要素都会对绩效评估结果产生重要影响。在评估过程中，其他因素都必须通过主体体现作用，因此主体设置科学与否在很大程度上影响政府绩效评估的效果。绩效评估的主体可以分为内部主体和外部主体，内部评估主体即指政府自身作为主体对某一政府部门工作或项目完成情况进行评估，从纵向上分主要包括上级、同级和下级政府；外部评估主体较为多样化，主要包括国家权力机关、同行、人民群众和专业绩效评估机构等类型。目前，中国政府绩效评估实践中仍以内部主体为主导，但外部评估在政府部门绩效评估中有重要意义。

（1）外部评估可有效弥补内部评估的不足。从一方面看，内部评估主体主要有两点优势：其一在于内部主体获得的评估信息相对外部主体较为充分，其二在于内部主体（尤其是上级）在政府实际工作中有较大权威，由内部主体评估所得的结果更容易给评估对象带来实际的奖惩效果。从另一方面看，内部评估的不足也是显而易见的。第一，根据公共选择理论，政府作为"经济人"的特性会使其在进行评估的过程中自然地选择对自己较为有利的结果，在这种情况下对工作绩效进行评估必然导致评估结果在科学性和客观性方面的欠缺；第二，我国目前从事政府内部绩效评估的人员在知识背景、工作经历方面的情况较为复杂，许多人员对于绩效评估缺乏专业知识和专业技能的系统训练，这也对评估的质量造成负效应。外部评估主体较为丰富，使得在绩效评估中各方的意见都得到表达，评估结果更加客观。此外外部评估主体中的独立评估机构、专家等具有较高的绩效评估专业素养和较为中立的评估立场，能够帮助提高绩效评估的科学性和客观性。外部评估在运用得当的情况下，可以有效地弥补内部评估的不足，使绩效评估结果更加科学、准确。

（2）外部评估是政府提高公信力和服务质量的突破口。西方国家外部评估发展较为成熟，这些国家的政府将开展外部评估作为展示行政绩效、提高自身公信力的平台。政府自身对工作绩效进行宣传可能会激发群众的逆反心理。通过外部主体客观地将政府工作绩效进行评估，这样得出的评估结果更有科学性和说服力。如果评估结果显示政府绩效较高，对于树立政府形象和威信有良好的促进作用。如果评估结果显示政府绩效有待提高，则对于群众来说他们会倾向于相信该报告的真实性，若第二次评估结果较之第一次有较大提高，对于树立政府形象和威信有促进效果；对于政府来说会迫于舆论进行改革、提高服务质量以求在下次评估中挽回声誉。综上，外部评估对提高政府公信力和服务质量有较大推动作用。

根据绩效评价理论并结合宁波技能人才建设具体情况，建议选择相关政府部门为自评主体，市分管领导、评价专家组、职业院校代表、技能人才代表均作为评价主体参与评价。

专家组由6名绩效评价专家和6名人力资源专家组成；职业院校代表、技能人才代表从宁波职业院校教师及宁波在岗技能人才中随机抽取，共抽取职业院校代表和技能人才代表各12名。通过政策条文梳理、实地走访调研、调查问卷发放等途径，借助德尔菲法、专家评估法等，计算确定评价专家组、职业院校代表和技能人才代表的评估权重均为0.25。

5.3　评价方法选择

评价主体多样化的评估理念在西方的360°评估法等评估理论和方法中早有体现，在我国地方政府工作评估当中也多有实践经验，但是以往的评估方法都没有解决评价主体与工作主体信息不对称、不同评估主体间信息割裂的问题。为更加科学地进行绩效综合评价，建议采用认同度评估法。认同度评估法，是指以工作主体自我评估为基础，由多个权重系数不同的评估主体对自我评估结果进行认同度判断的评估方法。评估主体完全认同自评结果时，认同度打分为1；完全不认同自评结果时，认同度打分为0。其计分方法如下。

假设评价主体有四类，通过实地走访调研、调查问卷发放等途径，借助德尔菲法、专家评估法等，计算确定四类评估主体的认同度分别为 X_1、X_2、X_3、X_4，其相应的权重分别为 h_1、h_2、h_3、h_4。则一级指标 i 的认同度得分 F_i，等于工作主体自评分 A_i 与各认同度加权和的乘积，即

$$\begin{cases} F_i = A_i \times (X_1 h_1 + X_2 h_2 + X_3 h_3 + X_4 h_4) \\ h_1 + h_2 + h_3 + h_4 = 1 \end{cases}$$

政策最终得分为

$$F = 0.25 F_1 + 0.25 F_2 + 0.25 F_3 + 0.25 F_4$$

特别需要说明：

（1）评价主体对一级指标的总体情况进行认同度打分，无需对每个二级指标分别打分，但工作主体必须对每项二级指标列举数据或证明材料做出说明。

（2）当工作主体自评结果远高于真值时，评估主体认同度会大幅降低，加权后的最后得分会远低于自评者的预期，这样的机制倒逼工作主体客观自评。

认同度评估法的具体操作步骤如表5.2所示。

表 5.2　认同度评估法操作步骤

步骤	说明
步骤 1：自评主体撰写自评说明并自我打分	（1）自评主体对指标所涉工作内容及自我打分理由进行简要说明。 （2）打分要求实事求是。 （3）说明要求"简明扼要，一针见血"：①技能人才队伍规模部分需提供历年比较数据、兄弟地区（或标杆地区）比较数据，无须进行文字说明；②其他部分需就指标所涉各项工作内容进行情况与已取得成果的说明，一项二级指标工作说明以 200 字为宜。 （4）自评说明与自我打分需向社会公开。
步骤 2：其他主体审阅自评说明与自评分	其他主体对自评主体提供自评分数与自评说明进行审阅和初步评判
步骤 3：质询与反馈	（1）审阅自评说明与自评分后，其他主体如对所提及工作情况、成果有不明或异议可要求自评主体提供进一步证明和说明。 （2）自评主体根据所有其他主体提出的质询问题进行真实、有效的反馈。 （3）如其他主体认为自评主体所提供的反馈无法有效解释自己的问题有权直接对该项工作认同度打 0 分。 （4）所有质询问题及反馈说明必须向全部评估主体和社会公开
步骤 4：认同度打分	其他评估主体根据所掌握的信息、专业知识和直观体验对自评分进行认同度打分

　　认同度评估法的最大优势在于对评估信息的充分利用，评估主体通过工作主体提交的自评报告与证明材料、绩效评估点评会和实地考察 3 种途径获得充分的评估信息进而对工作主体的自评结果进行认同度判断。

　　（1）评估点评会。评估点评会是工作主体与评估主体间信息交流的重要途径。工作主体（人力资源与社会保障局）在点评会上向所有评估主体（专家、职业院校代表和技能人才代表）对技能人才队伍建设实施情况进行汇报、展示相关数据和证明材料，评估主体通过汇报了解政策实施的信息。点评会上评估主体可对汇报者提问，汇报者需回答问题并举证说明。

　　（2）自评报告与证明材料。自评报告是认同度评估的基础材料，由工作主体（人力资源与社会保障局）撰写。第一部分内容应包括工作概况、工作分工、工作总体收效等内容。第二部分是对评估指标体系中 4 项一级指标、17 项二级指标内容的介绍说明。对 4 项一级指标分别进行自我评分，列出相关的有效数据并简要陈述。详细的证明材料及数据等附在自评报告后提交评价主体审阅。

　　（3）实地考察。评估专家组与服务对象代表团分成 6 个小组，每组由 1 名绩效评估专家（组长）、1 名人力资源领域专家（副组长）和 2 名服务职业院校代表和 2 名技能人才代表组成，分别前往不同企业、职业院校、实训中心等地进行实地考察。经过一周的实地考察，各组将评估信息汇总。

　　充分了解评估信息后，评估主体的认同度判断对自评结果有较强的倒逼作用，迫使实施主体的自评趋于客观，更加充分地利用了自评信息。认同度评估法的运行机制如图 5.1 所示。

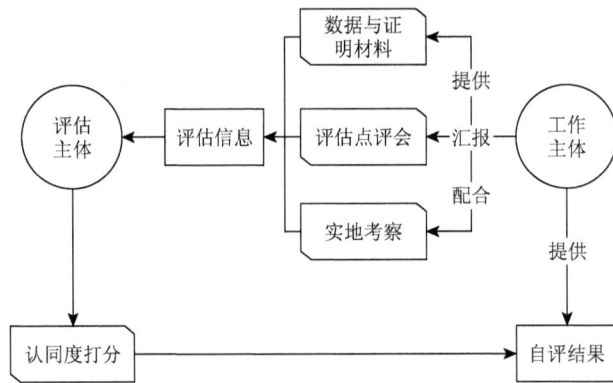

图 5.1　认同度评估法运行机制

5.4　评估程序

评估预计时长为 8 周，分为三个阶段：准备阶段为期 4 周，评估阶段为期 3 周，反馈阶段为期 1 周，如表 5.3 所示。对评估程序说明如下。

表 5.3　绩效评估程序表

评估阶段	评估时间	评估主体事项	工作主体事项
准备阶段	第 1～4 周	（1）成立评估专家组； （2）成立服务对象代表团； （3）评估方法培训； （4）进行问卷调查	（1）采集数据； （2）准备证明材料； （3）形成政策自评报告
评估阶段	第 5～7 周	（5）审阅数据与材料； （6）实地考察； （7）评估点评会； （8）工作最终得分核算	（4）提交材料和自评报告； （5）评估点评会上汇报工作情况
反馈阶段	第 8 周	（9）形成工作评估报告并提出政策建议	（6）根据评估报告做出工作改进的决策

（1）评估点评会在评估过程第 7 周的周三进行，工作主体用 1 小时时间向所有评估主体汇报自评报告内容和政策实施情况。

（2）评估主体有 1 周时间详细审阅由工作主体提供的数据和材料，对于发现的问题可在实地考察中询问并获得相关信息。

（3）实地考察汇总后的信息应反馈给所有评估者，每位评估者根据通过评估点评会、证明材料审阅和实地考察获得的所有信息对工作主体的自评分进行认同度打分。

（4）每一类评估主体对自评分的认同度打分取该类所有评估者认同度打分的算术平均数。

（5）由评估专家组撰写基于评估过程和结果的工作评估报告，对下一步工作应当做出的调整措施提出建议。评估报告作为评估结果运用的重要方式应当尤其重视，由专家撰写的评估报告是工作绩效评价结果和政策建议的集中体现。

（6）评估过程中涉及的人员名单、自评报告、相关数据、证明材料、会议记录和最终评估结果、评估报告均需向公众公开，接受监督。

宁波市技能人才队伍建设绩效评估认同度打分表和自评报告模板如表5.4、表5.5所示。

表5.4 宁波市技能人才队伍建设绩效评估认同度打分表

尊敬的评估者：

您好！

感谢您两周以来的辛勤工作！请您根据获得的宁波市技能人才队伍建设绩效信息对实施主体提供的自评分数进行认同度打分。

一级指标	自评结果	完全不认同（0）	不认同（0.25）	基本认同（0.5）	比较认同（0.75）	完全认同（1）	自评过低（1.25）
技能人才队伍规模	A_1						
技能人才培养机制	A_2						
技能人才成长环境	A_3						
技能宁波品牌创建	A_4						

请写下您对本政策的宝贵建议：

您的评估主体类别是：

□评估专家组　　　　□服务对象代表

表5.5 宁波市技能人才队伍建设绩效评估自评报告模板

一级指标	二级指标	自评报告
技能人才队伍规模（25%）	全市技能人才总量	全市技能人才总量数据及数据来源、统计口径、统计方法等必要信息： （可附页及相关证明材料）
	全市高技能人才总量	全市高技能人才总量数据及数据来源、统计口径、统计方法等必要信息： （可附页及相关证明材料）
	技能人才占从业人员比重	全市技能人才占从业人员比重数据及数据来源、统计口径、统计方法等必要信息： （可附页及相关证明材料）

续表

一级指标	二级指标	自评报告
技能人才队伍规模（25%）	高技能人才占技能人才比重	高技能人才占技能人才比重数据及数据来源、统计口径、统计方法等必要信息： （可附页及相关证明材料）
	引进高技能领军人才、紧缺人才人数	引进高技能领军人才、紧缺人才人数数据及数据来源、统计口径、统计方法等必要信息： （可附页及相关证明材料）
	引进技能培训大师人数	引进技能培训大师人数数据及数据来源、统计口径、统计方法等必要信息： （可附页及相关证明材料）
	引进技工院校名师人数	引进技工院校名师人数数据及数据来源、统计口径、统计方法等必要信息： （可附页及相关证明材料）
技能人才培养机制（25%）	公共实训中心（基地）建设	公共实训中心（基地）建设情况： （可附页）
	技能大师工作室建设	技能大师工作室建设情况： （可附页）
	技工（职业）院校创新发展	技工（职业）院校创新发展情况： （可附页）
技能人才成长环境（25%）	职业技能鉴定体系建设	职业技能鉴定体系建设情况： （可附页）
	职业技能活动、竞赛举办情况	职业技能活动、竞赛举办情况： （可附页）

一级指标	二级指标	自评报告
技能人才成长环境（25%）	宁波特色"技能创业"产业孵化平台建设	宁波特色"技能创业"产业孵化平台建设情况： （可附页）
	宣传与社会风尚引导	宣传与社会风尚引导工作情况： （可附页）
技能宁波品牌创建（25%）	技能人才发展环境构筑	技能人才发展环境构筑情况： （可附页）
	"技能宁波"新型智库建设	"技能宁波"新型智库建设情况： （可附页）
	技能人才开发服务产业	技能人才开发服务产业： （可附页）

第三篇　专题调查

6 技工（职业）院校技能人才培养调查

6.1 调 查 目 的

宁波作为浙江省的经济大市和制造业强市，制造业在推动宁波经济社会发展、奠定城市地位方面发挥了重大作用。历经多年的发展，宁波已经形成了以临港重化工业、纺织服装、家电、塑机、文具、汽配等为主导的制造业产业结构。然而，随着要素成本上升、外贸需求锐减，宁波市经济发展也迈入了速度换挡、动力转换、结构优化的经济发展新常态阶段[①]。2016 年 8 月，宁波获批成为全国首个"中国制造 2025"试点示范城市，为了深入实施创新驱动发展战略，培养一批理论知识丰富、专业技术强的技能人才显得尤为重要，这也是推动传统产业升级和适应已经到来的人工智能时代的关键所在。

现阶段我国技工（职业）教育的人才培养无论在教育观念、专业设置、课程设置还是师资力量等环节，都无法适应知识经济带来的挑战，因此必须建立具有区域性特征的新型的技能人才培养方式。此次调查是针对宁波市技工（职业）院校在技能人才培养方面取得的成就及存在的问题，从而提出相应的建设性建议，以顺应"十三五"时期我国全面实施"制造强国"的战略，紧紧抓住宁波建设"一带一路"倡议支点城市和港口经济圈建设的战略机遇期。

6.2 调 查 设 计

6.2.1 调查问卷设计

6.2.1.1 调查对象

为深入了解宁波市技工（职业）院校技能人才培养情况，课题组面向宁波市 9 个区的 17 所技工（职业）院校[②]，针对学校、教师及学生开展问卷调查。调查组织过程为：制定调查方案、设计问卷调查表、问卷调查、汇总数据与撰写报告。

---

① 汪彬. 面向工业 4.0 的宁波人才需求结构变动研究[J]. 宁波工程学院学报，2016，28（1）：91.

② 本调查中抽样的技工（职业）院校涵盖技工院校、职业院校、职教中心、职业中学等多个类型，包括宁波市交通技工学校、宁波市鄞州职业高级中学、宁波技师学院、慈溪职业高级中学、慈溪周巷职业高级中学、鄞州职业教育中心学校、宁波北仑弘途技工学校、宁波北仑职业高级学校、象山县技工学校、宁波建设工程学校、奉化职业教育中心学校、奉化技工学校、宁海县技工学校、宁海职教中心、宁海县第一职业中学、余姚市技工学校、宁波市镇海区职业教育中心学校等 17 所院校（排序不分先后）。

6.2.1.2　题项设计

技工（职业）院校技能人才培养针对院校、教师和学生分别开展问卷调查，主要涉及《宁波市技能人才培养情况调查问卷（技工/职业院校部分）》（附录 5）、《宁波市技能人才培养情况调查问卷（教师部分）》（附录 6）、《宁波市技能人才培养情况调查问卷（学生部分）》（附录 7）3 份问卷。院校部分问卷主要涉及学校基本信息、学生规模、师资力量、技能人才培养相关信息等相关情况；教师部分问卷和学生部分问卷主要涉及技能人才培养等相关情况。

6.2.2　调查总体的基本情况及统计方法

6.2.2.1　调查总体基本情况

本次调查由宁波市各县市区、管理委员会人力资源和社会保障局协助向所辖各重点行业企业技能人才发放问卷，共计回收院校部分有效问卷 17 份，教师部分有效问卷 175 份，学生部分有效问卷 541 份，基本覆盖全市各类技工（职业）院校。

6.2.2.2　统计方法

完成问卷回收与数据录入后，对相关的数据进行描述性统计分析，以了解技能人才培养投入、培养过程、培养质量的总体水平（即集中趋势，对数据一般水平代表值或中心值的测度）和差异水平（即离散趋势，对数据的差异性进行测度），以全面地了解技工（职业）院校技能人才培养状况，为进一步的分析奠定基础。

6.3　调查结果分析

6.3.1　技能人才培养投入分析

6.3.1.1　技工（职业）院校师资队伍建设投入分析

根据调查数据，宁波市 17 所技工（职业）院校共有专职教师 2594 人，其中"双师型"教师所占比重为 41%，高级技师和高级技工所占的比重分别为 6%、23%。在各专业大类学生数量与师资力量总体情况的统计数据中，以制造大类为例，2015 年、2016 年连续两年学生与教师人数比约为 20∶1。学界对"双师型"教师的内涵界定大致有"双职称"说、"双证书"说、"双能力"说、"双层次"说、"双融合"说、"叠加"说、"特定"说等多种阐释[①]。但比较一致认同的是，"双师型"教师必须兼备扎实的专业理论知识和卓越的专业实践能力，这是"双师型"教师应有的共同表征，而且"双师型"教师所拥有的专业理论

---

① 贾文胜，梁宁森. 基于校企共同体的高职院校"双师型"教师队伍建设[J]. 中国高教研究，2015，01：93.

知识和专业实践能力具有内在的融合性与统一性，可见加强"双师型"教师队伍建设，既是提升宁波市技能人才培养质量的关键要素，也是其基本保障。因此在院校、教师两个部分的问卷中均设置了"双师型"教师的相关问题，其中院校回收 17 份问卷，教师回收 175 份问卷。院校方面认为"双师型"教师的评定标准主要是"双证书"（具有教师资格证和行业资格证）和"双能力"（具备教学科研能力和专业实践能力）；教师则认为主要体现在"双能力"方面，相较于院校方面，也有 20% 的教师赞同"双职称"（具有中级以上教师职称和专业技术职称）这一标准。就"'双师型'教师培养的关键"这一问题，院校方面认为完善的培养机制和教师的自身发展更为重要，教师与其选择一致。69% 的教师认为目前的师资力量基本满足教学要求，14% 的教师则认为难以满足要求；82% 的院校表示师资力量基本满足教学要求。

6.3.1.2 技工（职业）院校教学设备投入分析

通过统计普通教室、多媒体教室、计算机教室、实训实验室、实训设备、实训基地及在校生的相应数量，对宁波市技工（职业）院校的教学设备投入进行分析。17 所技工（职业）院校在校生为 38245 人，普通教室、多媒体教室与在校生的比例为 1 : 50，计算机教室的比例为 1 : 333，实训实验室的比例为 1 : 66，实训设备的比例为 1 : 3，实训基地的比例为 1 : 250。

6.3.2 技能人才培养过程分析

6.3.2.1 技工（职业）院校专业课程结构分析

专业课程设置是学生十分关注的问题，在所调查的 541 位在校生中，有 53% 的学生认为专业课程设置的结构比较合理，同时也有部分同学认为课程设置的结构一般，具体情况如图 6.1 所示。从专业课程实施效果上来看，49% 的学生认为效果比较好，24% 的学生则认为专业课程设置的效果一般。

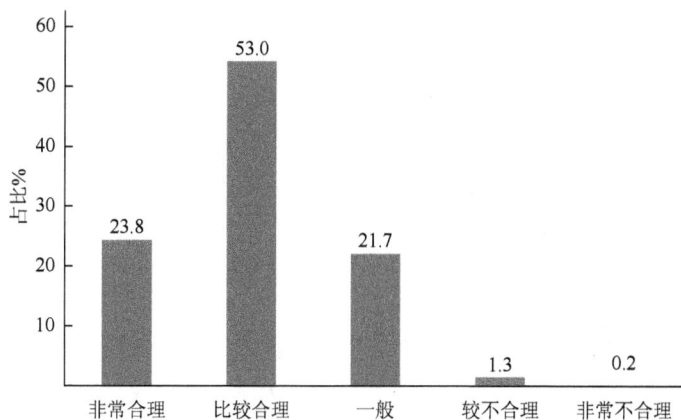

图 6.1 专业课程设置的结构合理性分析图（学生部分）

根据数据显示，目前专业课程设置存在的最大问题是公共课、专业基础课与专业课之间缺乏有效的衔接，课程内容老化，没有随社会发展需要及时更新，同时实践课程太少，专业课程中不注重对实践能力的培养。在技工（职业）院校和在校教师看来，专业课程设置的最大问题是课程内容老化，以及不注重对实践能力的培养。课题组针对教师做了影响专业课程设置因素的问卷调查，其中选择了"社会发展需求"这一因素的教师最多，其次则是"师资力量"，如表6.1所示。

表6.1　专业课程设置影响因素表（教师部分）

专业课程设置影响因素	数量	占比/%
社会发展要求	105	60.00
师资力量	88	50.29
学校教学设施	77	44.00
就业形势	76	43.43
学生生源适量	58	33.14
国家政策	47	26.86
其他	8	4.57
参与调查教师人数	175	100.00

6.3.2.2　技工（职业）院校公共实训基地建设分析

目前在国内，"公共实训基地"还没有一个权威和完整的定义，在其概念解读中一般围绕三个维度展开，它是"提高职业培训和技能人才培养水平的重要平台"，是"向全社会开放的具有公益性质的社会服务基地"，以及"具有前瞻性长远发展目的和深远意义的国家性战略任务"[①]。在17所技工（职业）院校中有16所表示本校拥有供师生使用的实训资源，并且资源有利于实训教学。同时8所院校（机构）表示当前的实训资源不能满足教学需求，对于不能满足需求的原因，40%的院校认为数量不足，33%认为设备陈旧落后。

根据175位教师的统计数据显示，有85%的教师认可学校的实训资源，认为其丰富科学有利于实训教学，也有13%的教师认为学校虽然有实训资源，但实用性有待考量。就当前实训资源能否满足教学需求这一问题，63%的教师认为能够满足，35%的教师对此表示否定，其中实训资源数量不足是主要原因，其次则是设备陈旧落后，详情如图6.2所示。

99.3%的学生认可学校拥有供师生使用的实训资源，其中认为资源科学有利于实训教学的比例为88%。85%的学生赞同实训资源能够满足教学需求，15%的学生表示不赞同，

① 高灵芝，应峥.公共实训基地：中国培训事业的一大创新[J].职业，2009，15：7.

其中不赞同的主要原因与院校和教师的统计结果相同,均为实训资源数量不足以及设备陈旧落后。

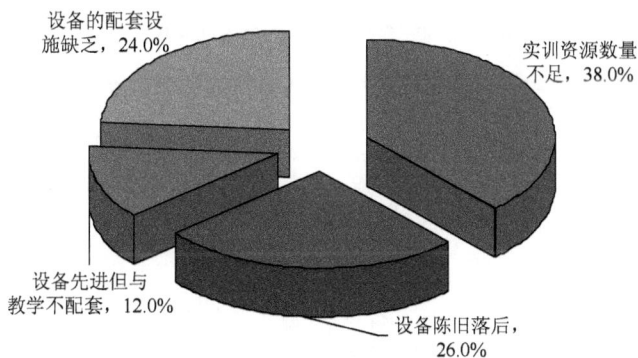

图 6.2 实训资源不能满足教学需求原因分析图（教师部分）

6.3.2.3 技工（职业）院校"校企合作,订单培养"现状分析

当前,我国经济发展已进入从以资源、资本驱动为主快速转向以技术、知识、人才驱动为主的转型发展阶段,加快培养技能人才已是实现我国经济顺利转型升级的战略需要。结合职业院校和企业的优势,通过校企合作能够快速有效地培养技能人才,这已是国内外的共识。"订单式"培养是指产业部门（用人单位）提出人才培养的目标、规格、数量和期限,由职业院校（人才培养单位）与产业部门按照双方签订的人才培养协议共同制定人才培养计划,共同组织、实施教育教学,学生毕业后直接到签订协议的用人单位就业的办学和人才培养模式①。在调研的 17 所技工（职业）院校中,有 13 所具有 10 年以上的校企合作经历,且 16 所院校认为校企合作的效果较好,认为校企合作模式培养的学生与一般模式相比强很多的比例达到 59%。就校企合作的具体模式而言,大部分院校选择了顶岗实习、"订单式"合作、合作办学及共建实训基地四种方式。虽然根据调查显示当前校企合作模式发展较为顺利,但随着内外部环境的变化,逐渐显露出一些问题,其中最主要的两个问题是企业参与意愿不高、院校与企业需求难以无缝对接,其次 23%的院校的选择是政府扶持力度不够。此外,12 所院校设置了"订单式"人才培养模式,其中 7 所表示目前教学设施能够满足"订单式"培养模式的要求。

教师对这一现状的调查结果显示,49%的教师认为校企合作的效果比较好,34%认为其效果一般。在学生质量方面,教师与院校一致,赞同校企合作模式培养的学生强于一般模式培养的学生。对于目前该模式存在的问题,最受关注的是企业参与度不高、政府扶持力度不够、院校与企业需求难以无缝对接,同时教师还表示对学生吸引力不够及合作流于形式也是当前校企合作模式的重要问题。

541 位在校生中 79%认为学校的校企合作模式效果可达到较好及以上,20%的学生表

① 王变奇. "订单式"培养对深化我国高等职业教育改革的意义[J].焦作师范高等专科学校校报, 2006, 22, （3）: 48-57.

示效果一般。大部分学生认可校企合作模式对自身培养的效果，表示与一般模式培养的学生相比较强。对于目前校企合作模式存在的问题，从学生角度出发显示出最为重要的是对学生吸引力不够（38%）、政府扶持力度不足（20%）、企业参与意愿不高（16%）及院校与企业需求难以无缝对接（14%），具体情况如图 6.3 所示。在教学设施能否满足订单式培养模式要求这一问题上，58%的学生的选择达到基本满足及以上，42%的学生则认为满足效果是一般程度及以下。

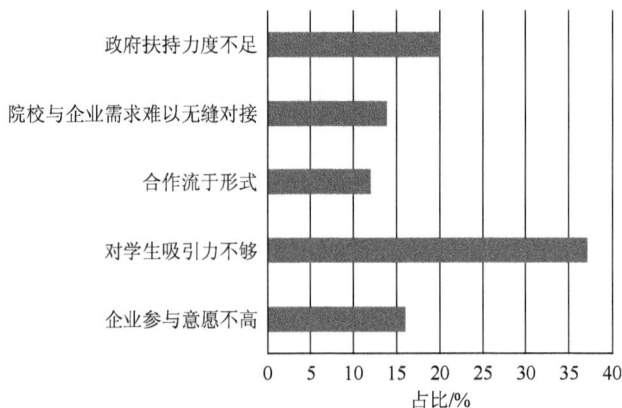

图 6.3　校企合作模式现存问题分析图（学生部分）

6.3.3　技能人才培养质量分析

根据 17 所技工（职业）院校的统计数据显示，2014～2016 年毕业生数及双证书率呈现逐年下降的趋势，而就业率波动不大，在保持较高水平的基础上小幅度上升，详情如图 6.4、图 6.5 所示。

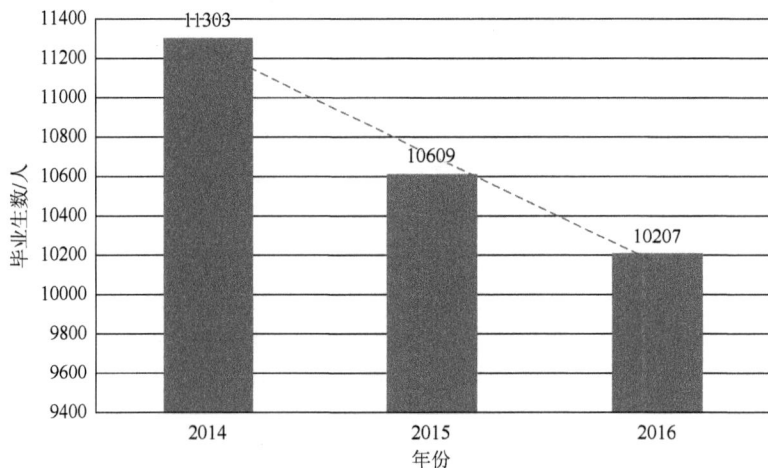

图 6.4　2014～2016 年宁波市技工（职业）院校毕业生数量

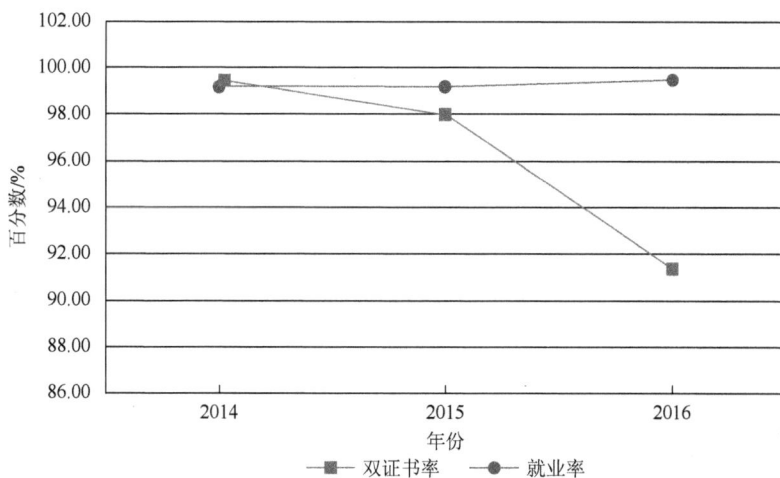

图 6.5　2014～2016 年宁波市技工（职业）院校双证率、就业率

6.4　主要结论与对策建议

6.4.1　主要结论

6.4.1.1　师资力量薄弱，"双师型"教师、高技能人才所占比重低

宁波市致力于建设成为服务长三角、面向全国、着眼全球的技能型人才开发、培训、评价和竞赛高地，形成"技能宁波"的示范效应，这为宁波市技工（职业）院校带来了机遇与挑战，提出了更高的要求。技工（职业）院校师资培养是提高教育质量的核心问题，而双师型教师的培养是师资培养的关键，是提升高职人才培养质量的重要途径。2014 年中国高等职业教育人才培养质量年度报告数据显示，"高等职业学校双师素质的教师比例由上年度的 50.9%提高到 57.2%，增长 6.3 个百分点，但离人才培养评估工作要求的 70%的优秀标准还有较大差距"①。

通过问卷调查可以发现，首先，目前对于"双师型"教师的认证标准并不统一，技工院校相应的管理与考评制度不健全、不规范，使得"双师型"教师薪酬待遇不高，对优秀人才、特别是高技术人才缺乏吸引力，师资队伍中没有可以起到领导带头作用的先锋模范，因此难以在技工（职业）院校中形成核心教师队伍。其次，通过此次问卷调查反映出的一个问题是院校（机构）与企业合作深度不够，双师型教师作为连接学生与院校的桥梁，其发展往往呈现出二元化的局面，拥有完备知识系统的教师可能缺乏实践操作技能；拥有丰富实践经验的教师可能在专业理论积累方面存在欠缺，因此更需要使"双师型"教师立足校企合作，联通岗位，重构课堂。

---

① 麦可思研究院. 中国高等职业教育质量年度报告（2014）[M]. 北京：高等教育出版社，2014：20.

6.4.1.2　专业课程设置较单一，内容更新慢，缺乏对实践能力的培养

我国高职院校教育的研究和实践目前已经取得了相当丰硕的成果，一方面高等职业教育内部改革不断地深入，另一方面也积极地吸取国外在同类教育中的先进经验，人才培养的数量和质量都有了很大的提高。但是高等职业教育也存在着不少的问题，尤其是面对不断变化的外部环境，如何有效满足个人和社会的需要，培养具有高等职业教育特色的不同类型的人才，将是高等职业教育发展过程中一直需要思考的问题。

根据此次调研显示，宁波市技工（职业）院校在专业课程设置方面存在一些问题。首先是公共课、专业基础课与专业课之间缺乏有效的衔接，公共课是指在自学考试计划中任何专业或部分同类专业的自考者都必须学习考试的课程，如《马克思主义哲学原理》《毛泽东思想概论》等；专业基础课是指某一专业的考生学习的基础理论、基础知识和基本技能的课程，其作用是为考生掌握专业知识、学习科学技术、发展他们的能力打下坚实的基础；专业课是指同专业基础课有直接联系的专业课程，它包括专业理论和专业技术课。虽然公共课主要是培养德智体全面发展人才，但无论是在课时安排还是在学分设置上，过于强调其位置势必会挤压专业实践课程，让学生有顾此失彼的感觉。而专业基础课是进一步学习专业课的铺路石，二者若存在衔接上的问题，不利于学生的后续培养，也易使课程结构变得杂乱无章。其次，课程内容老化，没有随社会发展需要及时更新。学生最终是需要走入社会的，尤其是技工（职业）院校更需要理论与实践的紧密结合，如果在学校学到的知识与社会需求脱节，整个职业生涯发展会受到极大的阻碍。最后，专业课程设置中实践课程太少，不注重对实践能力的培养。多元智能理论告诉我们，人的智能是多样性的。高职院校学生的智能结构很明显区别于普通高中学生，他们的逻辑思维本身相对比较薄弱，而动手能力相对较强。但进入学校后首先要学习的是以理论为主的学科课程，他们由新学校的新鲜感、专业设置的吸引力、未来职业的感召力等因素刚刚萌芽的学习动力，极易受到打击，毕业之后也无法快速进入岗位工作之中[①]。

6.4.1.3　实训资源数量不足，实训设备陈旧落后

实训资源包括实训基地、实训设备，目前我国技能人才的培养几乎都由职业院校承担，传统校园教育的目标定位与方法实施远不能满足技能人才培养中的职业技术实际应用能力的要求，使技能人才的培养面临覆盖面不广泛、途径不合理、结果不理想等困境。公共实训基地作为政府、企业、高职院校三方协同机制，最大程度地提升了技术设备和人才资源的集约度、扩展了技能人才培养的覆盖率、构建了社会化的技能人才专业实践平台。

在本次调研中，宁波市技能院校（机构）的实训资源与在校生的比例较为合理，但在针对院校、教师和学生的问卷数据中显示，三方均有部分认为当前的实训资源不满足教学需求，主要原因是实训资源数量不足及设备陈旧。通过分析，发现出现这一情况可能是因

---

① 杨玲. 技工学校文化基础课改革的思考[J]. 教学科研，2013，9：15.

为实训设备更新慢，陈旧落后，从而导致教师和学生在学习利用设备过程中感受到了数量限制，且当前互联网和人工智能发展迅速，技术和设备革新加快，难以满足学习需求。另外，实训基地是政府出面牵头，结合学校和企业资源建立，组织技能人才培养活动，从而弥补市场缺陷，作为一种补偿手段出现的，这使得基地的技能人才培养更多的是作为一个辅助的形象出现，往往容易造成基地的资源利用率不高，基地发挥作用的时间段有限，甚至很多基地出现了长期闲置的情况。供给与需求之间衔接不当容易造成两方受损的局面。

6.4.1.4　校企合作模式缺少实质性成效

当前，我国经济发展已进入从以资源、资本驱动为主快速转向以技术、知识、人才驱动为主的转型发展阶段，加快培养技能人才已是实现我国经济顺利转型升级的战略需要。结合职业院校和企业的优势，通过校企合作能够快速有效地培养技能人才，这已是国内外的共识。2004 年，宁波开始实施国家技能人才东部地区培训工程，技能人才培养工作取得长足发展，开始了校企合作培养技能人才的道路。但随着时间的推移，宁波校企合作模式下技能人才培养增速减慢，企业参与的热情也逐渐下降。

根据此次调研的统计结果分析，院校、教师及学生个人都认可校企合作模式的培养效果，校方认为是企业参与意愿不高、院校与企业需求难以无缝对接；教师除与校方观点一致之外还认为校企合作模式对学生的吸引力不够；541 位在校生赞同对其吸引力不足这一观点。值得注意的是，三方都提及政府扶持力度不够这一问题，且所占比例较大，由此可见，除企业与技工（职业）院校自身的交流有待加强之外，政府角色的发挥也不尽人意。宁波以劳动密集型的中小企业为主，用工偏重于"挖墙脚"，缺乏培养技能人才的意识，校企合作这种基础性、长期性的投资对企业来说并不合算，不能立即改善其经济效益，因此企业对校企合作的内在需求不足，也没有将此当作是应尽的社会责任，反而看作是"替人作嫁衣"；宁波市采取了部门间的联席会议制度，但事实上，由于当前部门机构和行政管理体制改革不到位，部门之间的协调性及一致性很难实现；我国目前还没有立法规定企业参与职业教育的责任和义务，因此政府缺乏法律依据也是当前扶持效果不明显、难以有作为的重要原因。

6.4.2　对策建议

技能人才队伍是宁波市人才队伍中的重要组成部分，是实现技术创新转变为技术成果的关键，对经济转型、产业升级具有重要的战略意义，也是推动宁波市经济发展、和谐社会建设的重要抓手，是实现"技能宁波"建设的关键所在。当前内外部环境对技能人才的发展提出了新要求，因此技工（职业）院校也应做出相应调整，优化培养模式，提升技能人才的数量和质量。但从所获得的调研结果来看，技工（职业）院校对技能人才的培养存在诸多问题，造成这些问题的原因是多方面的，既有政府扶持力度不够造成资源难以有效整合，也有院校更新不及时的培养方案导致造血不足，当然企业对技能人才的使用标准、评价体系的不确定也是造成这些问题的重要原因。为了能够找到提升宁波市技工（职业）院校对技能人才队伍培养建设的有效路径，课题组在综合运用以往研究成果的基础上，通过面向院校、教师和学生的问卷调查，获得相应数据资料并统计分析后，提出加强宁波市技工（职业）院校技能人才培养的行动任务。

6.4.2.1　"走出去"与"引进来"结合，加强校企合作背景下"双师型"教师的培养

在宏观环境上，通过政策和制度保障教师培训、进修制度的建立和完善，确定"双师型"教师的认证标准，同时建立一套完善的考核评价体系，从而有利于对其培养效果和后期自身发展状况开展有效评估，通过培训、进修、下企业锻炼等手段加强教师的实践操作能力，并从中培养一批专业带头人，促进"双师型"教师的培养[①]。从教师角度出发，要积极主动提升业务素质，高职教师合理的知识结构，是形成教育能力、科研能力和实践能力的基础，是开展高职教育教学的根本，教师的专业技能是培养学生实践能力和动手能力的关键，在建立起较为完善的培训进修体系的基础上，教师要制定职业发展计划，合理规划自身进修、学习、培训、再教育等。搭载校企合作的平台，形成"走出去"和"引进来"的培养模式，校企结合是一种以市场和社会需求为导向，双向参与的操作机制，这一机制让学校和企业可以利用两种不同的教育环境和教学资源。借鉴澳洲、德国职业教育"工作结合""学工交替"模式，通过交替或分段学习的形式，对教师进行理论和仿真实训，或到企业的工作岗位上开展培训，这不仅能够提高教师的理论研究教学水平，还可以在"走出去"过程中学习实践操作技能，让专业课教师通过实践技能培训转变为"双师型"教师[②]。"引进来"是指聘用专家和工程技术人员担任兼职教师，从根本上避免了教师在教学中理论与实际相脱离的问题，这也有利于毕业生的就业。合理规划兼职教师的比例，加强"专兼教师"的互动交流，防止出现两方分别使力，学生技能脱节的情况。争取形成一支理论知识丰富、实践能力过硬、吸引人才效果好、领导带头作用显著的"双师型"教师队伍。

6.4.2.2　优化专业课程设置，以社会需求为导向，加快更新速度

与以学术型工程型教育为主的普通教育相比，高等职业教育与经济的关系更紧密。"以服务为宗旨"是现阶段高职教育的特质之一，其含义是要求高职教育为我国创新型国家建设、新型工业化建设、新农村建设培养千百万高素质技能型专门人才，成为当地经济建设的主力军[③]。只有时刻关注外部环境的变化，以地方经济的需要为出发点和立足点调整培养方案和专业课程体系，才能够跟紧社会发展趋势，提高毕业生的竞争能力，要防止出现培养出的人才存在"学了用不上，有用的没学到"的状况。在课程设置方面应以本位的课

① 饶赟. 培养双师型教师队伍的研究[J]. 教学研究，2017，2：200.
② 曹勇. 借鉴澳职教经验探索我国职教师资培训新模式[J]. 中国职业技术教育，2007，21：31.
③ 曾良骥，支校衡. 关于地方高职院校服务地方经济的思考[J]. 教育与职业，2009，1：49-50.

程为主，合理规划公共课、专业课和专业基础课之间的课时比例，强调知识的实用性、针对性和有效衔接性，以特定的职业岗位需求为目标，按照职业必备的能力结构及特点来设计课程，形成教学模块。同时可以不定期以访谈、问卷的形式收集学生对专业课程设置的看法，了解学生需求，将社会市场需求与学生需求相结合，不断推进专业课程结构的优化升级。

6.4.2.3 加大公共实训基地建设投入，促进技能人才能力升级

公共实训基地的软件和硬件条件指的是教学设备、人才师资及培养环境等。最初的建设经费由政府引导支持、校企参与共同筹办解决，但实训基地的建设、利用和维护是一个长期的过程，单纯依靠一次性投入难以为继，极有可能出现前文所述实训设备陈旧落后、数量不足的情况，因此地方政府可以每年安排出一定的经费用于公共实训基地的硬件条件建设，购买关键性专业仪器设备，日常费用可以通过学校与企业的合作项目等渠道获得。此次调研中主要反映出公共实训基地硬件条件方面的问题，同时不能忽视软件条件的建设。师资队伍建设已在前文中提及，在此主要探讨一下教学管理的建设，借鉴绍兴公共实训基地的管理办法，可采用传统静态教学管理与新式的动态网络平台两者互补的办法，构建和完善以基地办公室为中心的系统，组织和落实办公室领导下的日常运行机构，同时实施动态的人员流动和合作机制，实现管理机构和人员的精简，建立适应公共实训基地具体环境和技能人才建设要求的培养管理模式[①]。

6.4.2.4 增强校企合作的有效性，发挥企业的主体作用

校企合作有助于增强在校学生的职业能力，强化职业学校服务区域经济社会发展的功能，无论是对于职业院校专业建设，还是课程建设和教学模式改革都具有"牵一发而动全身"的功效，没有企业的鼎力支持，专业建设会没有方向、课程建设也将缺少资源、教学改革亦必会因缺乏实践能力一流的企业"师资"而难以为继，因此技工（职业）院校、教师和学生也认识到校企合作培养模式的有利之处。面对校企合作目前的问题，可以借鉴金华职业技术学院"校企利益共同体"构建的实践过程，在校企利益共同体模式下，校企双方为了共同目标而形成相互依赖、责任共担、利益共享、兴衰与共而又彼此制约的状态。首先充分考虑到企业利益，从而增强对企业的吸引力，缓解其后顾之忧，然后建立实体型合作组织，这一合作组织有固定的教学、实习场所，完善的组织规章、章程，完备的管理结构，以及属于组织机构自身的文化，实现真正的有机融合。其次校企共同建立师资队伍，打造专业团队。最后是不断加强校企文化的沟通交流，增强双方的价值认同，在此环境中培养的学生既拥有能够与岗位匹配的专业知识和实践技能，在职业素养上也能很快融入企业文化。

---

① 陈韦吉. 利用公共实训基地开展高技能人才培养的研究——基于绍兴公共实训基地的个案分析[D]. 杭州：浙江师范大学，2012.

6.4.2.5　营造"尊重技能"文化氛围，完善管理服务

　　高职院校相对于高等院校而言，在资源和机会上处于较为不利的地位，且培养目标大多是促进当地经济发展，因此更需要当地政府的扶持，无论是师资队伍的建设、校企合作的开展及公共实训基地的建设，政府都发挥重要作用。但这并不意味着政府要事无巨细地管理技能人才培养的各个环节，最重要的是要通过技能人才成长环境的改善，法律、法规制度的颁布，引导职业院校与企业协同合作、共谋发展，发挥政府在宏观规划、政策引导、制度建设等方面的主导作用，通过不断探索和积极实践，切实加快技能人才队伍建设。首先为技工（职业）院校营造出"尊重技能"的文化氛围，顺应当前对"工匠精神"的呼吁，改变以往认为技能人才社会地位低的不当认识，提升技能人才的社会声誉、工资待遇，缩小其与工程型人才、学术型人才的巨大差距，重塑尊重技艺的社会氛围。完善和监管职业资格证书认证过程，根据严格制定的标准和开发程序，选取典型岗位分析所需技能知识，制定企业和市场认可的职业资格标准。对于考评方式也建议采取笔试与实践操作相结合的模式，从而增强证书的代表性和实用性。最后，政府完善自身职能，改变"多头管理"的局面。技能人才队伍建设涉及教育部门、劳动力市场、企业公司等多个利益相关者，虽然通过一个部门的管理就实现技工（职业）院校对技能人才的培养并不现实，但"多头管理"势必会导致责任分散、部门目标各异、资源和权力难以聚集，从而使技能人才成长过程脱节。因此，技能人才队伍的建设必须要形成政府统一领导组织，教育部门与经济部门、劳动部门相互合作、各司其职、紧密配合的工作格局，有效推动技工（职业）院校对技能人才的培养。

7 企业技能人才供给与需求调查

7.1 调查目的

当前，我国经济社会发展已进入速度换挡、结构调整、转型升级的关键时期，技能人才已成为区域竞争的战略资源。"十三五"时期是我国全面建成小康社会的决定性阶段和全面实施"制造强国"战略的关键期，是宁波建设"一带一路"倡议支点城市和港口经济圈建设的战略机遇期。面对新形势、新任务和新要求，必须从宁波经济社会发展的战略高度加快推进技能人才工作，坚定不移地走技能兴市之路，为推动宁波"中国制造 2025"试点城市建设、产业转型升级和经济社会持续发展提供技能人才支撑。

本次调查面向宁波市技能人才相对集中的产业群体，通过发放调查问卷的方式，调查研究当前宁波市企业中具有地域和学科特色的重点企业技术工人的等级结构、文化程度、年龄结构、来源渠道、培训形式和需求等现状，通过汇总统计问卷数据来分析造成宁波市企业技能人才存在问题及原因，有针对性地提出解决企业技能人才问题的对策，以期为宁波市企业提高产业效能、优化产业结构、促进经济快速发展提供参考。

7.2 调查设计

7.2.1 调查问卷设计

7.2.1.1 调查对象

为深入了解宁波市企业单位技能人才的情况，课题组对宁波市 16 个区的 107 家工业企业进行抽样调查。本节以宁波市部分企业的技能人才为研究对象，而调查的对象则为企业的人力资源部门的负责人，因为人力资源部是企业主管人事的部门，对本单位的人事情况非常了解，通过人力资源部相关负责人填写调查问卷，来收集宁波市企业技能人才的基本现状的相关信息。调查组织过程为：制定调查方案、设计问卷调查表、问卷调查、汇总数据与撰写报告。

7.2.1.2 题项设计

问卷题项分为四大部分：一是企业的属性，包括企业类型、所属区域、行业性质和企业的资产规模。二是企业的基本概况，包括企业的各层次技能人才和企业生产需要的主要工种。三是企业技能人才水平现状，包括企业现有技能人才的等级结构、文化程度和年龄结构。四是企业对技能人才的使用现状，包括企业现有技能人才的来源渠道、企业对技能人才的主要培训形式和企业对技能人才的需求情况。

7.2.2　调查总体的基本情况及统计方法

7.2.2.1　调查总体基本情况

宁波是我国制造业的示范城市，经过长期稳定发展，逐步形成了门类齐全、均衡发展的制造业的产业体系。2016 年全市实现 GDP 8541.1 亿元，位居全国前列。2016 年 8 月宁波市从 30 多个申报城市脱颖而出，成为我国第一个"中国制造 2025"试点示范城市。截至 2015 年 12 月 31 日，宁波市规模以上工业企业达到 7509 家，其中轻、重工业企业分别有 3031 家和 4478 家。

7.2.2.2　统计方法

本次企业技能人才现状调查共向企业发放问卷 107 份，经过企业人力资源部门负责人填写完毕。通过对回收的调查问卷表进行汇总，用描述性统计分析得出宁波市企业技能人才现状的各项数据及比例情况。

7.3　调查结果分析

7.3.1　调查对象的基本信息

课题组对宁波市的 107 家企业进行了调查，从不同所有制来看，国有（控股）企业占 5.6%，外资企业占 12.1%，民营企业占 64.5%，个体企业占 4.7%，其他类型占 13.1%。样本中各类型企业比例与总体比例大致相同，说明此次研究样本有良好的代表性。从行业性质来看，90% 以上的企业为工业制造型企业。98 家涉及工业的企业中，按照所属产业集群来分，汽车及零部件类占 22.4%，装备制造类占 15.3%，家用电器类占 9.2%，纺织服装类占 6.1%，精细化工与生物医药类占 6.1%，新能源及节能技术类占 4.1%，电子信息及光电类占 4.1%，新材料类占 3.1%，模具类占 1.0%，精密仪器仪表类占 1.0%，其他类型占 27.6%。按照资产总额，资产在 4000 万以下的企业仅占 22.5%，资产在 4000 万元以上且小于 40000 万元的企业占 32.7%，资产大于 40000 万元的企业占 44.8%。

7.3.2　宁波市企业技能人才水平现状

7.3.2.1　宁波市企业技能人才的等级结构

经统计，在调查的 107 家企业中，共有技能人才总数 22830 人，其中初级工 10090 人，占技能人才总数的 44%；中级工 7128 人，占技能人才总数的 31%；高级工 4074 人，占技能人才的 18%；技师 1215 人，占技能人才总数的 5%；高级技师 323 人，占技能人才总数的 2%，如图 7.1 所示。

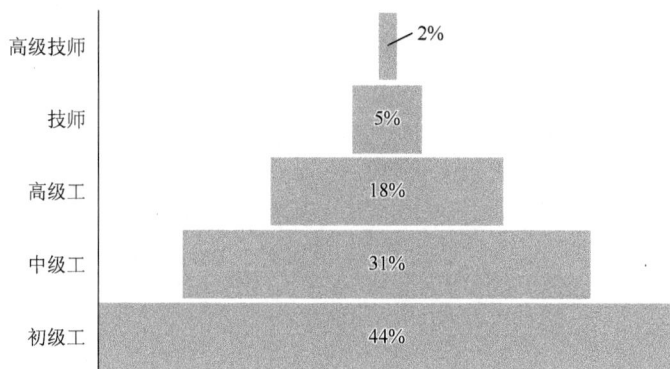

图 7.1　企业技能人才等级结构

宁波市技能人才比例中初级工比例最高，高级工的比例也达到了 18%，可见宁波市技能人才建设已经取得了初步的成效。但与发达国家与地区相比，仍然存在总量不足、结构不合理的状况。宁波作为首个"中国制造 2025"试点示范城市，其技能人才形式更加严峻。企业的技能人才都在生产的关键部位、重要环节，他们的作用决定着企业的生产和产品的质量。企业技能人才的培养，合理的技能人才数量和结构，将直接关系着企业尤其是工业类型企业的生存和未来，关系着宁波市经济腾飞和高速发展。

7.3.2.2　宁波市企业技能人才的文化程度

经统计，在调查的 107 家企业的技能人才中，初中及以下学历的占所调查技能人才总数的 28%；高中及中专学历的技能人才占比最高，达到 42%；大专学历的占所调查技能人才总数的 22%；而本科和研究生学历的技能人才占比极少，分别占所调查技能人才总数的 7% 和 1%。如图 7.2 所示，企业一线操作技术工人主要由中等学历和技校学生组成，接受过高等教育的技能人才寥寥无几。

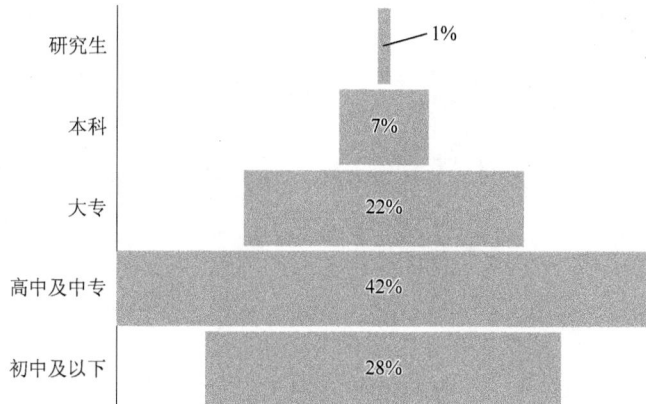

图 7.2　企业技能人才学历结构

具体而言（图 7.3～图 7.6），在所调查的初级技工中，初中及以下学历和高中及中专学历均占初级技工总数 42%，大专学历的占 11%，本科学历的占 5%，而研究生学历的不到 1%。在所调查的中级技工中，初中及以下学历的占比相较于初级技工有明显的下降，占 23%，高中及中专学历占 47%，大专学历占 25%，本科学历和研究生学历分别占 4% 和 1%。而在所调查的高级技工中，初中及以下学历的占比继续减少，占 11%，高中及中专学历占 39%，大专学历与本科学历的占比相较于初级技工与中级技工有较大的上升，分别占到 37% 和 13%，研究生学历的人数依然很少，占比不到 1%。在所调查的技师中，初中及以下学历只占技师总数的 5%，高中及中专学历占 28%，大专学历占 41%，本科学历则达到了 24%，研究生学历占 2%。在所调查的高级技师中，初中及以下学历的占比最少只有 3%，高中及中专学历占 21%，大专学历占 37%，本科学历占 33%，研究生学历达到了 6%。可见不同技能人才等级的学历结构差距较大，总体而言技能人才等级越高相应的学历层次也越高，学历结构更合理。

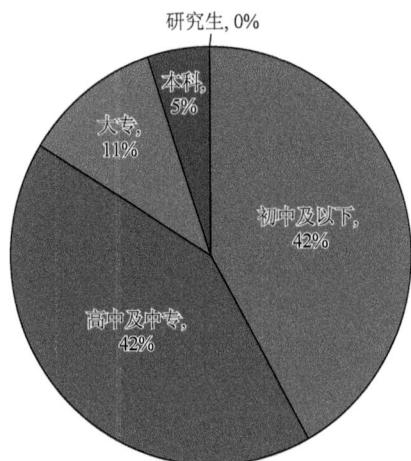

图 7.3　初级技工学历结构

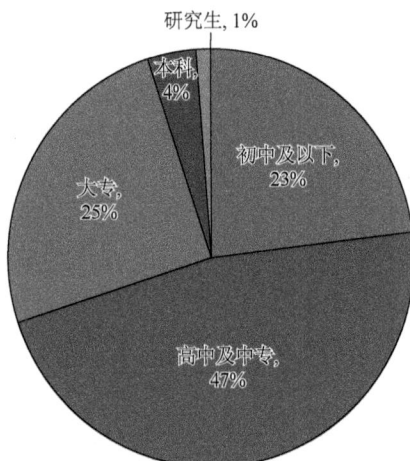

图 7.4　中级技工学历结构

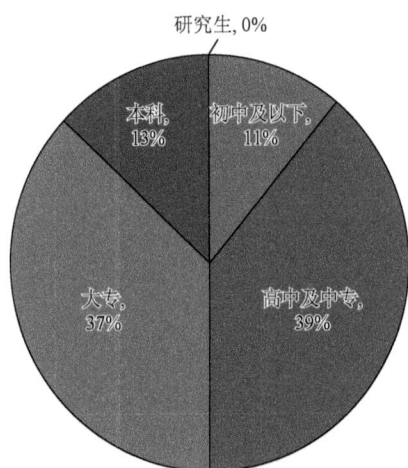

图 7.5　高级技工学历结构

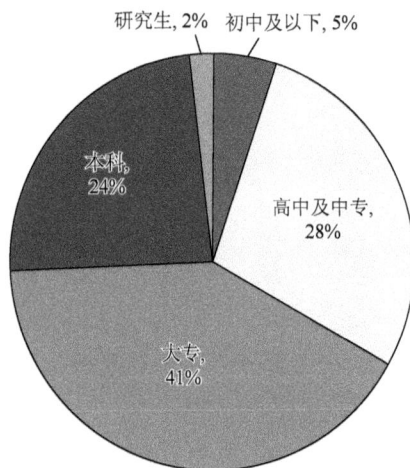

图 7.6　技师学历结构

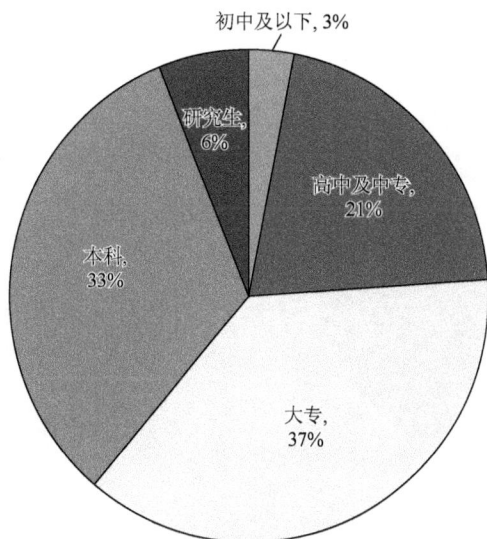

图 7.7 高级技师学历结构

7.3.2.3 宁波市企业技能人才的年龄结构

经统计，在调查企业的技能人才中，35 岁以下的技能人才占所调查的技能人才总数的 55%，有 30%的技能人才在 36～45 岁之间，46～55 岁的技能人才占 13%，另外有 2%的技能人才年龄在 56 岁以上。企业技能人才年龄结构总体呈金字塔形，年轻一代的技能人才非常多说明整个技能人才队伍经验较为欠缺，但是潜力巨大。企业技能人才年龄结构如图 7.8 所示。

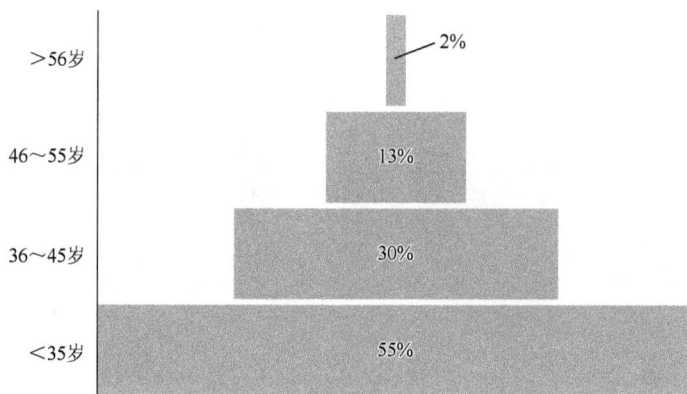

图 7.8 企业技能人才年龄结构

由图 7.9～图 7.13 可见，在调查的初级技工中，年龄在 35 岁以下的占所调查的初级技工总数达到了 67%，36～45 岁的初级技工占 22%，46～55 岁和 56 岁以上的则分别占

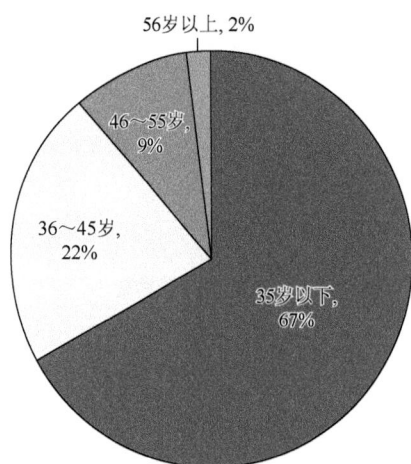

图 7.9　初级技工年龄结构　　　　　　　图 7.10　中级技工年龄结构

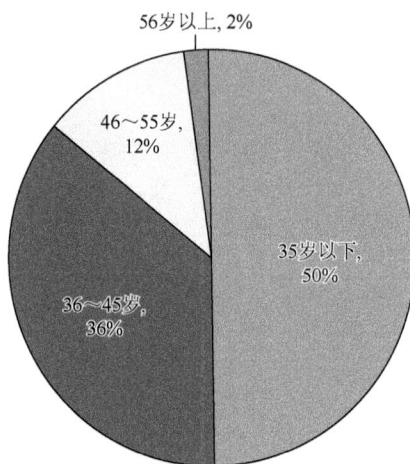

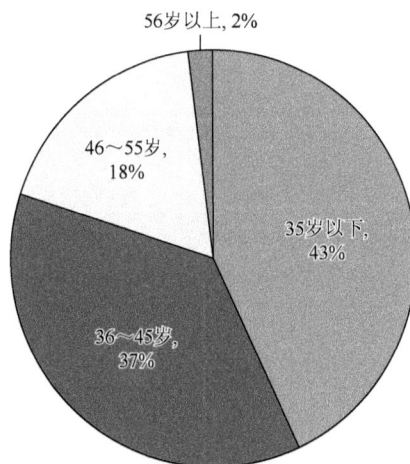

9%与2%。就中级技工而言，35岁以下的中级技工占所调查的中级技工总数的50%，36～45岁的中级技工占到36%，46～55岁和56岁以上的分别占12%与2%。所调查的高级技工年龄结构与中级技工大致相同，35岁以下的高级技工占49%，年龄在36～45岁、46～55岁和56岁以上的高级技工占比分别为36%、13%和2%。技师年龄在35岁以下的占所调查的技师总数的43%，年龄在36～45岁的占37%，46～55岁和56岁以上的分别占18%和2%。调查发现高级技师年龄结构与其他技能等级的年龄结构差异较大，35岁以下的高级技师仅占所调查的高级技师总数的23%，36～45岁的高级技师占39%，46～55岁的高级技师占比达到了33%，56岁以上的高级技师占比也有5%。

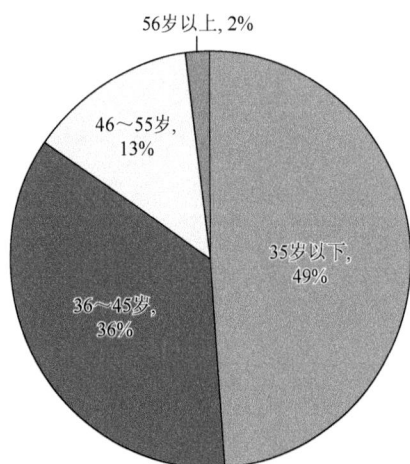

图 7.11　高级技工年龄结构　　　　　　　图 7.12　技师年龄结构

　　总体而言技能人才年龄结构比较健康，中青年的技能人才相对较多，如图7.9所示。但是对于高级技师而言，中青年的技能人才相对较少。中老年技能人才操作经验丰富，但新技能创新不足，青年技能人才虽然能够跟上时代的脚步，但是经验不足。从"金字塔"

状分布来看，青年初级技工过剩，主要从事一些简单、技术含量不高的工作，但经验丰富的技能人才较为稀缺。

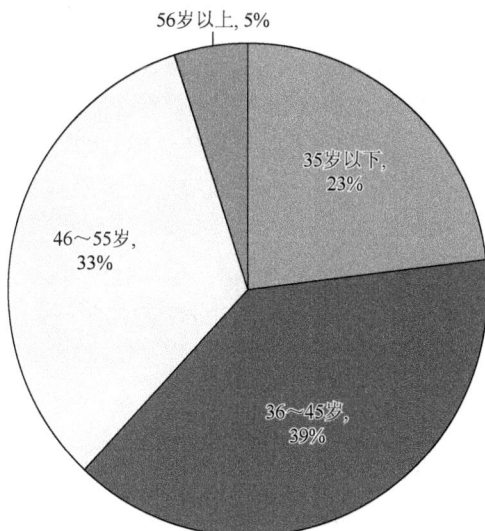

图 7.13 高级技师年龄结构

7.3.3 宁波市企业技能人才使用现状

7.3.3.1 宁波市企业技能人才的来源渠道

为了满足企业用工和技能人才的需求，企业大多选择多渠道招聘技能人才，调研发现企业技能人才的来源主要有以下几种渠道。

第一，参与社会公开招聘。这种形式是绝大多数企业引进技能人才的主要方式，在所调查的 107 家企业中，有 85%的企业在"企业目前招用技能人才的主要来源（可多选）"选择了"社会公开招募"这一选项，在所有选项中占比最高。企业充分利用各类现场招募会、人才招聘网络等方式招录技能人才。但是一般情况下这种形式很难找到企业需要的技能人才，一般是招聘相关专业或有相关经验的技术工人，到企业后再经过专业技能培训后才能上岗，在工作中提高，不能很快形成生产力。这种情况下，企业的招聘成本偏高，也不能有效解决技能人才尤其是高端技能人才短缺的问题。

第二，企业自行培养。有 75%的企业选择企业自行培养所需要的技能人才。企业培训的动机主要是由于在社会招募中难以找到企业心仪的技能人才，从而需要花费更高的成本在企业内部自行培训。企业内部培训效果的决定因素包括企业文化、培训机制、保障措施等。近年来政府也不断出台政策，鼓励企业加强对内部员工的技能培训，但是由于培训成本高昂、人才易于流失等问题，多数企业虽选择进行自行培训，培训力度一般都不大。

第三，高职技校推荐。仅有 40.2%的企业选择了高职技校推荐作为技能人才招募渠道。

高职技校推荐形式一般为企业招募技能人才的首选，高职技校通过专业化的教育培育了一批批技能人才，而校企信息不对称使得企业找不到合适的新生代技能人才，在校刚毕业的技能人才找不到合适的企业。

第四，校企合作培养。调查显示，36.4%的企业选择了校企合作培养，且选择校企合作培养的企业一般规模较大，技能人才较多。这说明有一部分大企业已经形成了较好的技能人才培养体系，充分发挥学校和企业各自的优势，将企业作为高职学生实训基地，而学校则做好理论教学。但是绝大多数企业还需要继续加强与学校的合作。

第五，公共就业人才服务机构介绍。由公共就业人才服务机构介绍技能人才的形式，在企业中并不多见，仅有24.3%的企业选择。公共就业人才作为企业与人才的中介，一般需要支付高额的招聘费用而且有一定的招聘风险。少部分企业为了找到真正能够为自己所用的高技能人才，不惜代价委托服务机构推荐企业需要的紧缺高技能人才，解决企业的生产和发展问题。但是对于技能人才缺口较大的企业若选择这种方式，会大大提升招聘成本。

7.3.3.2 宁波市企业技能人才的培育形式

企业对技能人才的需求是经常变化的，需根据产能的高低、设备的更新换代、订单的增减、人员的流动与增减，适时地进行多种形式的员工培训。调研发现，企业对技能人才的培养和提高也各有方法。

第一，企业自行组织培训。约有90%的企业选择这种方式对技能人才进行培训，一般企业以岗前培训为主。几乎所有的企业会对新员工进行岗前培训，使得新员工尽快适应工作岗位。一般培训内容包括：公司基本情况介绍、生产操作知识、设备管理知识、技术规程、岗位责任制、安全规程及公司相关管理制度。这种培训方式使得新员工能够很快地适应企业氛围，融入企业。但是大多企业为了短期绩效，培训时间较短，绝大多数企业也没有大规模的后续培训。

第二，师带徒型培训。调查显示，有85%以上的企业选择师带徒型培训。这种形式的优点是传授直接、便于沟通、容易上手，帮助新员工更好更快地融入工作，达到岗位要求，当企业用工短缺、设备无法正常运转时，有效缓解用工压力。但是由于培训难度相对要大一些，对师傅的能力水平也更求较高，一般要采取一对一、手把手的传授方式。企业中经验丰富的老技工普遍较少，经验缺乏的新员工较多，所以要么受到培训的人数太少，要么受到培训的力度不够。

第三，送出去进修、培训。约有65%的企业将员工送出去进修、培训。这些企业大多能从长远角度出发，有计划地选派有培养前途的高技能人才，也有一些企业选派人员携带本公司急需解决的技术难题到院校或者行业先进单位进修学习。通过研修和参加交流活动，使得技术工人掌握先进技术，不断提高技能人才的理论水平和丰富实战经验。但是企业中能够送出去的进修与培训的技能人才数量极少，不能大规模地提升员工技术水平。

第四，其他形式。只有8%的企业有其他培训形式。有些在企业中开展技能比武，即企业结合自身行业特点，经常性地开展岗位技能竞赛、群众性的技术练兵、技术比武等活动。这种"以赛代训"的形式一方面能够提升技能人才学习技术的积极性，另一方面能够营造"比学赶帮超"的技能学习氛围，从而激发广大职工学习、钻研技术的热情，进而推进企业技术人才队伍的建设。还有极少部分企业选择聘请专家、教授开展培训讲座，让技能人才学习前沿知识，并且争取在实践中运用，为企业创造更大的效益。

7.3.3.3 宁波市企业技能人才的需求情况

据宁波市人社局统计，2016 年宁波市新增高技能人才 3.8 万人，总量达 33.3 万人，在增速和总量上都在浙江省乃至全国趋于领先地位。2016 年浙江省人力资源供求分析报告指出全省人力资源市场各类技能人才月均需求 16.09 万人，同比减少 7.63%；月均供给 11.26 万人，同比减少 1.64%；月均供求缺口 4.83 万人，同比减少 1.14 万人；月均求人倍率 1.43，同比下降 0.09 个百分点，技能人才紧缺程度有所缓解。其中初中级技能人才的需求占总需求的 41.79%，同比降低 1.27 个百分点。从求人倍率看，各类技能人才求人倍率较上年均有所下降，其中职业资格五级（初级技能）下降最多，较上年降低 0.13 个百分点。可见虽然技能人才供需矛盾得以缓解，但高技能人才供需矛盾仍然较为突出。技能人才缺工情况如表 7.1 所示。

表 7.1 技能人才缺工统计情况表（%）

	初级工	中级工	高级工	技师	高级技师
更加严重	8.50	7.20	13.00	12.10	11.80
没有改变	34.00	41.20	32.60	48.40	55.30
有所改善	48.90	40.20	45.70	36.30	29.40
有较大改善	8.50	11.30	8.70	3.30	3.50
合计	100.00	100.00	100.00	100.00	100.00

经统计，57.4%的被调查企业认为初级工的缺工状况有所改善或有较大改善，且有超过半数企业认为中级工的缺工状况有所改善或有较大改善。虽有 54.4%的被调查企业认为高级工的缺工状况有所改善或有较大改善，但也有 13.0%的企业认为高级工的用工状况更加严重。超过 60%的企业认为技师的用工情况更加严重或者没有改变。更有超过 67%的企业认为高级技师的用工情况更加严重或者没有改变。可见多数企业认为初级技工的缺工状况有所改善，但是不少企业认为高级技工、技师和高级技师的缺工状况更加严重，与全省的整体情况大致相同。具体而言，企业表示电工、熔铸工、数控、仪表工、服装制作工等缺工状况有所改善，但是较多企业反映焊接工、轧制工缺工状况更加严重。

7.3.3.4 宁波市企业技能人才的近三年招聘情况

经统计，被调查的 107 家企业中近三年分别招聘了初级工 5386 人，中级工 2211 人，高级工 990 人，技师 174 人和高级技师 80 人。对比企业各职业资格等级技能人才需求人数发现，初级工和中级工近三年招聘人数超过了需求人数，其中初级工近三年招聘人数接近达到需求人数的近 2 倍。对于高技能人才，需要人数远大于近三年招聘人数，其中技师需求人数为近三年招聘人数的 2 倍以上，高级技师的需求人数为近三年招聘人数的 3 倍以上（表 7.2）。由此可见，宁波市企业近三年招聘技能人才等级结构不合理，高技能人才稀少和招聘信息不对称都可能是造成此现象的原因。

表 7.2　技能人才近三年招聘人数与需求人数（人）

	近三年招聘人数	需求人数
初级工	5386	2711
中级工	2211	1706
高级工	990	1468
技师	174	388
高级技师	80	242
合计	8841	6515

7.4　主要结论与对策建议

7.4.1　主要结论

7.4.1.1　技能人才等级结构不够合理

在调查的 107 家企业中，初级技工占技能人才总数的 44%，中级技工占技能人才总数的 31%，高级技工占技能人才的 18%，高技能人才占技能人才总数比例在 25%左右。根据中共中央组织部（中组部）、人社部发布的《高技能人才队伍建设中长期规划（2010—2020 年）》，到 2015 年，全国技能劳动者总量达到 1.25 亿人，其中高级工以上的高技能人才达到 3400 万人，占技能劳动者的比例达到 27%左右，到 2020 年，全国技能劳动者总量达到 1.4 亿人，其中高级工以上的高技能人才达到 3900 万人，占技能劳动者的比例达到 28%左右。可见宁波市高技能人才等级结构还不合理，尚无法满足社会需求，不可忽视的是，初、中级技能人才过剩，高技能人才不足现象在企业中还广泛存在，这将持续制约企业技术进步。

7.4.1.2　技能人才文化程度总体偏低

调查发现，高学历技能人才严重短缺。从所调研的企业得出技术工人中具有本科学历的只占所调查技能人才总数的 8%，总体学历严重偏低，这一数字与发达地区具有大学本科以上学历的技能人才数字相比，差距较大。这使得技能人才专业知识面较窄，较低的文化素质使得这些技术工人很难掌握较宽领域的专业知识。虽然技能人才以"技"见长，但现有各类技能人才的综合素质跟不上经济发展需要的问题已经凸显,目前我国科技成果转化率不足 30%,远低于发达国家的 70%,高学历高层次的技能人才缺乏将对科学成果的转化、企业技术的进步带来强大的阻力。

7.4.1.3 技能人才队伍年龄结构合理

调研发现,宁波市技能人才队伍年龄结构较为合理,并未出现年轻一代技术人才不足、技能人才年龄断层等现象。整体来看在所调查的企业中,35 岁以下的技能人才占技能人才总数的半数以上,但是在高级技师年龄结构中这一比例明显降低,只有 23%,年龄较大的技能人才虽然实战经验丰富,但创新能力不足,往往会出现技能更新的速度跟不上时代进步的速度。

7.4.1.4 技能人才来源渠道不畅

调研显示,绝大多数企业选择社会公开招募和企业自行培养的方式来满足企业技能人才需求。技能人才一年比一年难招已成一个不争的事实,院校只会选择少数优秀企业推荐毕业生,而能够与院校合作的企业更是寥寥无几。许多技师学院学生没毕业就被抢光,懂机器、有技术的青年技能人才严重告急,即便是大型的企业同样面临这一困境。企业与院校和技能人才之间信息不对称,中介机构也未发挥相应的作用,导致技能人才供求出现结构性失调。

7.4.1.5 技能人才培训模式简单

调研显示多数企业选择自行组织培训和师带徒型培训。前者以岗前培训形式为主,主要学习公司的基本情况、管理制度、岗位责任制度、安全规程等,学习时间普遍较短,内容基本为理论内容,对技能人才的素质提升帮助较小。师带徒型培训由于有经验的技能人才数量有限,加之培养难度较大,难以整体提升年轻一代技能人才素质。少有企业开展岗位技能竞赛、群众性的技术练兵、技术比武等方式。这种"以赛代训"的形式一方面能够提升技能人才学习技术的主观能动性,另一方面能够营造技能学习氛围,从而激发广大职工学习、钻研技术的热情。

7.4.2 成因分析

(1)全社会重学轻术思想,技能人才认同度低下。自古以来,我国就存在"劳心者治人,劳力者治于人"的传统思想。科教兴国战略已实施了 20 多年,人们对科学和教育的重要性已经有了比较深刻的认识。但是,对技术技能的作用却严重忽视,把学习单纯地理解为读书而忽视实践成长方式更是普遍存在,结果使得基础教育阶段的应试倾向很难得到纠正,职业技术教育长期只是家长们的备选。传统观念中,人们认为技能人才社会地位和待遇不高，殊不知现在技能人才或者高技能人才的待遇和地位已得到大大提升，已经成为现代企业竞相争取的人力资源。现在选择职业院校和技工学校读书的学生，成绩普遍较差，这从源头上决定了技能人才整体素质不高，技校学习氛围不浓。美国在国际金融危机后开始实施再工业化战略，提出要重返制造业巅峰和打造世界一流的劳动力；德国因为其强大的实体工业支撑和严谨的技术技能人才成长环境，得以成为欧洲经济的领头羊。我国作为一个发展中的大国已提出要走新型工业化的道路，其中制造业是重要的基础。

（2）企业追求短期利润，技能人才培养力度不足。发达国家的企业在技能人才培训中发挥着重要作用。企业积极配合政府和院校，充分利用自身现有的设备和技师级的技能人才，为学生提供实践场地和优秀师资，根据不同学生，制定相应课程。但调研中的企业普遍存在因追求短期利润，担心技能人才因培训而影响日常生产，使得企业效益减少，没有相应技能人才培养规划，偶尔迫于各方压力，形式培训几天，全无效果。另外调查发现企业对技能人才评价体系并不完善。大部分企业根据工作经验、在企业工作实践、取得资格证书的数量来确定工资级别和福利待遇，技术等级观念不强，使得不同技术等级的工资区别较小。虽然高技能人才工资待遇水平较高，但中、低技能人才工资待遇和社会保障水平并不高，也无法经常享受技能培训。

（3）人才市场发育不健全，技能人才招聘信息不对称。虽然大多数企业选择社会公开招募的方式来招聘技能人才，但是从近三年企业招聘技能人才具体情况与实际需求情况比较来看，企业并没有达到预期的招聘效果。人才市场在人才资源配置中发挥关键作用，信息化使得人才市场更进一步发展。但是现实情况中，企业招聘不到合适的技能人才，技能人才找不到合适的岗位的现象比比皆是。在信息爆炸的今天，信息不对称日益困扰着人力资源招聘的时效性，一方面企业和应聘者无法得到合适的信息，另一方面应聘者的材料可能存在虚假成分，从而严重影响招聘方的甄选，进而引发招聘风险，给企业带来高额的招聘成本。

7.4.3　对策建议

7.4.3.1　发挥好政府在技能人才培养上的主导作用

第一，健全对技能人才培养的宏观调控体系。政府一方面要制定培养战略，出台奖励计划，另一方面要完善服务体系，促进技能人才的合理流动。2016年宁波市人社局分别颁布了《宁波市高技能人才队伍建设"十三五"规划》和《"技能宁波"三年行动计划》，明确了未来3~5年内技能人才培养的总体思路、发展目标和具体措施。宁波市政府不断加大对技能人才队伍建设的投入，积极响应"中国制造2025"战略部署，以促进技能人才发展为主线，服务宁波市经济社会发展。对于来甬工作的技能人才，政府可考虑对取得相应职业资格证书或达到相应资格等级的技能人才给予相应培训补贴，并放宽相应落户限制，促进技能人才合理流动。

第二，加大对技能人才培养的财政经费投入。政府可建立"宁波市技能人才专项基金"，用于企业技术工人培训补贴和对优秀技能人才的奖励基金。对现实供给缺口较大的工种如焊工加大补贴力度，对相应职业技能培训机构，培训学校及企业提供相应的硬件上的扶持和帮助。扩大和完善企业技能人才岗前培训和岗位提升培训的补贴目录，争取覆盖宁波市所有产业集群。原来补贴技师、高级技师级别的可以扩大到高级工或中级工以上。完善技能人才评选和竞赛奖励制度，设立"宁波市技术能手""宁波市优秀技工"等称号，并且定期组织市级的技能比武，评选出技术状元、榜眼、探花等称号，激发广大技术工作者学习技能的积极性。

第三，加强对技能人才培养的宣传引导工作。政府要加大舆论宣传力度，力争改变社会上"重学轻术"的传统观念，使宁波市形成一个尊重技能人才、争当技能人才的良好社会氛围。作为技能强市，宁波市充分利用电视台、报纸和政府网站等媒体宣传自身优势和相应激励政策，吸引更多的技能人才到宁波工作和发展。同时要多在院校宣传宁波对技能人才和职业教育的众多利好政策，从学生一代抓起，使得更多的优秀学生学习技术，更多的优秀毕业生进入技能人才队伍。确定每年一度的宣传周并将其与日常宣传结合，提升技能人才相关政策在宁波的宣传效果。

7.4.3.2 发挥好企业在技能人才培养上的主体作用

第一，强化企业技能人才培养的社会责任。技能人才是为企业服务的，企业也需要不断强化技能人才培养的社会责任，落实好技能人才的相关待遇。可以基于不同级别高技能人才进行不同的津贴补助，激发单位技能人才积极参加培训。企业要有长远眼光，利用自身资源优势，积极与职业学校合作，提供大量实习岗位，与职业学校联合培养所需技能人才。另外各行业龙头企业在技能人才培养方面要发挥其表率作用，定期向其他企业开放，允许其他技能人才参观学习，带动全市高技能人才队伍建设。

第二，探讨企业技能人才培养的创新模式。企业要根据自身需求，改革人才培养模式，主动选择适合企业技能人才培养的职业院校和培训机构，学校根据企业的需求设置专业，进行"订单式"培养。方式主要有两种，一是企业将单位的技能人才委托对应院校培养，二是企业在院校选择好本单位紧缺岗位所对应专业，院校对该专业学生定向培养，这样既能使学校的培养更具有针对性，毕业生更能适合企业的需求，企业又能找到紧缺的、合适的技能人才。企业还应积极组织和推荐本单位技能人才参加不同等级的技能大赛，以赛促训，并对获奖选手给予一定奖励。企业内部也应经常性地组织技能比武，建立技能竞赛专项基金。

7.4.3.3 发挥好职业院校在技能人才培养上的基础作用

第一，促进职业院校和新区企业资源共享，形成合作共赢局面。职业院校和培训机构是宁波市新一代技能人才的来源渠道，技能人才在校期间的学习对其今后的发展起到至关重要的作用。但学校的教学模式一般在学生完成二到三年的理论学后才能安排到企业实习。企业的优质车间是学生最好的实习场地，真实的生产环境及完善的设施设备使得学生能够接近实践。学校可以在每周的课程中安排一到两天的实训课，与企业进行深层次的产学研合作。可以适当与企业建立"校企共同体"，一方面接受企业的"订单式"培养，另一方面邀请企业优秀技能人才来校授课。

第二，加快职业院校和培训机构基地建设，打造公共实训平台。宁波市政府可以根据宁波市产业集群特点，在现有培训基地的基础上，加大投入，建立全国领先的培训基地，为宁波技能人才的实际操作提供广阔空间。技能人才实训基地启动后可面向企业、院校和培训机构等单位开放，力图以实训平台为中心，构建职业院校、培训机构和企业的技能人才培养网络，以满足宁波市企业技能人才要求。经常性地邀请全国名师来实训平台讲课，力图打造国内知名行业领先的实训室，提升技能宁波品牌影响力。

8 技能人才工作与生活状况调查

8.1 调查目的

人才资源作为第一资源在各类生产要素中的主导作用日益凸显，成为国家、地区之间竞相争夺的重要战略资源，人才竞争力也逐渐成为社会经济发展的主要驱动力。环境对于人才的生存、成长与发展极为重要，特别是在新的社会发展条件下，随着户籍制度改革的不断推进，地区间人才流动壁垒逐渐消除，流动成本大大降低，人才分布逐渐呈现生态化集聚的态势，地区间人才的竞争实际上演变为人才生态环境的竞争。良好的人才工作和生活环境不仅有利于人才的培养、引进、留存与发展，促进人才潜能的激发与人才价值的实现，而且有利于发挥人力资本和知识资本的集聚效应，有力地推动地区社会经济的持续发展。

面对诸多矛盾叠加、经济下行压力加大的严峻挑战，过去支撑宁波市开放型经济快速发展的条件逐步弱化，必须把握"中国制造 2025"城市试点的发展先机，全力推进制造业智能升级。面对机遇与挑战，宁波市技能人才的需求愈加迫切，全面了解技能人才工作与生活状态，打造良好的人才生态环境，为优秀技能人才的培养与引进提供环境保障，使技能人才"引得来、留得住、用得好"，成为宁波市经济社会发展的应有之义。

为此，全面调查技能人才工作与生活状况，把握宁波市技能人才生态环境的优势与不足，是打造"技能宁波"、助力"中国制造 2025"亟须解决的重要问题。在此背景下，本调查面向全市重点行业，随机抽取企业技能人才发放问卷，旨在了解和把握技能人才工作与生活状况的现状，为"技能宁波"建设提供决策依据。

8.2 调 查 设 计

8.2.1 调查问卷设计

8.2.1.1 调查对象

为深入了解宁波市技能人才工作与生活状况，课题组面向宁波市重点行业的相关技能工作人员开展问卷调查。以宁波市部分企业的技能人才为研究对象，所调研的技能人员主要涵盖制造业和现代服务业两个领域，共 17 个重点研究行业（表 8.1），其中制造业主要包括传统优势产业和新兴产业两个方面。调查组织过程为：制定调查方案、设计问卷调查表、问卷调查、汇总数据与撰写报告。

表 8.1 重点研究行业

新兴产业	新能源与节能技术	新材料	生物医药
	精密仪器仪表	电子信息与光电	
传统优势产业	机械制造与模具	汽车及零部件	纺织服装
	石化	钢铁冶金	日用家电
现代服务业	人力资源服务	会展与旅游	餐饮服务
	现代物流	科技服务	商业与贸易

8.2.1.2　题项设计

问卷题项分为三大部分：一是个人及企业信息，包括技能人才的性别、年龄、单位性质、学历、职业技能水平、工作职务等个人信息，以及所在单位的所属区域、所属制性质、资产规模、行业特征等企业信息。二是技能人才的薪酬与福利水平，包括技能人才的年薪水平和福利保障水平等。三是技能人才工作环境状况，包括工作自然环境、工作人文环境和工作发展状况。

8.2.2　调查总体的基本情况及统计方法

8.2.2.1　调查总体基本情况

本次调查由宁波市各县（市、区）管委会、人力资源和社会保障局协助向所辖各重点行业企业技能人才发放问卷，共计回收有效问卷 2626 份，涵盖制造业和现代服务业两个领域的初级工、中级工、高级工、技师、高级技师 5 个职业能力等级。

8.2.2.2　统计方法

完成问卷回收与数据录入后，首先，对相关的数据进行描述性统计分析，以了解技能人才工作与生活状态的总体水平（即集中趋势，对数据一般水平代表值或中心值的测度）和差异水平（即离散趋势，对数据的差异性进行测度），以全面地了解技能人才工作与生活状况，为进一步的分析奠定数值基础；其次，通过层次分析法对技能人才工作环境相关指标进行赋权，拟合成为技能人才工作环境综合评价指标，试图探索宁波市技能人才工作环境各维度具体情况和总体水平。

8.3　调查结果分析

8.3.1　调查对象的基本信息

本研究问卷采取匿名填写的方式，不给被调查者任何压力，以保证数据的真实可靠。

采用社会统计软件 SPSS20.0 对 2626 份有效问卷的背景信息特征进行统计分析,分析结果如下。

8.3.1.1 性别构成

在实证调查的 2626 名被调查技能人才中,男性人数为 1727 人,占总数的 66.7%,是女性技能人才的 2 倍;女性为 864 人,占总人数的 33.3%,另有 35 名受访者未填写性别,如图 8.1 所示(注:占总人数比例为占减去未填写信息人数比例,后同)。

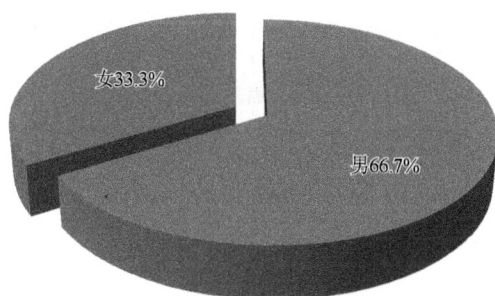

图 8.1 被调查者的性别构成

8.3.1.2 年龄结构

在接受问卷调查的技能人才中,26～35 岁阶段的青壮年依然是技能人才的主力军,共计 1220 人,占 47.0%;其次是 36～45 岁的中青年,占 27.4%;25 岁及以下与 46～55 岁两个年龄阶段的技能人才分别为 400 人与 240 人,分别占总人数的 15.4% 与 9.2%;56 岁及以上的受访者人数最少,合计 26 人,占 1.0%。其中,有 29 名受访技能人才未填写年龄信息,如图 8.2 所示。一方面,随着职业学校的普及,越来越多的学生成为技能人才队伍的主力军;另一方面,随着年龄的增长,一些技术岗位的技能人才逐渐转向管理岗位,因而在年龄结构上呈现随年龄增长技能人才比重下滑的趋势。

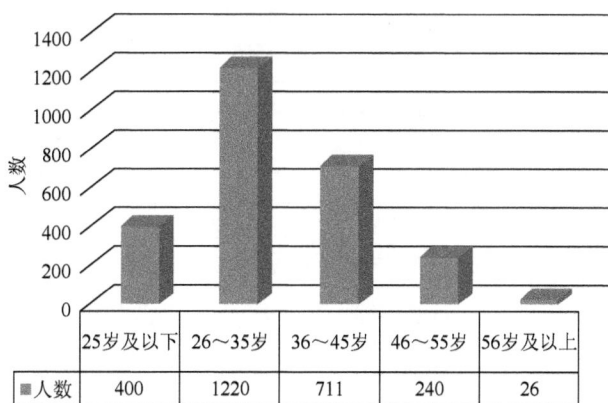

	25岁及以下	26～35岁	36～45岁	46～55岁	56岁及以上
■人数	400	1220	711	240	26

图 8.2 被调查者的年龄结构

8.3.1.3　文化程度

被调查者中大专与高中及中专学历者人数最多，分别为 855 人与 861 人，各占总人数的 33.3%和 33.6%；本科学历的技能人才人数为 534 名，占总人数的 20.8%；初中及以下学历者为 264 人，占 10.3%；研究生学历者最少，为 50 人，如图 8.3 所示。其中，有 62 名受访者未填写学历信息。

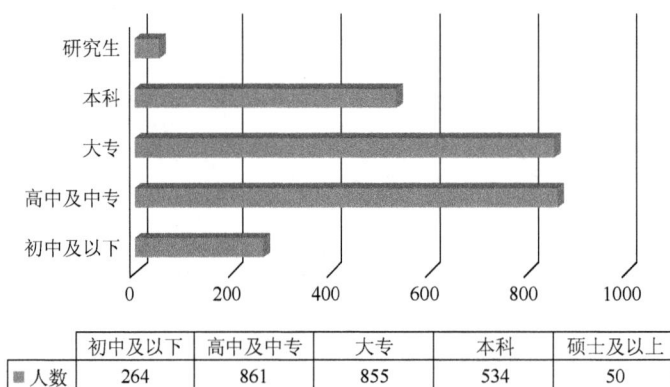

	初中及以下	高中及中专	大专	本科	硕士及以上
■ 人数	264	861	855	534	50

图 8.3　被调查者的文化程度

8.3.1.4　职业技能水平

2626 名接受问卷调查的技能人才覆盖了初级工、中级工、高级工、技师和高级技师 5 个职业技能水平，也有约 1/3 的接受调查的技能工作者并未获得职业技能等级证书，共计 856 人，如图 8.4 所示。

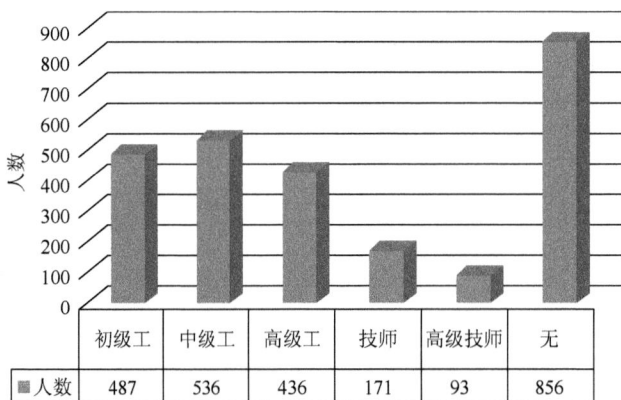

	初级工	中级工	高级工	技师	高级技师	无
■ 人数	487	536	436	171	93	856

图 8.4　被调查者职业技能水平

8.3.1.5　地区分布

表 8.2 显示了 2626 份有效问卷中被调查者的地区分布情况,即填写问卷的 2626 名被调查者基本涵盖所有县(市、区)、高新区和杭州湾新区。

表 8.2　被调查者的地区分布

地区	人数	占比/%
余姚	226	8.6
慈溪	108	4.1
奉化	433	16.5
宁海	277	10.5
象山	285	10.8
鄞州	184	7.0
海曙	67	2.6
江北	62	2.4
镇海	289	11.0
北仑	362	13.8
保税区	3	0.1
东钱湖	1	0.0
高新区	28	1.1
杭州湾	296	11.3
梅山	1	0.0
缺失	4	0.2
总计	2626	100.0

8.3.1.6　担任职务

如图 8.5 所示,2626 位被调查者中,除 36 人未填写职务,普通员工占 57.3%,共 1485 人;基层管理者(或工段长/小组长/班长)达 528 人,占 20.4%;中层管理者(或车间主任/主管)为 460 人,占 17.8%;高层管理者(或厂长/经理)占 4.5%。

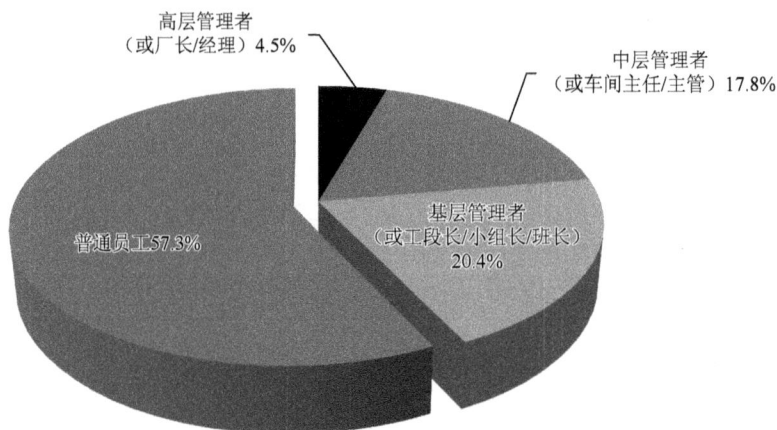

图 8.5　被调查者企业任职情况

8.3.2　技能人才薪酬福利水平

技能人才薪酬福利水平由薪酬水平和社保福利水平两个方面构成,是技能人才收入情况最直接、最基本的表现形式,也是技能人才对自身工作、生活的满意度最直接的影响因素之一。

8.3.2.1　薪酬水平

技能人才薪酬是其最直接的收入来源,也是个人价值获得最直接的体现,课题组设计了以下问题就技能人才的薪酬水平、增长情况和薪酬构成进行调查。

您当前月平均收入是:
□3000 元以下　　　　□3000～5000 元　　　　□5000～7000 元
□7000～10000 元　　□10000～15000 元　　　□15000 元以上
相较于去年同期,您的月平均收入提升了多少?
□0～1000 元　　　　□1000～2000 元　　　　□2000～3000 元
□3000～5000 元　　□5000 元以上
您目前个人年薪的组成部分主要包括:（多选）
□基本工资　　　　　□绩效工资　　　　　　□年终奖金
□分红　　　　　　　□其他补贴

从图 8.6 月平均收入来看（有 24 人未选此题）,超过一半的技能人才月平均收入为 3000～5000 元,这与宁波市整体人均可支配月收入 3720 元基本持平,但总体收入水平仍较低。结合职业技能水平与月平均收入水平,课题组发现职业技能水平与月平均收入成正比,即随着职业技能水平提升,技能人才月平均收入上升趋势明显。如图 8.7 所示,90%以上的初级工月平均收入在 7000 元以下,月平均收入在 7000 元以下的高级技师占比仅在 42%左右,其余 58%的高级技师月平均收入在 7000 元以上,约有 12%的高级技师月平均收入在 15000 元以上。

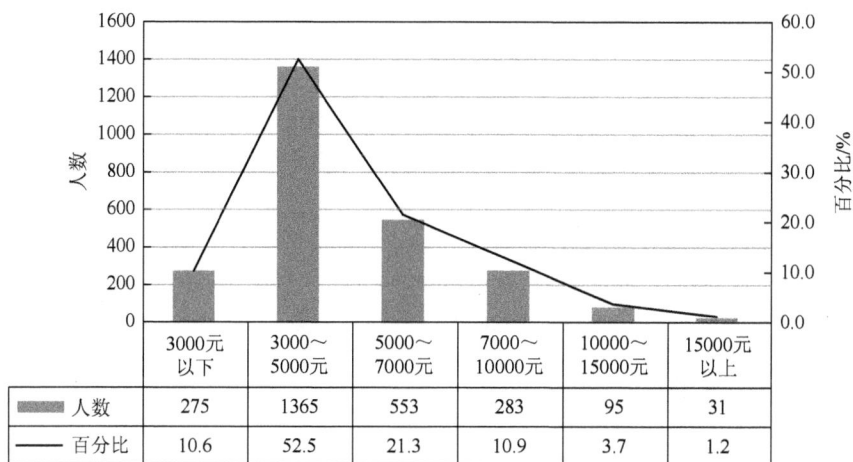

图 8.6 技能人才月平均收入

	3000元以下	3000~5000元	5000~7000元	7000~10000元	10000~15000元	15000元以上
人数	275	1365	553	283	95	31
百分比	10.6	52.5	21.3	10.9	3.7	1.2

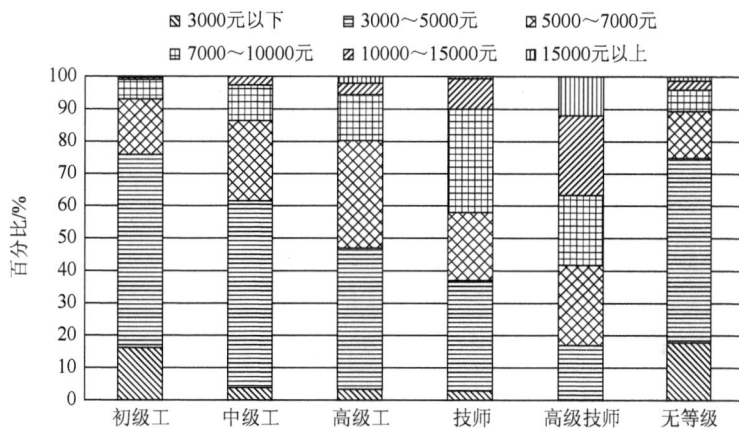

图 8.7 职业技能水平与月平均收入

从月收入的提升水平来看（图 8.8），84.7%技能人才的月平均收入提升在 1000 元以下，

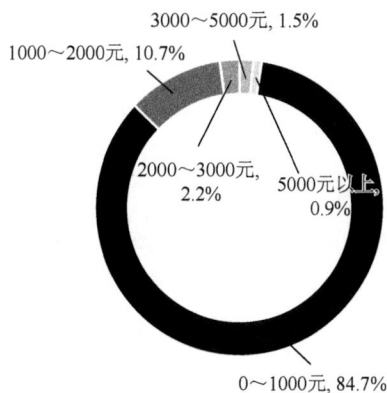

图 8.8 技能人才月平均收入提升（与去年同期比）

收入增长相对缓慢。结合职业技能水平与月平均收入提升水平（图 8.9），课题组发现职业技能水平与月平均收入提升同样成正比，但随着职业技能水平提升，技能人才月平均收入上升趋势相对并不明显。尤其是无技能等级人员与职业技能等级相对较低的初级工和中级工月平均收入提升的总体水平基本一致。高技能人才的收入增长趋势相对较为显著。

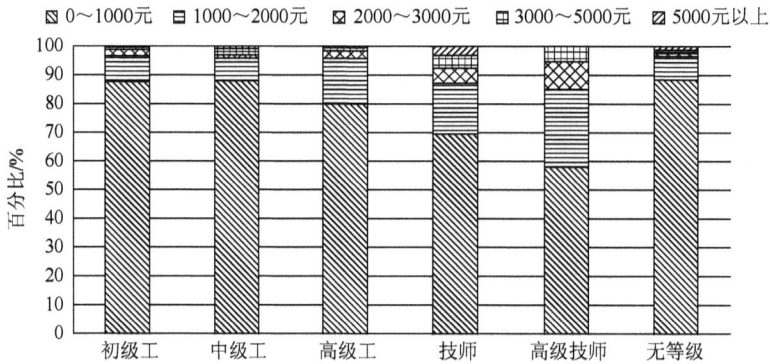

图 8.9　职业技能水平与月平均收入提升

年薪构成上，几乎所有技能人才个人年薪均包含了基本工资（99%）；绩效工资与年终奖金也相对普遍，72%和69%的技能人才表示其个人年薪包含了以上两个部分；同时，45%的技能人才享受了其他类型的补贴，而仅有 4%的技能人才享受企业分红，而这些技能人才往往拥有高级技师职称，如图 8.10 所示。

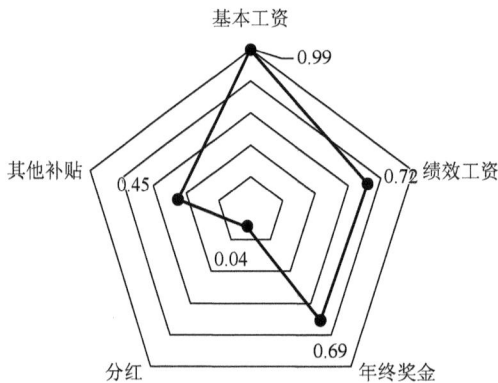

图 8.10　技能人才个人年薪的组成部分

8.3.2.2　福利水平

福利保障是技能人才收入的重要组成部分，也是企业吸引人才的一个重要因素，课题组设计了以下问题就技能人才福利保障构成、年度福利水平进行调查。

> 您所在企业/单位为员工提供哪些福利保障：（多选）
>
> □养老保险   □医疗保险   □失业保险
> □工伤保险   □生育保险   □住房公积金
> □带薪休假   □其他商业保险   □无福利保障
>
> 您获得的年度福利水平是多少：
>
> □3000 元以下   □3000～5000 元   □5000～8000 元
> □8000～10000 元   □10000 元以上

从福利保障的构成看（图 8.11），养老保险、医疗保险、失业保险、工伤保险的覆盖率最高，均达 90%以上，其中，养老保险和医疗保险覆盖率达 97%，基本实现了全覆盖。生育保险次之，覆盖率达到 85%，基本得到普及。住房公积金和带薪休假制度的覆盖率并不高，分别为 52%和 44%，即技能人才中仅一半职员能够享受住房公积金和带薪休假制度。其中，也有 8%的技能人才另外还享受到了公司给予的其他商业保险。

从年度福利水平来看（图 8.12），超过一半的技能人才年度福利水平在 3000 元以下，3000～5000 元的占 27.0%，可见技能人才福利保障仍处于较低水平。结合职业技能等级

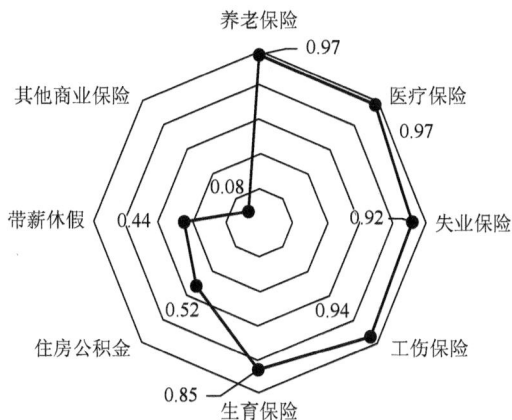

图 8.11 技能人才福利保障构成

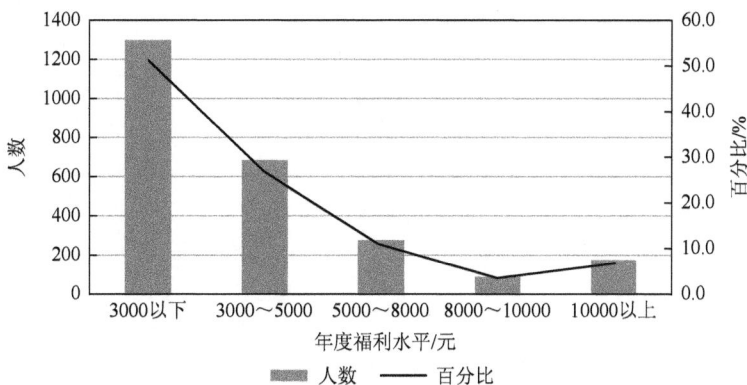

图 8.12 技能人才年度福利水平

与年度福利水平，课题组发现除高级技师福利水平远高于其他几类技能人才外，在其他几类技能人才中，职业技能等级与福利水平的关系并不显著。如图 8.13 所示，除高级技师外，年度福利水平在 8000 元以下的各类技能人才均在 90%左右，而高级技师中的福利水平显著高于其他技能人才，有 35%以上的高级技师年度福利水平在 8000 元以上。

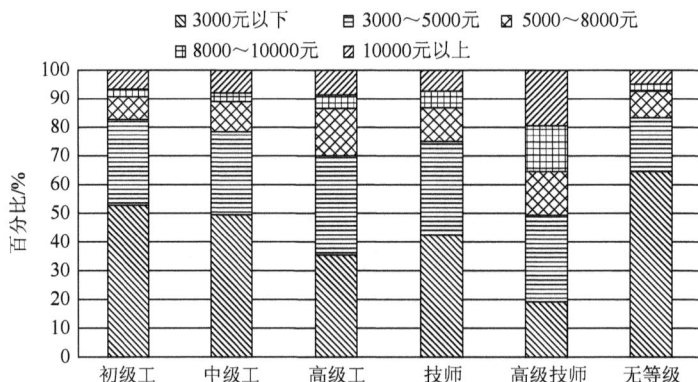

图 8.13　职业技能等级与年度福利水平

8.3.2.3　生活水平

为了解技能人才生活水平，课题组针对大众普遍关心的家庭经济状况和住房情况进行了调查。研究发现多数技能人才认为其家庭经济状况在当地居中等或中下等（80%以上），53.1%的技能人才拥有自己的住房，还有 20.4%的技能人才居住在公司提供的集体宿舍（图 8.14、图 8.15）。

您的家庭经济状况在本地属于（　　　）
　　□上等　　　　□中上等　　　　□中等　　　　□中下等　　　　□下等
您的住房状况（　　　），现住房的家庭人均面积：＿＿＿平方米/人
　　□有自己的住房　　　□租住的公房　　　　□租住的私房
　　□集体宿舍　　　　　□住亲友家/借住　　　□其他

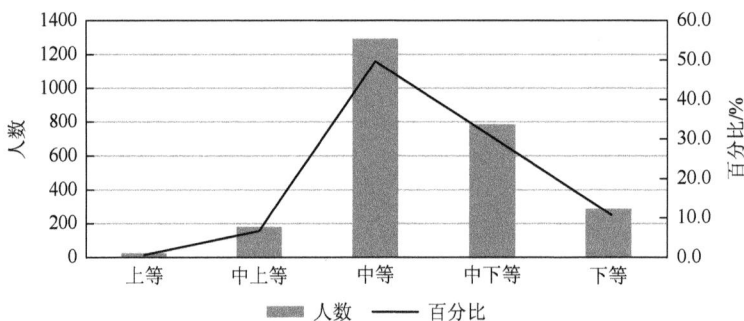

图 8.14　技能人才家庭经济状况

住亲友家/借住1.4%   其他1.7%

集体宿舍20.4%

租住的私房15.3%   有自己的住房53.1%

租住的公房8.1%

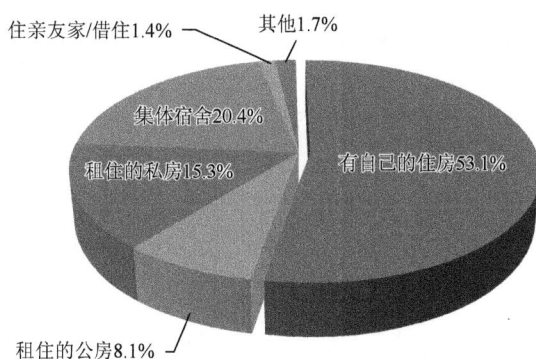

图 8.15 技能人才住房状况

8.3.3 技能人才工作环境分析

技能人才工作环境满意度是衡量区域技能人才吸引力的重要指标，良好的人才工作环境有利于人才的培养、引进、留存与发展。专题调查中，课题组从技能人才工作自然环境、人文环境、发展前景等三个方面考察技能人才工作环境（图 8.16），由受访技能人才对其工作环境的各个维度进行满意度评价，分为非常满意、比较满意、一般、不满意、非常不满意 5 个等级，分别赋分为 5～1 分，体现技能人才对其工作环境的满意度。

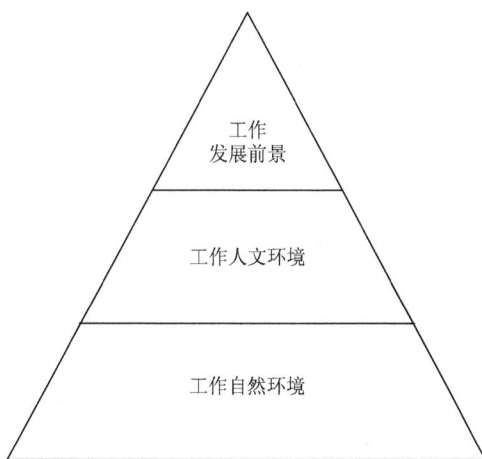

工作
发展前景

工作人文环境

工作自然环境

图 8.16 技能人才工作环境

8.3.3.1 工作自然环境

舒适、安全的工作自然环境是员工最基本的要求，也是提升工作效率、提高工作积极性的重要因素。总体来看，技能人才对工作自然环境比较满意，均值在 3.86～4.25，总体均值为 4.07（表 8.3）。

在工作自然环境各项指标中，均值最高的三项都与安全性相关，分别是"我被要求进行安全操作以避免工作事故发生"（4.25）、"我从来没有被要求去从事一项不安全的工作"（4.19）、"我认为企业/单位注重安全管理，对此我感到满意"（4.19），表明当前企业为技能人才提供的工作环境相对安全。然而，其中得分在 4.00 以下的有"我在一个安全、轻松、舒适的环境中工作"（均值为 3.86），"单位为我提供良好的工作环境（照明、通风、噪声等）"（均值为 3.95），这表明，技能人才对企业提供的工作环境的舒适性等满意度相对要低。

表 8.3　技能人才工作自然环境满意度

题项	N	均值	标准差
（1）我在一个安全、轻松、舒适的环境中工作	2570	3.86	1.433
（2）单位为我提供良好的工作环境（照明、通风、噪声等）	2564	3.95	0.942
（3）我从来没有被要求去从事一项不安全的工作	2563	4.19	0.852
（4）我被要求进行安全操作以避免工作事故发生	2563	4.25	0.824
（5）我认为企业/单位注重安全管理，对此我感到满意	2565	4.19	0.832
（6）企业/单位为我配备的设备、资源等条件十分完善	2565	4.03	0.897
（7）企业/单位的设备管理及维护非常到位	2555	4.00	1.2
工作自然环境平均得分		4.07	

因此，企业在安全生产方面增加投入，为员工提供安全可靠的工作环境，以消除技能人才在安全方面的顾虑的同时，应提供相对舒适的环境，如照明、通风等。由于技能人才多工作在生产一线，提供舒适、轻松的工作环境相对困难，但企业必须为员工创造良好的工作自然环境，以确保技能人才工作顺利、高效。

8.3.3.2　工作人文环境

轻松的组织氛围、融洽的同事关系、丰富的人际交流是良好企业文化的重要表现，良好的工作人文环境能够提高员工凝聚力、激发员工工作热情。总体来看，技能人才对工作人文环境满意度均值在 3.78~4.19，总体均值为 3.98，虽然较工作自然环境要低，但总体仍处于比较满意的状态。

在工作人文环境各项指标中（表 8.4），均值最高的三项为"我愿意帮助同事解决工作中的相关问题"（均值 4.19）、"我愿意为改善企业/单位的运作情况提出积极建议"（均值 4.10）、"我感到自己所在工作部门的关系融洽"（均值 4.10），表明技能人才普遍愿意为组织做出贡献，同时认为企业同事关系融洽。然而，其中得分最低的为"企业/单位为我提供了丰富多彩的人际交流活动"（均值为 3.78）、"我在工作中有很大的自由度决定如何实现我的目标"（均值为 3.80）。相对而言，技能人才对企业提供的工作环境的自由度和人际交往活动等方面满意度要低。

表 8.4 技能人才工作人文环境满意度

题项	N	均值	标准差
（8）我感到自己所在工作部门的关系融洽	2554	4.10	0.817
（9）我满意目前企业/单位赋予我的权利和责任	2553	3.95	1.056
（10）企业/单位为我提供了丰富多彩的人际交流活动	2558	3.78	0.959
（11）我在工作中有很大的自由度决定如何实现我的目标	2554	3.80	0.953
（12）我愿意帮助同事解决工作中的相关问题	2553	4.19	0.761
（13）我愿意为改善企业/单位的运作情况提出积极建议	2551	4.10	0.820
（14）当工作遇到问题时，我能及时得到指导意见	2554	4.02	0.846
工作人文环境平均得分		3.98	

因此，企业应加大组织文化建设投入，积极组织开展交流活动，丰富业余生活，提升技能人才生活满意度，提升员工凝聚力，激发员工工作热情。

8.3.3.3 工作发展前景

公平、畅通的晋升渠道，丰富的学习机会，充足的个人获得感能够使技能人才看到良好的工作发展前景，提高其工作积极性。总体来看，技能人才对工作发展前景满意度均值在 3.12～3.87，总体均值为 3.59，满意度相对较低。

在工作发展前景各项指标中（表 8.5），均值最高的两项为"现在的工作充分发挥了我的技能和才华"（均值 3.82）、"我有明确的职业生涯发展规划与目标"（均值 3.87），大部分技能人才有着明确的职业生涯发展规划与目标，并且能够在工作中发挥其技能。然而，其中得分最低的为"我在工作中受到户籍、学历、职称等政策的限制"（均值为 3.12），"我目前的工作充满挑战性，让我感到焦虑和紧张"（均值 3.16），表明技能人才的晋升和待遇仍受到户籍、学历等的限制，认为其工作具有挑战性。

表 8.5 技能人才工作发展前景满意度

题项	N	均值	标准差
（15）现在的工作充分发挥了我的技能和才华	2553	3.82	0.916
（16）我有明确的职业生涯发展规划与目标	2553	3.87	0.896
（17）我在现在的单位能获得丰富的培训和学习机会	2552	3.74	0.979
（18）单位有健全的职业晋升通道和公平的晋升机会	2554	3.74	0.980
（19）单位在人事调动时会考虑我的兴趣、职业倾向和价值观	2559	3.71	1.000
（20）我在工作中受到户籍、学历、职称等政策的限制	2555	3.12	1.278
（21）我目前的工作充满挑战性，让我感到焦虑和紧张	2554	3.16	1.224
工作人文环境平均得分		3.59	

从整体来看，技能人才对其工作发展环境基本满意，对企业的晋升渠道和公允性具有较强的信心，外在限制条件较少。因此，企业应为技能人才的工作发展和晋升提供更多公平、畅通的机会，提供丰富的学习提升机会。

8.3.3.4　工作环境综合评价

综合评价赋权：运用层次分析法（AHP）构造判断矩阵，充分利用技能人才相关领域专家对技能人才发展的理解，参照萨迪1~9标度法则，通过两两比较重要性赋予指标相应的权重。

本研究邀请了10位专家填写"技能人才发展指标重要性调查表"，通过10位专家打分结果的处理，对各项指标的两两比较数据分布取众数，并讨论形成比较一致的指标相对重要性打分结果。根据该打分结果，形成各级指标的判断矩阵。一次计算一级指标相对于目标层（技能人才发展）的权重，二级指标相对于一级指标的权重，并进行一致性检验和层次单排序，运用yaahp11.2软件进行计算，各指标判断矩阵及检验结果见表8.6。

表8.6　工作环境指标重要性评价

	自然环境	人文环境	发展前景	W_i
自然环境	1	1	1/2	0.25
人文环境	1	1	1/2	0.25
发展前景	2	2	1	0.50

一致性检验：CR＝0.000＜0.10，通过一致性检验；W_i表示权重

如表8.7、图8.17所示，技能人才工作环境满意度综合评价得分均值为3.81，处于较为满意的状态。比较工作自然环境、人文环境、发展前景三个维度，自然环境和人文环境得分相当，分别为4.07和3.98；而工作发展前景满意度得分较低，为3.59，表明技能人才对自身工作发展前景并不满意，企业应加强各方面的投入力度，为技能人才创造更好的工作环境。

表8.7　工作环境满意度综合评价

工作环境维度	得分
自然环境	4.07
人文环境	3.98
发展前景	3.59
综合评价	3.81

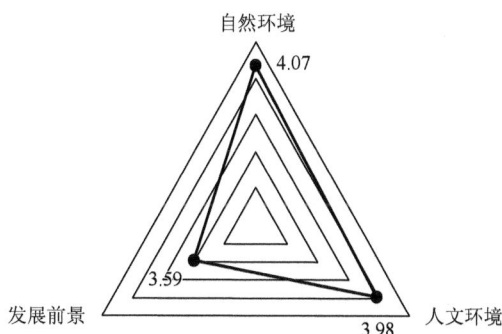

图 8.17　工作环境满意度综合评价

8.4　主要结论与对策建议

8.4.1　主要结论

从专项调查结果看,技能人才薪酬福利仍处于较低水平,而对企业工作环境相对满意,满意度均在 3.5 以上,对自身的工作和生活状况有较大的信心。具体来看,专项调查可以得到以下结论。

8.4.1.1　技能人才薪酬福利水平仍处低位,激励效果亟须提升

专题调查结果显示技能人才的薪酬福利水平与其职业技能水平成正比,高技能人才薪酬福利水平显著高于初级工、中级工,从一定程度上体现了"技高者多得"的理念,但总体来看,技能人才薪酬福利水平仍处低位,激励效果亟须提升。

专题调查数据显示,超过一半的技能人才月平均收入为 3000～5000 元,年工资36000～60000 元,低于 2016 年宁波市全部单位在岗职工(含劳务派遣)年平均工资水平(61342 元)。此外,调查结果显示,50%以上技能人才与上年同期相比月平均收入增加为0～1000 元,增长速度缓慢。福利保障方面,养老保险、医疗保险、失业保险、工伤保险、生育保险等"五险"基本实现全覆盖(覆盖率达 85%以上),但技能人才中仅一半左右职员能够享受住房公积金(52%)和带薪休假制度(44%)。从年度福利水平来看,超过一半的技能人才年度福利水平在 3000 元以下,3000～5000 元的占 27.0%,福利水平依旧偏低。然而,技能人才往往扎根于生产一线,生产技术任务繁重,工作环境条件差,偏低的收入待遇无法激发其工作意愿和积极性,致使招工难现象普遍,技能人才总量严重不足,结构问题突出。

根据调查结果,技能人才年薪构成上,主要以基本工资(99%)、绩效工资(72%)和年终奖金(69%)为主,表明企业倾向于选择工资、奖金等物质奖励方式来激励员工,短期激励方式仍为企业首选的奖励方式,企业分红(4%)等长期激励仍未得到重视。这种以短期激励为主的薪酬结构,缺乏明显的激励特性,难以起到有效的激励作用。

8.4.1.2　技能人才工作环境日趋完善，成长空间仍需拓宽

从专题调查结果看，技能人才对工作环境满意度较高，尤其是工作自然环境和人文环境，满意度打分均在 4.0 以上。调查结果表明技能人才认为企业为其提供了安全、舒适的工作环境，同时也认可所在企业组织的文化氛围。良好的工作自然环境能提高产品质量，建立安全及健康的工作环境，提高工作效率，减少故障出现，孕育良好的安全文化等；良好的工作人文环境一方面可以提高员工的工作效率，确保员工的身体健康，同时通过企业文化可以增强企业的向心力、激励员工产生更大的协同力，从而推动企业的发展。总体来看，宁波市技能人才工作环境日趋完善，技能人才对工作环境满意度较高，从一定程度上能够更好地激励人才发展，推动企业进步，创造良好的企业发展氛围。

与此同时，专题调查发现技能人才工作发展前景满意度不高，尤其是"我在工作中受到户籍、学历、职称等政策的限制"（均值为 3.12）、"我目前的工作充满挑战性，让我感到焦虑和紧张"（均值为 3.16）两项，表明技能人才成长空间仍受到学历等因素的限制，工作难度较大。从社会氛围看，重学历、轻技能的观念还没有从根本上得到扭转；从机制体制上看，技能人才个人发展存在渠道窄、待遇偏低等问题。因此，企业应为技能人才的工作发展和晋升提供更多公平、畅通的机会，提供丰富的学习提升机会。

8.4.2　对策建议

8.4.2.1　提高技能人才待遇水平

第一，完善技能人才工资福利政策。完善技能人才供求信息和工资指导价位信息定期发布制度，引导企业加大对技能人才收入分配的倾斜力度；建立和完善技能水平与待遇标准相挂钩的机制，实行技能人才协议工资制、项目工资制或按技能水平参与分配等多种薪酬制度。企业应进一步完善工资分配办法，建立与职工技能水平和贡献挂钩的晋级增资制度，不断提高技能人才的工资收入水平；倡导有条件的企业建立实施内部技能人才津贴制度，对具有高级工及以上职业资格证书的在岗高技能人才可按月发放岗位技能津贴。

第二，完善技能人才激励机制。鼓励企业建立首席技师制度，按其贡献执行与中高层管理人员相当的薪酬制度，对参加科技攻关和技术革新并发挥重要作用的高技能人才，企业可以从成果转化所得收益中通过奖金等方式给予奖励。对作出突出贡献的高技能人才，鼓励企业实行股权和期权激励。鼓励企业在五险一金的基础上，为职工办理补充养老、医疗保险，建立企业年金制度，可对为单位作出重要贡献的高技能人才给予适当倾斜。

8.4.2.2　拓宽技能人才成长通道

第一，畅通技能人才职业发展通道。探索将技能人才队伍建设和保障技能人才收入合理作为企业评优评强的条件，进一步完善企业职工凭技能和贡献得到重用和提升的制度。

制定高技能人才与专业技术人才职业发展贯通的实施办法。对于企业聘用的高技能人才，对照相应专业技术人才的福利待遇给予同等报酬。

第二，推广"以赛代评"人才选拔模式。完善职业技能竞赛制度，积极开展多层次、多形式的职业技能竞赛和岗位练兵活动。有针对性地选择若干竞赛职业，组织开展技能竞赛活动，为技能人才快速成长开辟绿色通道；选拔优秀高技能人才参加国家技能竞赛和世界技能大赛，通过竞赛选拔人才、集聚人才、激励人才，促使一批高技能人才脱颖而出；根据竞赛等级和类别，对获奖选手分别授予"技能大师"、"岗位技能带头人"和"技术能手"等荣誉称号，逐步推广"以赛代评"的职业技能人才选拔模式。

第三，营造"技能宝贵"的社会风尚。加强优秀高技能人才的评选表彰力度，加大对高技能人才创新成果的推广力度，激发高技能人才的创新活力。进一步完善技能大奖和技术能手评选表彰制度，以及高技能人才享受国务院、省、市政府特殊津贴的相关政策，重点开展"中华技能大奖""宁波市首席工人""宁波市优秀高技能人才"等评选表彰活动，推进"技能之星"电视技能大赛工作。完善技能人才评选表彰制度，增强职业技能竞赛"宁波现象"的全国辐射效应，积极营造"劳动光荣、技能宝贵、创造伟大"的社会氛围，优化技能人才成长的社会环境。

第四篇 区域发展

9 余姚市技能人才工作报告

余姚市紧紧围绕新兴产业和重点支柱产业，积极发挥职业培训在促进就业、稳定就业中的作用，不断提高培训人员的职业技能和竞争就业能力，同时以加快培养高技能人才为着力点，加大技能人才培养力度，以高端带动初、中级技能人才梯次发展，进一步加强职业培训体系建设，健全面向全体劳动者的职业培训制度，为我市经济社会发展和促进就业提供高素质技能人才支撑。

9.1 加强软硬件建设，完善职业培训体系

（1）完善职业培训制度，不断强化职工技能培训。以《"技能宁波"三年行动计划（2016—2018 年）》为统领，深化职业培训制度建设。统筹利用各类职业培训资源，建立以职业院校、企业和各类职业培训机构为载体的职业培训体系，大力开展就业技能培训、岗位技能提升培训和创业培训，贯通技能劳动者从初、中、高级技工到技师、高级技师的成长通道。

（2）完善培训需求调研，不断突出培训针对性。每年年初都深入部分乡镇（街道）的乡镇（街道）、村、企业，以座谈会的形式，就当前企业、职工及农民的培训真实需求，开展一次为期一周的培训需求调研。根据调研情况及协议招投标的中标结果，合理细化分解各乡镇（街道）的培训指标，力求培训能结合各地实际需求进行，突出精准性、针对性。

（3）完善高技能人才培训学院建设，不断推进技能人才培养。2016 年 6 月，由市人力资源和社会保障局、市总工会、市教育局、市经济和信息化局联合浙江工商职业技术学院、宁波市城市职业技术学院、宁波卫生职业技术学院、宁波人才培训中心共同建成余姚市高技能人才培训学院。学院引入的市内外优质培训机构实现了职业技能培训"资源共享，优势互补"，借助这一平台已开展电子商务培训等多期培训，为我市输送大量优秀技能人才。

9.2 注重技能人才培养，着力创新培训模式

（1）创新人才评价体系，推进技能人才自主评价示范企业建设。根据宁波市《"技能宁波"三年行动计划（2016—2018 年）》的文件要求，通过各乡镇（街道）推荐，以及与个别企业、行业协会的多次联系与对接，2016 年在 12 家的基础上，又新增 13 家，累计达到 25 家。同时，借助示范企业 QQ 群，在新增示范企业的方案制定过程中给予在线指导、答疑，促进示范企业相关自主评价工作的顺利开展。

（2）创新技能大师工作室建设，发挥带头引领作用。充分发掘我市优秀技能手，积极做好技能大师工作室的推荐申报工作。2016 年宁波江丰电子材料股份有限公司的罗明

浩技能大师工作室被评为宁波市及省级技能大师工作室。至此，我市已拥有市级技能大师工作室 4 家，省级技能大师工作室 1 家，同时积极发挥技术能手、技能大师的专长作用，促进高技能人才的培养，从而带动高技能人才队伍快速成长。

（3）创新成长成才氛围，开展各类练兵竞赛活动。充分发挥技能竞赛在技能人才培养中的积极作用，会同总工会等相关部门，借助行业协会的专业力量，选择技术含量高、通用性广、从业人员多、社会影响大的职业，广泛开展多层次的职业技能竞赛。2016 年开展各级各类职业技能竞赛 15 项以上，涉及发放技能证书项目 10 项。同时做好参加省、市级大赛的选手选拔工作，从中培养一批、涌现一批、发现一批、选拔一批技能人才，促进优秀技能人才脱颖而出。

9.3　落实工作措施，提升职业培训质量

（1）落实培训管理政策，提高职业技能培训质量。2016 年出台《关于进一步加强培训管理的通知》，扩大了培训监管面。在资格证培训监管的基础上，着重规定了合格证培训监管的形式及步骤。通过强化监管敦促各培训基地把培训工作做扎实做到位，确保培训质量，提高培训经费使用绩效。

（2）落实技能鉴定标准，抓好鉴定质量监管。统一规范职业技能鉴定，优化技能鉴定运行程序，不断提高职业技能鉴定管理水平和质量，确保政府培训资金使用安全。2016 年共对 1116 名技校毕业生进行了技能鉴定，涉及数控车工、维修电工、工具钳工、中式烹调、餐厅服务员、汽车维修钣金工、测量放线工等 13 个工种，同时对 3908 名农村劳动力进行技能鉴定，鉴定高级工 1150 人。

（3）落实培训监管模式，提升监督管理水平。按照"条件公开、自愿申请、择优认定、社会公示"的原则，加强动态管理和过程监督，积极探索建立第三方监督机制。

9.4　实施三项工程，推动技能人才发展呈现新高度

（1）实施紧缺型高技能人才培养工程。充分发挥企业主体作用，建立起学校教育与企业培养紧密联系、政府推动与社会支持相结合的高技能人才培养培训体系。以政府购买培训成果政策为抓手，鼓励和引导企业、院校和培训机构积极培养社会紧缺、企业急需的高技能人才。

（2）实施高技能人才评价使用激励工程。以能力和业绩为导向，健全技能人才评价体系，注重从生产服务一线发现拔尖技能人才。加大重点行业（领域）高技能人才培训力度，建立较完善的技能人才绝活绝技价值实现及代际传承机制。

（3）实施创业培训工程，增强创业能力。依托有资质的创业培训机构，针对创业者特点和创业不同阶段的需求，积极开展创业培训，使每个有培训愿望的创业者都能参加创业培训，提高创业成功率和经营稳定性，促进更多劳动者实现自主创业。

10　慈溪市技能人才工作报告

2016 年，慈溪市人力资源和社会保障局根据宁波市人力资源和社会保障局《关于印发〈2016 年全市人力资源和社会保障工作要点〉的通知》（甬人社发〔2016〕25 号）对照具体年度工作要点和考核任务，认真加强政策调研，严格明确年度培训任务，切实规范职业技能鉴定收费，不断提升技能鉴定质量监督管理，创新开展"上林工匠"等高技能人才研修培训，积极组织实施劳动技能竞赛，落实新型职业农民培训任务，各项工作目标任务取得了明显成效。

10.1　加强调研，完善政策，有序推进培训工作

（1）开展技能人才需求情况调研。制定企业技能人才用工需求调查表，结合春季大型人才招聘会等招聘活动，对全市 600 余家规模型企业开展技能人才现状、技能人才需求等相关情况的问卷调查，以切实了解各类用人单位紧缺工种（岗位）等情况，全面系统分析技能人才的需求，为制定和优化高技能人才政策提供基础。

（2）合理制订和下达培训任务。2016 年年初，对各职高、成人高等学校、民办培训学校及各部门就 2015 年开展技能培训情况及 2016 年拟开展的职业技能培训工种、等级和人数进行了一次调查，并根据上级要求和慈溪实际，对各镇（街道）和有关部门下达了培训任务。2016 年计划培训城乡劳动力职业技能人才 65400 人，培训任务采用指标下达与招投标方式相结合，为实现培训工种符合产业需要的精准性，尝试按工种按等级招标，对30 个工种 42 个标项 4610 人实施培训任务。

（3）完善职业技能培训相关政策。第一，完善职业技能鉴定补贴政策。联合市财政局，制定下发了《慈溪市职业技能鉴定补贴实施办法》（慈人社发〔2016〕46 号），明确参加本市政府补贴职业培训项目的符合条件的人员，可按规定享受职业技能鉴定补贴，进一步规范和完善职业技能鉴定补贴的申报、发放和管理工作。第二，强化紧缺技能人才政策激励。根据产业发展方向、人力资源（人才）市场信息、企业用工需求等因素，会同市财政局，制定公布了《关于公布〈2016 年度慈溪市紧缺职业（工种）高技能人才岗位补贴目录和紧缺技能人才培训项目目录〉的通知》，明确了机修钳工等 24 个工种的技师和高级技师均可享受每月 500 元或 1000 元的高技能人才岗位补贴，对列入数控车工等 12 个工种的培训项目的初级工、中级工培训补贴在原补贴标准基础上提高 30%，高级工及以上培训补贴在原补贴标准基础上提高 50%。

10.2　加强监管，强化基础，切实提升培训质量

（1）修订鉴定题库，汇编培训复习资料。在完成《焊工》国家职业技能鉴定题库宁波

市级分库修订第一阶段工作的基础上，根据培训需求、职业技能鉴定标准，汇编了制图员、数控车工等 11 个工种复习资料和电子商务、5S 现场管理等 8 个工种的合格证题库。

（2）严格执行鉴定标准，加强职业技能质量监管。为进一步提高慈溪职业技能鉴定质量，邀请宁波市职业技能鉴定指导中心黄子腾科长对慈溪市 183 名参与鉴定考试的工作人员进行业务培训。同时，组织开展人社系统从事职业技能培训鉴定工作人员的业务培训，加强对各鉴定站鉴定质量管理，规范操作，公平公正实施鉴定，2016 年上半年共组织鉴定考试 159 场次，督导 12 次。

（3）组织开展民办职业培训机构年检评估。制定下发《关于开展 2015 年度全市民办职业培训学校年检评估工作的通知》，并组成年检评估专项工作组，通过书面审查与实地抽查相结合的模式，对全市在册的 17 家民办职业培训学校遵守国家法律法规情况、制定执行内部制度情况、完善办学场所及设备设施情况、职业培训教学质量情况等方面进行检查评估，评估结果为 15 家合格、2 家不合格。通过年检评估，切实规范了办学行为，提升了培训质量和水平，有力促进全市民办职业培训学校健康有序运行。

10.3　加强技能人才培养，开展多元化技能评价

（1）积极开展劳动技能竞赛。会同市总工会，组织开展慈溪市第十届职工技能运动会，竞赛活动总项目共有盲人按摩、公交驾驶员、草帽编织等 51 项，其中涉及技能证书项目 20 项。

（2）开展企业技能人才自主评价。2016 年上半年已完成宁波海歌电器有限公司示范企业建设，宁波福尔达智能科技有限公司自主评价第一阶段工作。尝试由第三方开展技能人才自主评价工作，指导第三方对宁波兴瑞电子科技有限公司加工中心操作工、铣工、磨工、电切削工实施自主评价。

（3）开展行业技能人才自主评价。根据慈溪市汽修行业企业数量多、技术性岗位从业人员多的实际情况，通过与慈溪市汽车维修行业协会、锦堂高级职业中学的多次对接，确定对规模较大的 4S 店开展自主评价示范，对其他协会会员单位开展行业自主评价，截至目前已完成相关工种评价申报条件编制工作，评价计划、实施方案、培训方案正在拟定中。

10.4　搭建高技能人才培养平台，拓展技能人才成长渠道

（1）积极做好优秀高技能人才培养推荐工作。根据省高技能人才培养计划，推荐宁波行知职高的俞健宁等 3 人申报"金蓝领"高技能人才国（境）外培训；根据宁波对技工院校师资培养计划要求，推荐慈溪职高王禹等 3 位老师申报参加德国现代制造新工艺、新技术师资培训班（实际参加培训名单尚未确定）。

（2）创新举办"上林工匠"高技能人才研修班。大力加强适合市场需求技能型人才的培养力度，与宁波技师学院、宁波第二技师学院合作，举办维修电工（高级技师）、模具设计师（技师）高技能人才研修班，实行每个星期日上课，总培训时间为 4 个月，并参加全省统考。

（3）开展以师带徒技能人才培养。积极引导鼓励技能大师工作室开展以师带徒等活动，加强对技能大师工作室以师带徒工作的管理和指导，组织各大师工作室领办人积极参加市总工会组织的"万名技师带高徒"活动，扩大大师工作室工种范围及带徒数量，要求各技能大师工作室开展带徒数量不少于 8 人，带徒等级由中级工向高级工延伸。

（4）开展非物质文化遗产传承技能人才培养。承办浙江省非物质文化遗产传承越窑青瓷烧制技艺培训班，由国家级大师嵇锡贵老师和清华大学高峰老师授课，共有 40 名来自全省陶瓷企业的人员参加，满意度达到 100%。

10.5 抓好农民培训，努力落实新农村建设培训任务

根据省、宁波有关农民培训的任务要求，下发《关于做好 2016 年农民培训工作的通知》（慈农办〔2016〕9 号），全年计划开展各类农民培训 9300 人次，同时，配合做好新型职业农民招生和新型农业经营主体调查工作，全市共申报新型职业农民中、高级培训 186 人，共上报农业经营主体信息 611 条。

11 奉化区技能人才工作报告

2016 年，奉化区紧紧围绕经济转型升级和产业结构调整要求，以提升职业能力为核心，以高技能人才培养为主线，以积极实施"技能宁波"为抓手，以打造"技能奉化"城市品牌为主题，加快完善技能人才培养、引进、使用、评价、激励政策体系，进一步健全"政府推动、企业主体、社会参与"的技能人才培养机制，努力将奉化打造成为技能人才集聚、技能要素充沛、技能平台齐备、技能服务完善、技能氛围浓厚的"技能之城"，为经济社会发展提供有力的人才保障。

11.1 育字当先，提升人才培育内生活力

（1）积极开展技能人才培训。整合 30 家定点培训机构资源，开展"企业＋30"链式培育，对有培训需求的企业，根据行业不同排出培训计划，开展"周末导师""职校培训""送训下企"等培训，理论与实践相结合，技能人才进行集中学习、分散实践，在开展传统培训方式的同时，开拓"订单式培训""自主培训"等灵活方式，引导企业围绕市场需求，通过送培、自培、以师带徒等途径，有计划地组织职工参加职业技能培训，提升人才的内生活力。3 年来共培养高技能人才 7000 余人，有 8 人被评为奉化区优秀高技能人才，2 人被评选为宁波市优秀高技能人才，1 人荣获宁波市"港城工匠"称号。

（2）积极开展企业技能人才自主评价。为了更好地开展企业高技能人才队伍建设工作，在社会化鉴定基础上，突破固有框架，回归企业评价的本质属性：评价方式充分考虑企业自身生产经营现实需要，采用贴近生产任务需要、贴近工作岗位要求、贴近工种操作实际，对职工的执行操作规程、解决生产问题、完成工作任务和技术攻关等能力进行自主考核鉴定，既考核职工的实际操作水平，又与企业生产实际、技术攻关紧密结合，达到参与企业和员工的双重满意。3 年来累计完成 16 家企业技能人才自主评价。

11.2 搭建平台，丰富人才培育途径

（1）大力开展技能大师工作室建设。坚持高端引领，奉化区自 2012 年起启动技能大师工作室建设。技能大师工作室由具有绝技绝活的技能大师领衔，在传授技艺、技术创新、技能攻关和绝技绝活代代传承等方面发挥独特作用。目前，全区已建立 9 家技能大师工作室，其中省级 1 家、宁波市级 2 家、奉化区级 6 家，形成了大师工作室建设梯次推进的格局。工作室团队成员共带徒 90 余人，组织培训近 800 余人，其中培养高技能人才 30 余人，各类高技能人才获得各项专利 100 多项，攻克重大生产难题 300 余个，直接创造经济效益

1000 余万元。2017 年推荐周英芳技能大师工作室、范方明技能大师工作室、杨建立技能
大师工作室参选宁波市级技能大师工作室。

（2）全面建设奉化高技能人才公共实训中心。本中心实训工种主要以电子电工、焊工为
主。中心使用面积 3500m²，下设工业控制实训室、电气设备维修实训室、电气综合实训室、
高配实训室、焊工实训室及 2 个标准化机房，发挥现有教育培训资源的作用，依托大型骨干
企业、中职院校，整合各类资源，开展实训，其中电子电工类专业实力在宁波县（市、区）
位居首位，以《"技能宁波" 3 年行动计划》为契机，争取将本中心纳入宁波市高技能人才
"155" 公共实训基地。2016 年在全区范围内选优培养 28 名数控车工技师，由公共实训中心
承担教学工作，并于 2017 年 4 月毕业，其中 23 名学员取得技师证书。

11.3　政策助推，营造技能人才培育成长环境

（1）完善政策奖励机制。为完善高技能人才培养体系，加快高技能人才培养，形成有
利于高技能人才成长和发挥作用的制度环境及社会氛围，充分激发高技能人才的创造活
力，更好地为奉化区经济社会发展提供人才保障和智力支撑，促进产业结构调整和经济发
展方式转变，创造有利于技能劳动者 "岗位成才、岗位创新、学有所长" 的环境，让技术
精、业务强、善管理的高技能人才在技术攻关、技能传授、技艺传播等方面发挥重要作用，
出台人才新政，在引进、培育、奖励等方面加大力度。每年选送优秀青工赴国内外院校或
培训机构进行进修学习。近 3 年累计选送 60 名优秀青工参加浙江省 "金蓝领" 培训。

（2）发挥技能大赛对技能人才培养的引领作用。积极开展职工技能竞赛，对竞赛优胜
者颁发相应职业资格证书；积极鼓励支持各行业举办技能竞赛，选拔各类技能人才；指导
和推广企业岗位练兵、技能比武和创新创效活动；努力提高高技能人才的经济待遇和社会
地位，鼓励劳动者学知识、练技能，争取岗位成才。在 2015 年、2016 年宁波市 "凤麓杯"
职业技能大赛及 "技能之星" 比赛中，奉化区共有 14 名选手获得技师证书，90 名选手获
得高级工证书，其中 1 人荣获宁波市 "技能之星" 荣誉称号，2 人被授予 "宁波市技术能
手" 荣誉称号。

12 宁海县技能人才工作报告

为主动承接宁波"中国制造 2025"试点工作，培养一批用得上、留得住、接地气的"金蓝领"人才，宁海立足传统制造业优势，多措并举积极推进技能人才队伍取得较好成效。目前，已评选出"缑城工匠"10 人，6 人入选"港城工匠"，4 人入选"浙江工匠"，数量居全省各县（市、区）前列，全县拥有技能人才 14 万人，其中高技能人才达到 3.6 万人。主要做法如下。

一是推动组建宁海职教联盟。为进一步优化职业教育资源，提高职业教育水平，宁海县突破培养模式，实现"四方联动"，组建以校企合作为基础的区域性、行业性职业教育联盟，目前已有现代模具、旅游、汽配、建筑、工艺美术、商贸六大行业职教联盟及双林集团公司组建的企业职教联盟，把在校学生纳入后备技能人才培养。

二是建立高技能培训学院。推动校地合作，2013 年与浙江工商职业技术学院联合成立了宁海高技能人才培训学院。该学院在模具、文具、汽配等产业的高技能人才培训中发挥骨干力量并同时承担职业技能鉴定与人才决策咨询方面的工作，累计培养高技能人才 2000 余名。

三是着力打造产学研联盟。着力推进宁波市"千人计划"产业园生命健康（宁海）园区、汽车及零部件产业园、模具产业园、新材料产业园与东方蓝色慧谷工程等载体建设，强化技能人才培养、引进，目前这几个园区拥有技能人才 1 万余名。结合宁海县的产业特色，积极帮助企业建立了 200 余家工程技术中心、研发中心，5 家博士后工作站，6 家院士工作站，累计培养各类实用性技能人才 3000 余名。与全国 40 余所高校共建 81 家实习基地，累计培养模具、文具、汽配等产业急需的技能人才 5100余名。此外，还采用"政府购买服务模式"，紧紧依托县内 30 多家培训学校开展各类技能人才培训工作，年均培训模具、机械等各类技能人才 5000 余名。

四是试点推行新型学徒制。市级高技能工匠人才公共实训基地宁海县技工学校与县内 8 家模具企业结对，实施"教学—名师带徒—就业"一体化培养中高级技能人才模式。学生在实习过程中，在技师带领下熟悉生产流程、工艺技术，毕业以后学生不用再培训就可以直接上岗，这种新型学徒制可有力促进技能人才培养。

五是推进技能人才自主评价。2015 年以来，着力做好企业技能人才自主评价工作，发挥市场评价的决定性作用和企业评价的主体作用，由企业根据人才的业绩贡献来自主评价、自主奖励。2016 年自主评价企业发展数已达 297 家，其中示范企业数达 14 家。通过企业自主评价培养中高级技能人才千余人。其中，建新赵氏集团有限公司—宁海建新密封条有限公司由于建立了较为完善的职工培训、评价、管理制度，制定了完整的评价方案，评价过程管理规范，评价结果与薪酬挂钩，探索出适合企业特点的自主评价模式，被评为市级技能人才自主评价优秀示范企业。

13　象山县技能人才工作报告

近年来，为进一步贯彻落实人才强县战略，加强技能人才队伍建设，推动社会经济转型发展，2016 年象山县人力资源和社会保障局紧扣新常态下经济转型升级和产业结构调整对技能人才的要求，以提升职业技能为核心，以高技能人才培养为主线，搭平台、强培训、建机制，拓宽技能人才成才之路，加快打造"技能象山"，为全县经济社会发展提供有力的人才支撑和智力保障。

13.1　育字当先，积极开展技能人才培训

一是集中走访镇乡（街道）、职业技能培训机构和重点工业企业，开展企业技能人才情况调研排摸，了解技能培训和企业自主评价工作整体情况，以及企业专业需求。二是召开面向全县定点培训机构、职业技能鉴定站和技能人才自主评价企业的工作动员会议，做好政策宣传并对全年技能培训工作进行了部署。三是根据企业发展方式转变、产业结构调整、市场专业需求，整合全县 19 家职业技能培训机构资源，有针对性地制定技能培训方案。通过下指标、走企业、跟进度，提高培训质量，在开展传统培训方式的同时，不断丰富培训形式，开拓"订单式"培训、"自主培训"等灵活方式，引导企业围绕市场需求，通过送培、自培、以师带徒等途径，有计划地组织职工参加职业技能培训，提升人才的内生活力。四是积极参与"金蓝领"培养项目。选送了宁波骏嘉重型机械制造有限公司焊接技师吴喜海和宁波兄弟服饰有限公司服装制作技师李姣赴德国、意大利参加"金蓝领"高技能人才培训。2016 年面向企业参保职工、失业人员等开展了维修电工、焊工、工具钳工、服装制作等工种的各类职业技能培训 11680 人，其中高技能人才培训 2560 人，农村电商 1380 人，企业培训师 292 人。

13.2　政策助推，营造人才培育成长环境

建立健全配套政策制度，为技能人才培养提供良好的法制环境。2016 年象山县委、县政府出台了《关于进一步推进人才创业创新的若干意见》，在引进、培育、奖励人才等方面加大力度，制定了对新取得工业工程类高级技师、技师等职业资格的高技能人才分别给予每人每月 1000 元、500 元的岗位津贴，期限三年；对选送参加国家、省、市一类竞赛的优秀技能人才分别给予 6000 元、3000 元、2000 元的参赛补助；对新建技能人才自主评价示范企业和新办职业技能培训学校予以财政补助；在调整"人才绿卡"制度和人才住房政策时，不但将技能人才列入其中，而且在享受待遇上予以倾斜。同时，计划出台"技能象山"三年行动计划和高技能人才专项经费使用管理办法，明确三年技能人才工作的目标任务、

工作责任，并加大政策扶持力度。让技术精、业务强、善管理的高技能人才在技术创新、传授技艺、技术交流、技能攻关等方面发挥重要作用。

13.3　搭建平台，丰富人才培育途径

（1）大力推进技能大师工作室建设。2016 年，成功推荐赵剑泉市级技能大师工作室获评省级技能大师工作室，新评选 3 家县级技能大师工作室，目前，全县已建立 10 家技能大师工作室，其中省级 3 家、县级 7 家，成立推动技能大师"传、帮、带"作用，为企业技能人才培养和技术创新提供技术交流平台。

（2）深入推进企业技能人才自主评价工作，充分调动企业自主培养人才的积极性，发挥企业主体作用。目前，全县建立 14 家技能人才自主评价企业，2016 年新建设宁波威霖住宅设施有限公司、宁波立强机械有限公司、浙江巨鹰集团股份有限公司等 7 家企业自主评价示范企业，其中宁波威霖住宅设施有限公司荣获市级技能人才自主评价优秀示范企业。

（3）积极开展技能竞赛和技能人才评优工作。2016 年首次承办市"技能之星"职业技能电视大赛砌筑工比赛，并组织选手参加"技能之星"工具钳工比赛，取得两项第一和一项第三的好成绩，同时荣获优秀组织单位奖。联合旅游局、总工会举办"东湖杯"旅游行业技能大赛、"象山县技术操作能手"等评选活动，成功推荐 2 名优秀高技能人才入选首批"港城工匠"。并计划开展"半岛金匠""半岛银匠""半岛工匠"等系列评选活动。通过大赛和评优活动加快选拔、培养一批优秀技能人才，进一步激发企业职工的劳动热情和创造力，营造"知识改变命运，技能成就梦想"的良好社会氛围。

14 鄞州区技能人才工作报告

近年来，鄞州区通过建机制、优政策、重培训、抓队伍、强服务等多项举措，大力编织务实高效、力求创新的高技能人才培育网，着力重塑鄞州工匠精神。近5年内，该区已累计培养技能人才5.02万人，其中高技能人才1.2万人，高技能人才占技能人才的比重由2010年的17%上升到目前的24.3%。

14.1 "政策红包"让技能培训成为一种时尚

2012年，鄞州区出台了《进一步加强鄞州区高技能人才队伍实施意见》，对技能人才引进、培养、评价、激励等各方面进行了规定，并相继推出数控车工、加工中心操作工等23个紧缺工种培训项目，同时相应上浮补贴标准。这个企业口中的"政策红包"一经实施，便受到了鄞州企业的广泛欢迎。不少企业对技能培训的重视程度和热度大幅提升，仅2012年一年，就新增雅戈尔、奥克斯、欧琳、博威等企业培训基地12家，培训技能人才10246人，其中高技能人才2060人，送优秀青工进市职业院校进修37人。

同时，鄞州开展了具有地方特色的高技能人才培训项目，如根据服装业、制造业集中的特点，有针对性地推出百名"金剪刀"技师、数控车工技师班等培训项目，累计培养375名相关专业技师。此外，大力推动技能大师工作室建设，从2012年起，以每年新建5家的速度，累计建立区技能大师工作室20家。其中潘超宇技能大师工作室先后被评为市级和省级技能大师工作室，徐斌技能大师工作室和刘永丰技能大师工作室被评为市级技能大师工作室，为技能培训拓展了更多的载体和渠道。

14.2 "以赛代考"让真凭实力成为一种荣耀

从2012年起，鄞州区就由人社局、总工会等相关部门联合开展区级职业技能大赛，至今已累计开展大赛8场，参赛选手2200余人。同时，通过培训辅导、理论笔试、实操比武等方式，推行"以赛代考"，仅2015年就有411人在职业技能大赛中获得中、高级职业资格证书，这为技能人才们打开了一条靠真本领比拼晋升的道路。

同时，鄞州也不遗余力地给予高技能人才更高的地位和荣誉。2014年首次开展全区优秀高技能人才评选，评选出5名优秀高技能人才，并给予相应的精神和物质奖励；时隔两年，2016年将在"创业鄞州·精英引领"活动周上公布第二批优秀高技能人才。而在市高技能人才奖申报评选上，鄞州的高技能人才也斩获颇丰，凹凸重工有限公司朱良军、宁波永灵机械配件有限公司蒋立忠、宁波雅戈尔时装有限公司何先撑三人分别于2014年和2015年获市优秀高技能人才奖，在全社会倡树尊重高技能人才的风尚。

14.3　"企业主体"让人才评价成为一种动力

在 2015 年年初，鄞州大力推进企业技能人才自主评价工作，落实经费补助政策，同时结合企业生产实际，由企业根据自身特点和实际需求，完善岗位标准和题库，并且考核形式不再局限于考试，可以通过工作业绩评价、"以赛代考"、"答辩代考"等多种形式实施，让技能人才评价更加多元、更加务实。仅 2015 年，全年就培训企业培训师 446 人，实现技能人才自主评价企业发展数达到 391 家，技能人才自主评价示范企业数达到 34 家。

2016 年 5 月，鄞州区制定出台了《企业实用人才评价暂行办法》，建立了以能力、实绩、贡献等为评定标准的全新企业人才评价办法，着力发挥企业的主体作用。届时评选出来的"金匠""银匠"将享受部分专属于海内外高层次人才和高级人才的待遇。

15　海曙区技能人才工作报告

海曙区精心组织、认真实施，坚持把实施职业技能培训工程作为建设和谐强区的一项民生工程来抓，把提升职工的职业技能作为促进海曙区劳动者就业率、城乡经济增长的着力点来抓。

15.1　强管理，重质量，提升职业培训机构规范化

根据《关于规范民办职业培训机构审批和管理权限的通知》（甬人社发〔2015〕78 号）和《关于开展 2015 年度政府补贴职业技能培训项目申报工作的通知》（甬人社发〔2015〕79 号）文件精神，职业培训机构实行属地化管理，由区进行日常的管理。

一是严格培训机构准入，严把质量关。严格按照标准与程序，对培训机构上报的申请材料进行审核和把关，做到公正公平。截至目前，海曙区已签约 14 家民办职业培训机构，另外还有 8 家社会化培训的职业培训机构。二是对职业技能培训机构强化管理，不断规范培训机构的办学水平。严格民办职业培训学校的行政审批环节，建立健全民办职业培训学校的审批工作制度，草拟了海曙区职业技能培训机构管理办法，完善各环节的工作流程，提供优质服务。三是加强对民办职业培训学校的日常管理与监督，提高办学质量。主动深入培训机构，每月不定期到培训机构进行检查，查看培训学校的开展情况，了解培训进展，进一步提升培训质量，让培训学员切实掌握技能，真正发挥培训机构的作用。

15.2　送服务，建平台，开启家政培训就业一体化

针对海曙区家政培训机构多、培训师资强的特点，为适应社会对家政服务员需求旺、要求高的特点，加强育婴师、家政服务员的规范化、标准化，注重对家政服务培训机构的建设和引导，为家政服务员提供培训就业一条龙服务。

2016 年 2 月 20 日，"宁波市首届家政集市暨女性家庭服务人才就业创业对接会"在海曙区宁波市保姆市场开市。本次家政集市由宁波市成功育婴职业培训学校承办，汇集了家政培训项目、家政培训资源、家政就业岗位等资源，同时设立就业创业资讯服务，为家政行业就业创业人员针对就业创业政策答疑解惑。

通过本次活动加强了家政服务技能培训，搭建了家政就业平台，集合了品牌家政企业、家政专业培训机构、雇主家庭三方的供需资源，让供求方走到了一个更专业、放心、一站式的服务平台上，推进家政服务行业的精细化、专业化、品牌化，营造尊重劳动、崇尚技能的良好氛围，全面推动宁波市家政服务行业的健康发展。活动期间，12 家家政企业参加，500 多位雇主和保姆登记，现场达成协议 30 余单。

15.3　进企业，稳推进，促进企业技能人才自主评价标准化

根据《关于开展技能人才自主评价工作的实施意见》（甬人社发〔2015〕80 号）文件精神，结合实际，采取多种形式开展技能人才自主评价工作。

（1）开展企业培训师培训工作。分两批开展企业培训师培训项目，组织 300 人进行企业培训师培训，现已着手开展第一期企业培训师培训工作，目标是让规模企业都有 1 到 2 名企业培训师。

（2）深入宣传，积极引导，全面开展企业技能人才自主评价工作。一是通过走访企业，了解企业生产情况及产业特点，针对企业实际情况宣传技能人才自主评价政策，引导企业开展自主评价申报工作。2016 年已有宁波狮丹努集团有限公司和宁波博洋家纺有限公司申请开展企业自主评价工作，方案已上报，近期将到企业进行实地查看。二是加强跟踪指导，及时帮助企业解决问题，有效保证各企业扎实有序推进企业技能人才自主评价，目前有维科控股集团股份有限公司、宁波新华联商厦有限责任公司、宁波天天汽车贸易有限公司、宁波阳光豪生大酒店、宁波旭友交通电器有限公司 5 家企业申报技能人才自主评价示范企业，实施方案已经得到市鉴定中心认可，跟踪企业自主评价的开展情况，及时协助企业解决培训中碰到的各种问题。

16 江北区技能人才工作报告

根据《"技能宁波"三年行动计划（2016—2018 年）》，江北区紧紧围绕经济转型升级和产业结构调整要求，以技能人才培养为主线，坚持实施"转型·育才"系列培训计划，充分发挥高技能人才的领军作用，进一步健全"政府推动、企业主体、社会参与"的技能人才培养机制，努力为全区经济社会发展提供有力的人才保障。2016 年全区共培训城乡劳动力 9332 人，培养高技能人才 3564 人，主要做法如下。

16.1 引领"到位"，助推技能人才培育体系升级

（1）政策激励到位。推出江北区农村就业培训扶持政策。一方面对本区农村劳动力参加中高级技能培训并取得相应等级职业资格证书的，在市级文件规定补助标准基础上，根据等级高低分别增加 400～1000 元的补助。另一方面制订出台《江北区技能大师工作室管理暂行办法》。对区级技能大师工作室给予 3 万～5 万元经费补助，对技能大师所带徒弟获得中级工以上职业资格证书的，在原有培训补助的基础上可再按等级给予 400～1000元不等的以师带徒补贴。

（2）体系建设到位。以宁波市技师学院、江北区职业技能培训中心及辖区各类职业培训机构为依托，构建完善的职业培训体系，为劳动者就近就地参加技能培训提供了良好条件。建立全区培训工作联席会议制度，完善培训信息沟通机制。坚持市场需求导向。每年设计"企业用工及培训需求调查表"，下发辖区 100 余家企业，通过专项市场调查，了解企业与劳动者培训需求，提升培训针对性。

（3）培训监管到位。在严格执行市级培训政策文件要求的基础上，制定《江北区职业技能培训机构管理制度》，确保培训开班备案、教学等各环节程序到位，各项培训档案资料齐全、完整。对各培训班进行不定期的抽查，检查教学计划的执行情况，杜绝培训走过场的现象发生。加强对培训补贴经费的三级审核制，通过严格把关，堵塞漏洞，确保培训资金安全规范使用到位。

16.2 实施"转型·育才"系列培训计划，打造"江北特色"人才培养模式

（1）分类培养提升培训成效。围绕"推进企业转型升级，加大企业技能人才培养"的主旨，制定《江北区"转型·育才"系列培训工作方案》，推出包含"阳光"拓展计划、"凌云"优才计划、"星耀"大师计划、"春雨"创业计划、"春风"管理计划、"彩虹"进阶计划六项内容的系列培训计划，从不同的培训对象特点出发，推出相应的培训内容，提

供配套的扶持措施，从而进一步提升技能人才培养的成效。例如，对普通劳动者，推出"阳光"拓展计划，培训专业设置紧跟市场脚步，通过列出各类实用型培训专业"菜单"，供企业和劳动者自主选择。近年来，共推出数控车工、焊工、汽车修理工、育婴师、养老护理员、西式面点、健康管理师、心理咨询师、企业人力资源管理师等三十多个贴近企业与劳动者实际的专业，满足了多元化的培训需求。

（2）校企合作加快优秀青工成长。积极引入技师学院等职业院校师资，针对企业内部优秀青年技工（以下简称"青工"），组织举办区级优秀青工转型升级技能提升培训班，把培训教室搬到企业内部。同时输送金田铜业、中策动力集团公司等辖区企业青工，参加在德国、英国等境（内）外举办的"金蓝领"优秀青工数控车工、电气维修等专业进修培训班，拓展了企业青工的技术视野。实施"彩虹"进阶计划，与省内外各职业技术院校开展合作，以"三阶段"进阶式培训的方式，将学校的专业技能培训与企业的员工综合素质培训、岗位技能实训有机衔接，延长技能人才的"培养链"。同时搭建校企对接平台，每年深入技师学院、宁波大学等辖区高校及职技院校，举办校企合作现场招聘会，为实习学生（毕业生）与企业提供面对面交流的平台。仅2016年已举办校企合作专场招聘会2场，现场达成意向516人。

（3）多渠道拓展职工"成长空间"。一方面推进企业技能人才自主评价。开展"地毯式"排摸，对技能人才储备较多的重点企业进行实地走访，宣讲政策，鼓励企业开展企业技能人才自主评价，对评价实施全过程督导。目前我区已有315家企业成为企业技能人才评价试点企业，11家企业成为企业技能人才自主评价工作示范企业，其中宁波威孚天力增压技术股份有限公司、宁波汇众汽车车桥制造有限公司等2家被评为优秀示范企业。另一方面推进技能大师工作室"阵地扩容"。充分发挥企业、行业培养高技能人才的主体作用，通过技能大师工作室建设，促进企业优秀技能人才的团队化建设，扩大技能人才效应。截至2016年年底，全区已有省级技能大师工作室3家，市级技能大师工作室6家，区级技能大师工作室8家。

16.3 着力营造氛围，打造"江北工匠"品牌

（1）技能比武破格选才。从2005年开始，我区每两年组织开展全区性职业技能大赛活动，同时承办市级"技能之星"竞赛项目，2016年我区承办了市"技能之星"电视大赛维修电工比赛项目，有92名选手报名参加。近年来，我区已举办焊工、数控车工、维修电工、汽车修理工、西式面点、中式烹饪、育婴师、电子商务等多种技能比赛项目。通过"以赛代评"，把技能比赛与职业技能鉴定相结合，实现破格选拔技能人才。通过技能比赛，已有93人先后获得江北区"技术能手"称号，500余人获得了各类职业资格证书，为技能人才脱颖而出提供了平台。在技能大赛期间，还在辖区企业开展岗位大练兵活动，3000余名企业职工积极参与，掀起钻研技能、提升技能的热潮。

（2）"线上＋线下"齐宣传。在全市人社系统率先推出"江北就业1791"微信公众号平台，及时发布培训就业政策信息，打造技能人才宣传新阵地。集中开展"政策宣传月"活动，制作14集情节生动的技能人才培养及就业政策动漫宣传短片，依托江北有线电视台及"江北发布"等微信公众号播放，积极扩大政策知晓面。

　　（3）榜样典型"一线选树"。注重发挥"典型"引领作用，积极推选有突出贡献的技能人才参加各级各类评选。金田铜业集团有限公司高级技师严海强等3人先后荣获宁波市"优秀高技能人才奖"殊荣。2016年，中策动力机电集团有限公司周峰、江北腾骁骨木镶嵌制品有限公司甘金云等4名技能人才获得了市首批"港城工匠"荣誉称号，展示了新一代江北技能人才的风采。

17 镇海区技能人才工作报告

2016 年，镇海区加快推进技能人才队伍建设特别是高技能人才开发培养，扎实开展农村劳动力素质提升和转移就业工作，各项工作按年初制定计划有序推进。打造四位一体的技能人才服务链，推进技能人才队伍建设。

17.1 优化立体化技能人才引进举措

（1）"十大模式"精准发力，成效显著。2015 年，镇海区创新模式拓宽校企合作路，发布"校中企""预招聘"等校企合作"十大模式"。借助这些模式，让企业与院校建立了稳定的合作关系，每年接收 1500 名以上的区外技能人才来镇海区就业。2016 年 4 月中旬，镇海区组织区内相关企业赴哈尔滨、兰州开展精细化专场招聘会活动，推出岗位 197 个，入场学生 1200 名，达成意向 137 人。

（2）首创岗位津贴政策，助力高技能人才进企业。自 2012 年起镇海区率先设立高技能人才岗位津贴，主要对生产一线的化工类、机械装备制造等紧缺工种，符合条件的技师和高级技师分别给予每人每年 3000 元和 5000 元的技能津贴，已累计向 405 人兑现津贴总额 276 万元，惠及企业 138 家；累计向 168 人兑现市级紧缺工种岗位补贴 215 万元，惠及企业 31 家。此外，镇海区积极鼓励企业引进优秀技能人才。凡被镇海区企业正式引进、落户，并签订 5 年以上服务协议的，获中华技能大奖的高技能创新人才给予一次性易地安家补助费 50 万元。这些政策的"组合拳"有效促进了企业引进、留住高技能人才。

17.2 打造平台化技能人才培养高地

（1）完善技能大师工作室建设，发挥技能大师带头作用。充分挖掘区内企业技术能手和优秀技术攻关团队，以资深技师为骨干，发挥技能大师以师带徒作用，鼓励企业建立技能大师工作室。几年来，全区已建立技能大师工作室 8 家，其中国家级 1 家、省级 2 家、市级 2 家、区级 3 家，"四级联动"的技能大师工作室已经形成。据统计，现有技能大师工作室已完成企业技术攻关、创新 400 余次，以师带徒 320 余人，为企业节约创造经济效益 894 万元。此外，2013 年，镇海区成立了 4 支技师攻关队，已出动技师 50 余人次，为近 150 余家企业提供无偿技术帮扶攻关活动。

（2）建立企业技能人才自主评价体系，拓宽职工技能提升通道。通过以点带面，大力推进技能人才自主评价工作。在国家职业标准的统一框架基础上，主动适应企业需要，贴近企业岗位实际，重点评价企业职工在执行操作规程、解决生产问题和完成工作任务等方面的能力，提高自主评价的精准度。让企业从评价结果的接受者转变为评价工作的主导者。目前，镇海区已建立 11 家技能人才自主评价示范企业，其中 2 家被评为市级优秀示范企业；已通过高级工鉴定 28 人，中级工鉴定 119 人，初级工鉴定 32 人，确保企业的优秀技术工人脱颖而出。

（3）推动职业技能竞赛活动，促进技能人才以赛代培。镇海区自 2012 年起每年举办一次全区职业技能比武大赛。2015 年，共有 11 个赛区的 22 项技术工种 3000 余名选手展开角逐，比赛取得圆满成功。2016 年 5 月 26 日，镇海区又启动了新一届的职业技能大赛，项目主要涵盖了 29 项职业技能。同时，镇海区还积极鼓励区属企业开展企业内部的职工岗位大练兵、技能大比武等活动，并对取得优胜的职工给予适当的经济奖励。目前，全区共有国务院特殊津贴获得者 1 人、全国劳动模范 3 人、全国技术能手 5 人、浙江省首席技师 3 人、宁波市优秀高技能人才 4 人，优秀高技能人才层出不穷。

（4）完善区内职业技能培训平台，实现技能培训全覆盖。充分发挥签约培训机构的主导作用，鼓励各成人学校围绕区域内产业发展特点，打造一镇一品、一镇多品的特色培训新格局。如澥浦镇的化工总控工、家政服务员（海田阿姨）培训，蛟川街道的维修电工、数控车工培训等。同时，发展高质量的品牌化培训，围绕区域特点和产业发展方向，把技能培训项目开进企业，把课堂设在企业的车间、生产一线。

17.3　健全系列化技能人才激励机制

（1）打通"同城同待遇"最后一公里路。打通技能人才与专业技术人才间的职业发展互认通道，技能人才可参照同层次专业技术人才享受同等待遇。区内优秀高技能人才可享受人才公寓、政府特殊津贴等各类专技人才优惠系列政策。同时，组织推荐企业优秀技能人才参加浙江省"金蓝领"高技能人才国（境）外培训、宁波市企业优秀青工进修班、"121"人才创新能力提升高级研修班等各类培训，提升技能人才的综合能力。

（2）实施企业多元化激励机制。引导企业根据职工技能等级水平和个人能力大小合理安排使用工作岗位，建立起技能等级水平和薪酬待遇相挂钩的正常增长机制，切实提高技能人才待遇。以石化建安为例，建立健全了基本薪酬标准化增长机制，根据员工专业技术任职资格和职业技能等级，使岗位差别、能力提升、考核差异等内容体现在薪酬标准增长中，提高员工自我成长成才的积极性；专门设立"陈辉型技能人才奖励基金"，倡导工作学习化、学习工作化，引导员工提高学习和创新能力；自 2017 年起，该公司新增"东鼎人才奖"。

（3）努力营造重视技能人才的氛围。充分发挥各类媒体的宣传作用，创新宣传方式，强化典型示范作用。开展寻找评选身边的草根"工匠"活动，通过《今日镇海》、镇灵通微信公众号，向全社会征集"在我们身边的草根工匠"，群众参与热情较高，短短 1 个月已征集到"草根工匠"20 余人；同时组织开展"大国工匠·筑梦镇海"主题系列宣传活动，通过《今日镇海》专栏，对在各行各业涌现出的爱岗敬业、技能高超的"能工巧匠"进行重点宣传，目前已推出以胡耀华、陈俭峰等为典型的 7 期专题。

17.4　建立阶梯化技能人才培训补贴体系

（1）提高紧缺工种培训补贴力度，激励高技能人才等级提升。为进一步提升镇海区劳动者的职业技能素质，加快高技能人才队伍建设，根据镇海区产业转型升级需求，结合技能人才结构实际，制定《关于印发〈宁波市镇海区开发培养高技能人才实施办法〉的通知》（镇人社发〔2012〕100 号），自 2012 年起对参加区紧缺工种技能培训并取得高级工、技师、高级技师职业资格证书的，补贴标准分别由原来的 1200 元、1500 元、2000 元上调至 1500 元、2000 元、2500 元，增幅达 25%以上，补贴力度全市领先。

（2）贯彻落实市失业保险基金支付培训补贴政策。镇海区根据《关于进一步完善我市职业培训补助政策的通知》（甬人社发〔2014〕10 号）文件精神，对已参加过失业保险且符合规定条件的，给予相应培训补助。按照同一区域，同一工种等级补贴标准统一的原则，职业技能培训已率先实现公共服务均等化目标，现在本地人外地人同一个标准，城镇户口农村户口补贴标准一样。

17.5　全面实施新型职业农民培育工程

做好现代农业职业经理人（新型职业农民）中高级培训推荐工作。镇海区根据市农培有关文件精神，全面实施现代农业职业经理人（新型职业农民）培育工程。现代农业职业经理人（新型职业农民）实行分级分类培训，按高、中、初三级进行分级培训。中、高级以进高校培训为主，探索农民 MBA 培训新模式。镇海区已推荐上报高级 10 人、中级 30 人。加强现代农业职业教育，提升培训层次。依托农民学校平台，推进农民培训的升级，逐步实现了农民培训由低层次和分散性培训向中高级和农民学校系统培训升级。以分级分类培训形式，重点抓好农村实用人才的素质提升培训，着力将人才的经营管理、生产技能、规划决策、文化素养等综合素质提升到新的层次。

18　北仑区技能人才工作报告

截至 2016 年年底，北仑全区人才总量为 22.4 万名，其中技能人才总数 12.1 万名，高技能人才 2.7 万名。

18.1　统筹推进制度建设，加强政策保障

2012 年，北仑区本着"全市领先、省内乃至全国都有一定优势"的原则制订出台了"1＋9"人才政策，其中，在全市率先推出了加强高技能人才培养的实施意见，涵盖了全区高技能人才培养补助、岗位津贴、评选奖励等内容；2014 年，北仑区又出台了进一步加强技能人才的培养政策，重点是对技师人才实施岗位津贴、对大中专毕业生"蓝领化"技能培训实行补贴、对示范职业培训机构实施奖励等；2015 年，出台了《北仑区推进优秀技能人才队伍建设的实施意见》；2016 年，出台了《关于实施人才发展新政策的意见》。这些政策围绕我区企业新常态下经济发展的特点和要求，从技能人才实习、技能大师工作室补助到技能大赛奖励、企业自主评价建设等方面，更大力度、更广范围地进行扶持，形成有利于技能人才成长的良好氛围和社会环境，形成了涵盖技能人才引进、培养、成长和激励各环节的完整政策链条。

18.2　引才筑基，加快技能人才输入

（1）持续推进"优秀青工培育工程"。2015 年，我区推出"两校一地共赢共育"的优秀青工引进培育工程，通过"引优＋培优＋成才"3＋模式，紧贴区域产业情况和企业实际用工需求，对接高职教育资源较集中的黑龙江、甘肃、陕西、云南、吉林等省份，建立了 33 家校地合作基地，每年帮助企业引进高技能人才 1000 余名，技能人才 4000 余名，形成每年从 3 月到 11 月持续的优秀技能人才的输入潮。

（2）探索技能人才引进培养新模式。借助大庆油田近几年人才溢出契机，积极尝试与国企央企的人才合作模式，促进高学历各类专业人才积极转型为优秀技能人才。与大庆油田有限公司开展全面人才战略合作，以职工待业子女为主体，牵手大庆技师学院和北仑弘途技工学校合作培养，开拓技能人才"0.5＋0.5＋1"的引进培养新模式，即半年在大庆技师学院学习，半年到北仑弘途技工学校学习，一年到企业实习的模式，为北仑区域大力引进技能人才。同时，结合北仑区石化产业特色，对接大庆油田石化专家，为北仑石化企业出谋划策。

（3）探索建立高端（领军型）技能人才引进。落实宁波市推进高技能人才培养专项试点工作，结合北仑区产业优势，积极对接各行业国家级技能大师工作室的领办人来北仑交流合

作。已先后邀请国家级技能大师工作室领办人吕杰老师、第41～44届世界技能大赛数控车项目中国集训队专家组组长、选手教练和国际裁判宋放之教授加盟，成功举办了焊接技术和数控技术专题大讲堂，并深层次建立先进技术讲学与项目合作平台。继数控、焊接两大技术工种合作平台，结合我区企业高端装备转型升级，我们下一步将继续深入推进，构建各类紧缺工种的高端技术与项目合作平台。

18.3　发挥企业主体作用，提升员工技能素养

（1）广泛推行培训入企。我区与引进的人力资源培训机构合作，推出了技能人才"培训入企"的培养模式，将技能人才培训的理论课程、实践操作等内容根据企业需要量身定做，培训对象和时间、进度等都能在不影响企业正常生产经营的前提下灵活开展，不仅为企业节省了培训成本，还有效缓解了企业的工学矛盾，这种模式很快受到了企业和职工的广泛好评。目前，我区通过政府自主举办、职高合办、民办培训机构签约联办等形式，每年开展各类职业能力培训2万余人次，通过国家职业资格考试1万多人次。

（2）建立技能大师工作室。我区积极鼓励支持技能大师工作室创建。除市相关政策外，我区在全市创新性推出区级技能大师工作室师带徒补贴政策。目前区域内已有11家技能大师工作室，其中国家级1家、省级4家、市级1家、区级5家。三年来技能大师工作室累计开展技术培训、传艺带徒活动1460多人次，培养技术骨干312名，解决技术难题106项。我区吉利和宝新的技能大师工作室带头人都被评为浙江省首席技师。

（3）推行企业自主评价。打破"笔试＋实操"的传统评价模式，对于工作业绩突出和实操技能优秀的技能员工，突破年龄、身份、资历、比例的限制，对获得职业资格等级的技能员工，企业在工资待遇上予以提升，使企业自主评价与企业绩效管理结合，帮助企业建立健全了人才成长机制。目前，540家具有自主评价试点资格的企业覆盖了北仑区各个产业，27家示范企业已通过市批准。

18.4　推进平台建设，加强技能人才培养

（1）扶持技工学校成长。从2015年我区第一所民办技工学校——弘途技工学校获批以来，经过2年的努力，该校涵盖焊接加工、电气自动化设备安装与维修、汽车维修、电子商务、养老护理等8个专业的全日制教育，在校学生450余人。同时，技工学校拓展社会服务功能，为企业在职职工提供多形式技能提升培训。该校已分别与16所省内外院校、21家区内大中型企业建立了合作关系，利用其师资优势，全面铺开一条适应市场、见效快的在职职工技能提升之路。

（2）全力建设公共实训中心项目。经过前期紧张的筹备，宁波（北仑）公共实训中心一期工程A地块于2016年11月月底正式开工建设，根据进度计划，实训中心将于2018年上半年投用。建成后，中心将聚集企业在职人员、职业学院学生、研发人员、海外专家、配套服务人员等预计可达2万人次。该建设项目也已列入市人社局"十三五"规划中唯一

一家市级综合性公共实训中心。市人社局将每年划拨专项资金 3000 万元用于公共实训中心建设，将该实训中心打造成世界技能大赛集训基地。同时，我区试建的小港实训中心已开展试运营并取得一定的社会效果：吉利集团北仑公司新进员工的岗前培训已陆续开展两期。面向弘途技工学校学生的实训教学已开放近 1 年、开展实训师资培训班一期。此外，市区两级技能大赛及企业级技能大赛已开展 6 期。

第五篇 比 较 分 析

19 各县（市、区）技能人才发展比较分析

19.1 引　　言

宁波市内各县（市、区）社会经济发展水平并非均衡，各县（市、区）之间技能人才队伍建设也存在一定差异，为深入测评宁波技能人才队伍建设的实际情况并提出优化路径，需要从横向角度对比分析宁波市 10 个县（市、区），以及高新区和杭州湾新区两个开发区技能人才队伍建设的空间分异。课题组根据"特别报告篇"于 2017 年 5 月问卷调查所得数据，对余姚、慈溪、奉化、宁海、象山、鄞州、海曙、江北、镇海、北仑 10 个县（市、区），以及宁波市国家高新区与杭州湾新区两个开发区技能人才队伍建设情况进行重点的分析评估，比较各县（市、区）技能人才队伍建设工作存在的优势与不足，以期为今后发展提供参考。

19.2 各县（市、区）技能人才队伍建设透析

围绕技能人才工作各环节，从技能人才队伍结构、企业技能人才评价与技能人才工作环境满意度三个维度对各县（市、区）技能人才发展水平进行比较分析。

19.2.1 技能人才队伍结构

参考《宁波市技能人才发展指数报告》对于技能人才年龄结构指数、技能人才等级结构指数、技能人才学历结构指数的计算方法，对各县（市、区）技能人才队伍结构指数进行比较。计算方法如下。

年龄结构指数：将 35 岁以下的技能人才权数定义为 1，36～45 岁定义为 0.8，46～55 岁定义为 0.6，56 岁以上定义为 0.4，技能人才年龄指数等于各年龄段技能人才所占比例与其权数乘积之和。

等级结构指数：将技师定义为 1，高级技师为 1.2，高级工为 0.8，中级工为 0.6，初级工为 0.4，技能人才等级指数等于不同等级技能人才所占比例与其权数乘积之和。

学历结构指数：将本科学历的技能人才定义为 1，将研究生、大专、高中及中专、初中及以下分别定义为 1.2、0.8、0.6、0.4，技能人才学历指数等于各学历层次的技能人才所占比例与其权数乘积之和。

19.2.1.1 年龄结构

从各县（市、区）技能人才年龄结构指数上看（表 19.1、图 19.1），整体年龄结构趋

于偏年轻化，整体年龄结构指数分布在 0.82～0.95。其中，慈溪市技能人才年龄结构指数最高，达 0.95，象山县、杭州湾新区、北仑区三个区域技能人才年龄结构指数均达 0.90 及以上，年轻化趋势明显。从调查数据看，整体年龄结构指数最高的慈溪市，受访企业的所有技能人才中，35 岁及以下的技能人才占比达到 78.2%。从技能人才职业技能等级细

表 19.1 各县（市、区）技能人才年龄结构指数

区域	分职业技能等级年龄结构指数					整体年龄结构指数	排名
	初级工	中级工	高级工	技师	高级技师		
余姚	0.89	0.89	0.89	0.89	0.80	0.89	5
慈溪	0.97	0.94	0.94	0.94	0.74	0.95	1
奉化	0.85	0.84	0.85	0.80	0.78	0.84	9
宁海	0.86	0.83	0.90	0.84	0.76	0.86	7
象山	0.94	0.88	0.86	0.84	0.73	0.91	2
鄞州	0.84	0.86	0.76	0.71	1.00	0.82	11
海曙	0.87	0.83	0.77	0.72	0.63	0.82	11
江北	0.93	0.86	0.85	0.89	0.58	0.89	5
镇海	0.90	0.86	0.79	0.80	0.69	0.84	9
北仑	0.92	0.88	0.91	0.89	0.83	0.90	4
高新区	0.85	0.82	0.91	0.84	0.66	0.85	8
杭州湾新区	0.95	0.89	0.92	0.93	0.76	0.91	2

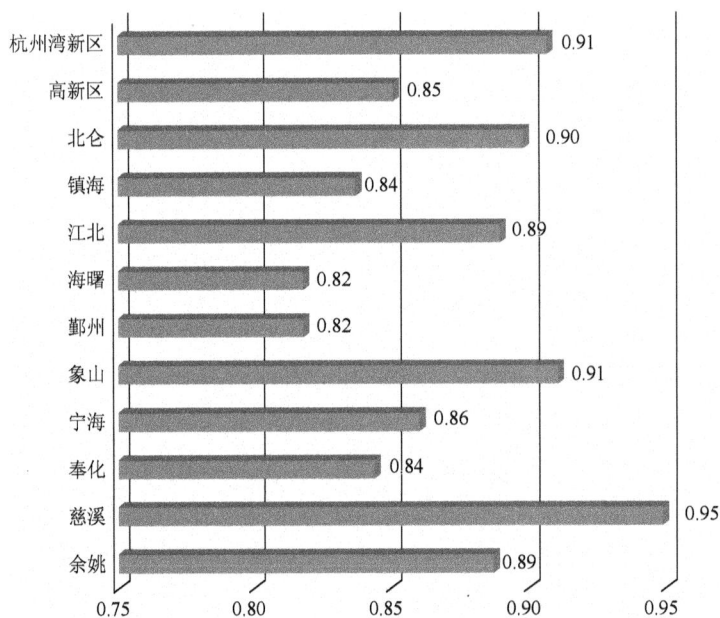

图 19.1 各县（市、区）技能人才年龄结构

分的年龄结构指数看，初级工、中级工年龄偏年轻化，年龄结构指数均在 0.8 以上，相对而言，高技能人才年龄结构相对呈现老龄化趋势，部分地区高技能人才年龄结构指数为 0.6～0.7。技能人才年龄结构指数随职业技能等级增高而下降的趋势明显，即职业技能等级越高，年龄结构指数越小，年龄结构越偏向老龄化。以高级技师为例，除鄞州区外，所有地区高级技师年龄结构指数均为所有职业等级中最低，其中最低的江北区，高级技师年龄结构指数为 0.58，46～55 岁的高级技师占所有高级技师的比例为 88.9%。

19.2.1.2 等级结构

从各县（市、区）技能人才等级结构指数上看（表 19.2、图 19.2），整体等级水平并不高，大部分地区的等级结构指数分布集中在 0.5～0.6。其中，杭州湾新区的技能人才等级结构指数最高，为 0.78，此外，宁海县、镇海区、海曙区、余姚市这四个区域的技能人才等级结构指数也达到 0.6 以上。但总体而言，高级工、技师和高级技师占比仍然较低，高技能人才仍然较为缺乏。从原始数据看，初级工和中级工所占比例最高；而整体等级结构指数最高的杭州湾新区，受访企业的所有技能人才中，技师及高级技师的占比为 5.6%，高级工占比为 16.3%，高技能人才占比达到 21.9%，以上数据表明，缺乏高技能人才依然是宁波市技能人才发展过程中存在的重要问题。

表 19.2　各县（市、区）技能人才等级结构

地区	等级结构指数	排名
余姚	0.61	5
慈溪	0.59	6
奉化	0.57	9
宁海	0.67	2
象山	0.51	12
鄞州	0.58	8
海曙	0.62	4
江北	0.57	9
镇海	0.65	3
北仑	0.59	6
高新区	0.57	9
杭州湾新区	0.78	1

19.2.1.3 学历结构

从各县（市、区）技能人才学历结构指数上看（表 19.3、图 19.3），整体学历水平并不高。整体学历结构指数分布在 0.54～0.70，大部分地区的学历结构指数集中在 0.60～

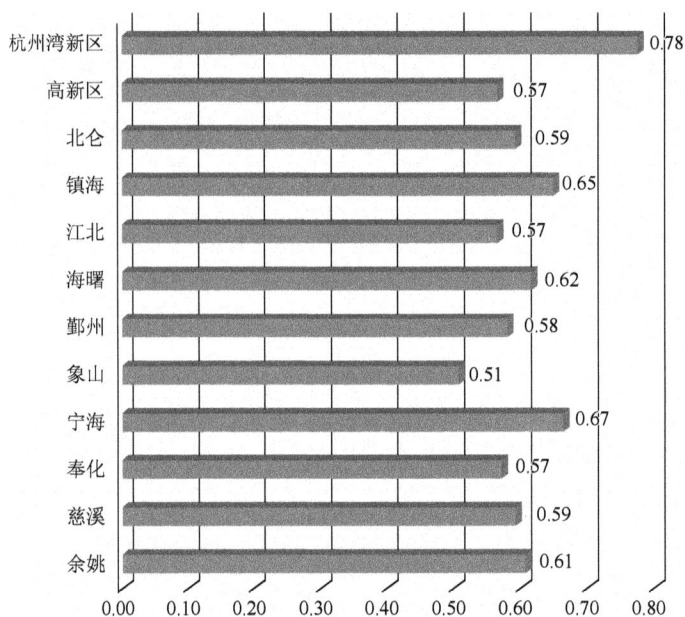

图 19.2　各县（市、区）技能人才职称结构

0.70，最高的江北区和高新区学历结构指数也仅为 0.70，镇海区、海曙区及慈溪市这三个区域的技能人才整体结构指数也相对较高，但绝对水平仍然有待提高。从原始数据看，整体学历结构指数最高的江北区，受访企业的所有技能人才中，本科和研究生学历占比达到了 26%。

表 19.3　各县（市、区）技能人才学历结构

区域	分职业技能等级学历结构指数					整体学历结构指数	排名
	初级工	中级工	高级工	技师	高级技师		
余姚	0.52	0.62	0.70	0.76	0.85	0.62	9
慈溪	0.54	0.68	0.83	0.85	0.91	0.66	5
奉化	0.56	0.59	0.60	0.78	0.92	0.58	11
宁海	0.58	0.62	0.64	0.76	0.77	0.60	10
象山	0.49	0.55	0.77	0.90	1.00	0.54	12
鄞州	0.61	0.73	0.65	0.71	1.00	0.66	5
海曙	0.69	0.62	0.69	0.74	0.85	0.67	4
江北	0.70	0.71	0.64	0.80	0.89	0.70	1
镇海	0.65	0.64	0.71	0.77	0.82	0.68	3
北仑	0.55	0.68	0.74	0.78	0.83	0.65	7
高新区	0.70	0.67	0.70	0.79	0.84	0.70	1
杭州湾新区	0.61	0.65	0.77	0.94	1.00	0.64	8

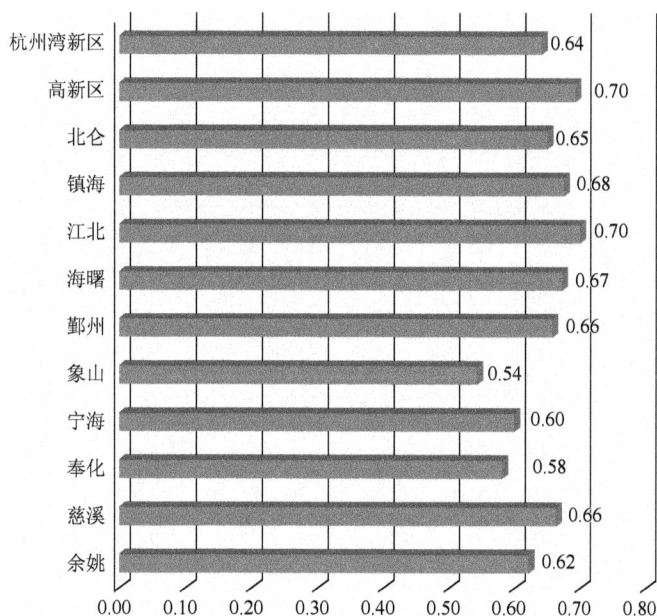

图 19.3　各县（市、区）技能人才学历结构

从技能人才职业技能等级细分的学历结构指数看，初级工、中级工的学历水平不高，大多数地区的学历指数在 0.70 以下；相对而言，高技能人才的学历水平则有显著的提高，大部分地区的高技能人才学历结构指数在 0.70 以上，学历水平与技能人才水平之间呈显著的正相关，即职业技能等级越高，学历结构指数越大。以高级技师为例，所有地区高级技师的学历结构指数均为所有职业等级中最高，整体学历结构指数基本在 0.85 及以上，部分地区可达 1.00 的水平，从原始数据看，具有本科及研究生学历的高级技师占所有高级技师的比例为 52%。以上数据表明，尽管技能人才的培养重实操而轻理论，重技能而轻学历，但是随着产业转型升级，新兴产业尤其是高新技术产业快速发展，需要技能人才掌握更全面的知识，学历的提升有助于技能人才为产业发展贡献更多力量，同时学历也是技能人才个人职业发展的重要保障。

19.2.2　企业技能人才评价

企业对技能人才的评价是评价技能人才是否符合实际需求的重要指标，课题组从技能人才工作态度、专业技能、学习能力、创新能力四个方面考察技能人才质量。在问卷调查中，请企业相关负责人对技能人才的各个维度质量进行满意度评价，分为非常满意、比较满意、一般、不满意、非常不满意 5 个等级，分别赋分为 5~1 分，体现企业对技能人才质量的直观感受。

19.2.2.1　技能人才工作态度

从各县（市、区）技能人才工作态度评价指数来看（表 19.4），企业对技能人才工作态度评价整体较高，工作态度总体评价分布在 3.90～4.60，绝大多数地区的技能人才工作态度评价在 4.00 及以上，即比较满意或是非常满意，其中最高的江北区，其技能人才工作态度评价达到 4.60，慈溪市、宁海县、象山县和鄞州区的技能人才工作态度评价也相对较高，达到 4.30 以上。

表 19.4　各县（市、区）技能人才工作态度评价

地区	初级工	中级工	高级工	技师	高级技师	总体评价	排名
余姚	3.86	3.75	4.14	4.00	4.14	3.98	11
慈溪	4.00	4.00	4.75	4.50	4.75	4.40	2
奉化	3.70	3.95	4.29	4.19	4.25	4.07	8
宁海	4.29	4.00	4.29	4.57	4.83	4.40	2
象山	4.33	4.33	4.50	4.25	4.20	4.32	4
鄞州	4.20	4.00	4.40	4.50	4.50	4.32	4
海曙	3.00	3.25	4.00	4.25	5.00	3.90	12
江北	4.33	4.33	4.83	4.50	5.00	4.60	1
镇海	3.80	3.82	4.18	4.36	4.89	4.21	7
北仑	3.82	4.08	4.17	4.36	4.70	4.23	6
高新区	3.67	3.71	4.00	4.29	4.43	4.02	10
杭州湾新区	4.00	3.92	3.91	4.09	4.44	4.07	8

从技能人才职业技能等级细分的工作态度评价来看，初级工、中级工的工作态度评价普遍在 3.60～4.00，相对较低；而高技能人才的工作态度评价普遍较高，部分地区的高技能人才工作态度评价在 4.50 及以上，最高可达 5.00。这表明技能人才工作态度随着职业技能等级增高而提升，即职业技能等级越高，其工作态度评价越好。以高级技师为例，除象山县和奉化区以外，所有地区高级技师工作态度评价均为所有职业等级中最高，其中海曙区和江北区的高级技师工作态度评价可达 5.0，即非常满意。

19.2.2.2　技能人才专业技能

从各县（市、区）技能人才专业技能评价指数来看（表 19.5），企业对技能人才专业技能的总体评价分布在 3.87～4.50，绝大多数地区的技能人才专业技能评价处于 4.00～4.20 之间，即比较满意的水平，但仍有较大的提升空间。其中最高的江北区，其技能人才专业技能评价为 4.50，宁海县和象山县的技能人才专业技能评价也在 4.30 以上，这一数值在各区域中相对较高。

表 19.5　各县（市、区）技能人才专业技能评价

地区	初级工	中级工	高级工	技师	高级技师	总体评价	排名
余姚	3.29	3.50	4.00	4.14	4.43	3.87	12

续表

地区	初级工	中级工	高级工	技师	高级技师	总体评价	排名
慈溪	3.40	4.00	4.25	4.00	4.75	4.08	6
奉化	3.52	3.86	4.14	4.19	4.33	4.01	10
宁海	4.14	4.11	4.29	4.43	4.83	4.36	2
象山	4.00	4.33	4.50	4.25	4.60	4.34	3
鄞州	4.00	4.00	4.40	4.50	4.50	4.28	4
海曙	3.25	3.50	4.00	4.50	5.00	4.05	8
江北	3.83	4.17	4.83	4.67	5.00	4.50	1
镇海	3.30	3.64	4.09	4.36	4.89	4.06	7
北仑	3.55	3.92	4.25	4.55	4.60	4.17	5
高新区	3.50	3.57	4.00	4.29	4.57	3.99	11
杭州湾新区	3.25	3.67	4.36	4.40	4.56	4.05	8

从技能人才职业技能等级细分的专业技能评价来看，初级工、中级工的专业技能评价绝大部分在 4.00 及以下，普遍较低，表明这一群体的专业技能尚待提高，而受访企业对高级工及以上层次的技能人才专业技能评价则相对较高，呈现较为显著的正相关性，即职业技能等级越高，企业对其专业技能评价越好。以高级技师为例，在所有受访的区域中，该层次技能人才的专业技能评价在所有职业等级中均为最高，在部分区域，对高级技师的专业技能评价可达 5.0 的高水平，即非常满意。

19.2.2.3　技能人才学习能力

从各县（市、区）技能人才学习能力评价指数来看（表 19.6），企业对技能人才学习能力的总体评价分布在 3.73~4.49，整体水平并不高，绝大多数地区的技能人才学习能力评价在 4.00 左右，处于比较满意的水平。其中，慈溪市的技能人才学习能力评价指数最高，达到 4.49，宁海县和江北区的技能人才学习能力评价也相对较高，达到 4.30 以上。

表 19.6　各县（市、区）技能人才学习能力评价

地区	初级工	中级工	高级工	技师	高级技师	总体评价	排名
余姚	3.43	3.50	3.86	3.86	4.00	3.73	12
慈溪	4.20	4.00	4.75	4.75	4.75	4.49	1
奉化	3.61	3.82	4.00	4.25	4.33	4.00	7
宁海	3.86	4.11	4.43	4.57	4.83	4.36	2
象山	3.89	4.11	4.13	4.00	4.60	4.15	4
鄞州	4.00	3.75	4.40	4.00	4.50	4.13	5
海曙	3.50	3.00	4.00	4.25	5.00	3.95	8
江北	3.50	3.83	4.50	4.67	5.00	4.30	3

续表

地区	初级工	中级工	高级工	技师	高级技师	总体评价	排名
镇海	3.20	3.45	3.91	4.27	4.89	3.95	8
北仑	3.82	3.67	4.25	4.00	4.70	4.09	6
高新区	3.67	3.57	3.86	4.14	4.43	3.93	10
杭州湾新区	3.25	3.58	3.91	4.40	4.44	3.92	11

从技能人才职业技能等级细分的学习能力评价来看，初级工、中级工的学习能力评价普遍低于 4.00，表明这一群体的学习能力不高，具有较大的提升空间；相对而言，各地区受访企业对高级工及以上等级的技能人才学习能力评价指数则大大提升，学习能力和职业技能等级之间具有较为显著的正相关性，即职业技能等级越高，学习能力评价指数也越高。以高级技师为例，在所有受访地区，这一等级的技能人才学习能力评价在所有职业等级中均为最高，多个地区甚至可以达到 4.80～5.00 的高水平，接近非常满意。

19.2.2.4　技能人才创新能力

从各县（市、区）技能人才创新能力评价指数来看（表 19.7），企业对技能人才创新能力的总体评价分布在 3.63～4.20，且除宁海县以外，其他地区的这一指数均低于 4.00，整体水平较低，尚未达到比较满意的水平。在这一指标中排名第一的宁海县，其创新能力评价指数为 4.20，另外相对较高的地区还有鄞州区和慈溪市，这两个地区的技能人才创新能力评价在 3.90 以上。

表 19.7　各县（市、区）技能人才创新能力评价

地区	初级工	中级工	高级工	技师	高级技师	总体评价	排名
余姚	3.00	3.63	3.71	3.86	4.33	3.71	8
慈溪	3.20	3.50	4.25	4.00	4.75	3.94	3
奉化	3.35	3.64	3.86	4.06	4.17	3.81	5
宁海	3.86	3.89	4.29	4.29	4.67	4.20	1
象山	3.56	3.67	3.88	4.00	4.20	3.86	4
鄞州	3.40	3.75	4.00	4.25	4.50	3.98	2
海曙	2.75	3.25	3.25	4.00	5.00	3.65	11
江北	2.50	3.50	4.33	4.67	4.00	3.80	7
镇海	2.70	3.18	3.73	4.00	4.56	3.63	12
北仑	3.36	3.50	3.92	4.09	4.20	3.81	5
高新区	3.17	3.29	3.43	4.14	4.43	3.69	10
杭州湾新区	3.00	3.25	3.82	4.10	4.33	3.70	9

从技能人才职业技能等级细分的创新能力评价来看，初级工、中级工和高级工的学习能力评价普遍低于 4.00，鲜有能够达到 4.00 这一比较满意水平的地区，以上数据表明初级工、中级工和高级工的创新能力较低，仍然具有很大的提升空间；相对而言，各地区受访企业对技师及高级技师等技能人才创新能力的评价指数则普遍能够达到 4.00 及以上，创新能力和职业技能等级之间具有极为显著的正相关性，即职业技能等级越高，创新能力评价指数也越高。以高级技师为例，除江北区外，其他所有区域中这一等级技能人才的创新能力评价在所有职业等级中均为最高，其中最高的海曙区，高级技师创新能力评价指数达到 5.00。

19.2.2.5　技能人才总体评价

从各县（市、区）技能人才总体评价指数来看（表 19.8），企业对技能人才总体评价分布在 3.86~4.30 之间，绝大多数地区的技能人才总体评价在 4.00 及以上，总体评价水平基本达到比较满意，但仍有不少提升和进步的空间。其中，宁海县和江北区技能人才总体评价并列第一，达到 4.30 的水平，鄞州区和北仑区等地的技能人才总体评价也相对较高。图 19.4 为各县（市、区）企业技能人才评价雷达图，图中可以看到大部分地区对技能人才的工作态度相对满意，而创新能力的满意度普遍不高。同时也能发现，部分地区技能人才各方面能力发展相对均衡，如宁海、余姚；而部分地区技能人才各方面能力评价相对不均，如慈溪。

表 19.8　各县（市、区）技能人才总体评价

地区	工作态度	专业技能	学习能力	创新能力	总体评价	排名
余姚	3.98	3.87	3.73	3.71	3.86	12
慈溪	4.40	4.08	4.49	3.94	4.02	6
奉化	4.07	4.01	4.00	3.81	3.96	9
宁海	4.40	4.36	4.36	4.20	4.30	1
象山	4.32	4.34	4.15	3.86	4.08	5
鄞州	4.32	4.28	4.13	3.98	4.24	3
海曙	3.90	4.05	3.95	3.65	3.95	10
江北	4.60	4.50	4.30	3.80	4.30	1
镇海	4.21	4.06	3.95	3.63	4.00	7
北仑	4.23	4.17	4.09	3.81	4.10	4
高新区	4.02	3.99	3.93	3.69	3.90	11
杭州湾新区	4.07	4.05	3.92	3.70	3.97	8

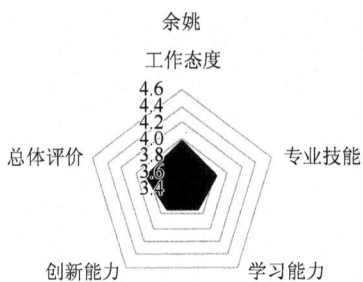
余姚

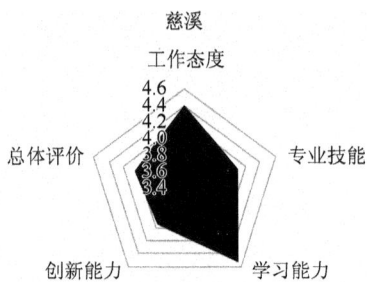
慈溪

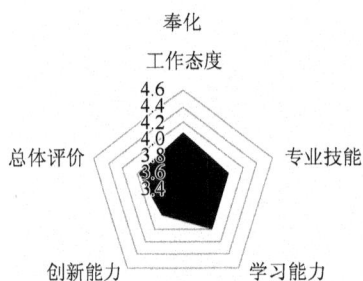
奉化

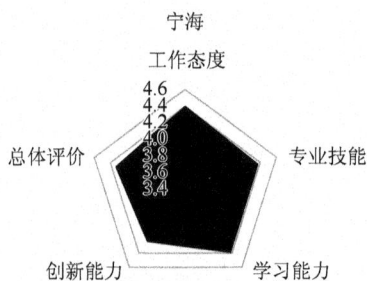
宁海

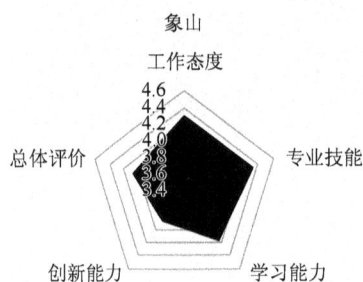
象山

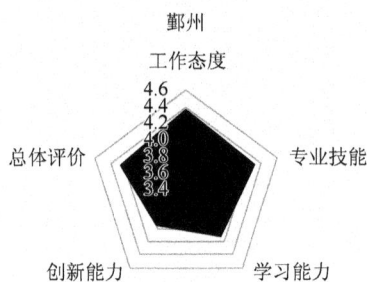
鄞州

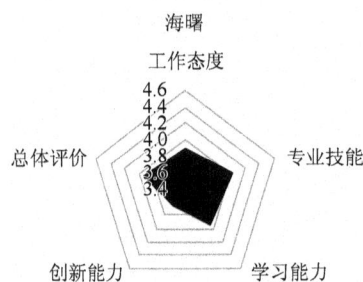
海曙

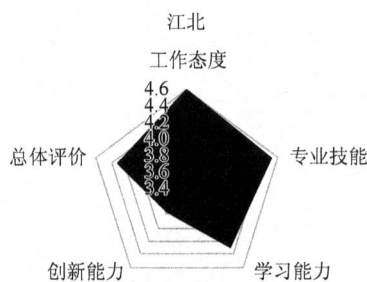
江北

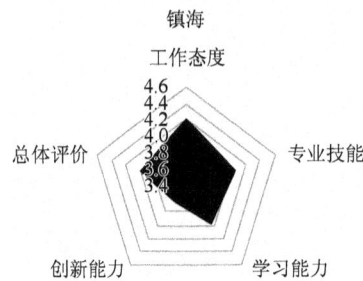
镇海

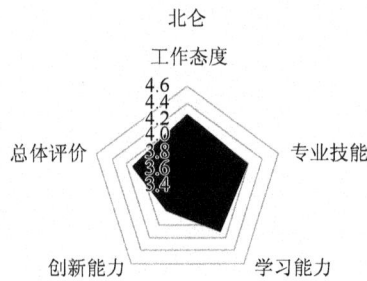
北仑

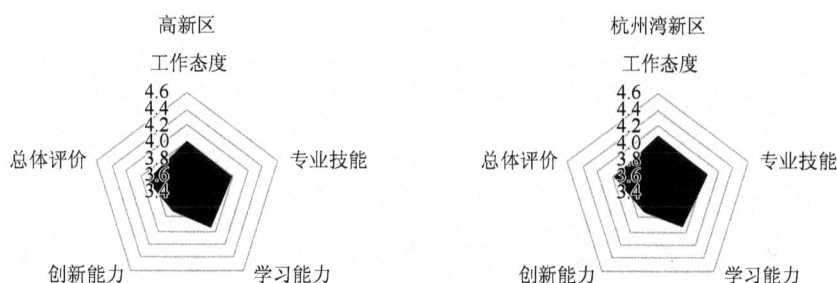

图 19.4 各县（市、区）技能人才总体评价雷达图

19.2.3 技能人才工作环境满意度

良好的人才工作环境才能更好地吸引人才、留住人才，最大程度发挥人才的实践能力和创新能力。技能人才工作环境满意度是衡量区域技能人才吸引力的重要指标，课题组从技能人才工作自然环境、人文环境、发展前景等三个方面考察技能人才工作环境。在问卷调查中，请受访技能人才对其工作环境的各个维度质量进行满意度评价，分为非常满意、比较满意、一般、不满意、非常不满意 5 个等级，分别赋分为 5~1 分，体现技能人才对其工作环境的满意度。

19.2.3.1 技能人才工作自然环境

从各县（市、区）技能人才工作自然环境满意度来看（表 19.9），满意度分布在 3.45~4.77，满意度平均在 4.00 左右，接近比较满意的水平，但仍有一定的上升空间。其中，高新区的受访技能人才对其工作自然环境满意度最高，达到 4.77，接近非常满意的水平，奉化区、慈溪市和杭州湾新区等地的满意度也相对较高。工作的自然环境涉及舒适的自然环境、安全生产、设备维护等，是技能人才日常工作、生活的基础保障，对其工作效率等方面能产生较大影响，因而其重要性不言而喻。以上数据表明，人才工作自然环境仍然是当下亟待提高的一个方面。

表 19.9 各县（市、区）技能人才工作自然环境满意度

地区	工作自然环境满意度	排名
余姚	4.03	6
慈溪	4.29	3
奉化	4.37	2
宁海	4.15	5
象山	4.01	7
鄞州	3.97	8
海曙	3.89	10
江北	3.45	12

地区	工作自然环境满意度	排名
镇海	3.91	9
北仑	3.86	11
高新区	4.77	1
杭州湾新区	4.16	4

19.2.3.2 技能人才工作人文环境

从各县（市、区）技能人才工作人文环境满意度来看（表 19.10），满意度分布在 3.62～4.55，平均满意度在 4.00 以下，接近比较满意的水平，整体水平不高，仍需较大的提升。其中，高新区的受访技能人才对其工作人文环境满意度最高，为 4.55，距离非常满意这一高标准尚有较大差距，奉化区、慈溪市和余姚市等地的满意度则紧随其后，相对较高。技能人才工作的人文环境涉及企业文化、同事关系人际交往等方面，是技能人才日常工作、生活的文化土壤，对其工作生产的积极性、责任感和团队凝聚力等方面能产生巨大影响，因而也是企业和地区在日常人才队伍建设过程当中不可忽视的重要组成部分。以上数据表明，切实提升技能人才工作人文环境是十分迫切的。

表 19.10 各县（市、区）技能人才工作人文环境满意度

地区	工作人文环境满意度	排名
余姚	4.11	4
慈溪	4.12	3
奉化	4.17	2
宁海	4.05	6
象山	3.96	7
鄞州	3.81	11
海曙	3.84	10
江北	3.62	12
镇海	3.86	8
北仑	3.86	8
高新区	4.55	1
杭州湾新区	4.07	5

19.2.3.3 技能人才工作发展前景

从各县（市、区）技能人才工作发展前景满意度来看（表 19.11），满意度分布在 3.23～

4.56，大部分地区的满意度均在4.00以下，整体水平较低，表明各地技能人才对其工作发展前景并不十分满意，在这方面，各地区各企业亟待提升。其中，高新区的受访技能人才对其工作发展前景满意度最高，为4.56，能够达到比较满意的标准，除此之外则仅有慈溪市达到相对较高的4.00，即比较满意的水平。技能人才工作的发展前景涉及未来的职业发展、学习与晋升机会、个人价值实现等多个方面，对其归属感、上进心、创造力和工作热情等方面具有无与伦比的巨大作用，因此，完善合理的晋升通道，对各层次技能人才做好长期培养的规划方案等措施迫在眉睫。以上数据表明，各地区需要尽快完善提高相关措施，留住相关技能人才，从而使其扎根当地，安心生产，锐意进取。

表19.11　各县（市、区）技能人才工作发展前景满意度

地区	工作发展前景满意度	排名
余姚	3.76	4
慈溪	4.00	2
奉化	3.78	3
宁海	3.39	10
象山	3.49	9
鄞州	3.54	7
海曙	3.59	6
江北	3.23	12
镇海	3.30	11
北仑	3.51	8
高新区	4.56	1
杭州湾新区	3.75	5

19.2.3.4　技能人才工作环境总体满意度

从各县（市、区）技能人才工作环境总体满意度来看（表19.12、图19.5），满意度水平分布在3.38~4.61，除高新区、慈溪市和奉化区这三地的技能人才对其工作环境的评价比较满意，评分在4.00以上，其他地区的技能人才工作环境总体满意度均不甚理想，评分低于4.00。其中，排名第一的高新区，受访技能人才对其工作环境总体满意度评分为4.61，满意度相对较高。以上数据表明各地区技能人才总体环境满意度依然偏低，相关地区各企业、各部门今后相关措施的制定、出台依然任重道远。

表19.12　各县（市、区）技能人才工作环境总体满意度

地区	工作环境总体满意度	排名
余姚	3.92	5
慈溪	4.10	2
奉化	4.03	3

地区	工作环境总体满意度	排名
宁海	3.75	6
象山	3.74	7
鄞州	3.71	9
海曙	3.73	8
江北	3.38	12
镇海	3.59	11
北仑	3.69	10
高新区	4.61	1
杭州湾新区	3.93	4

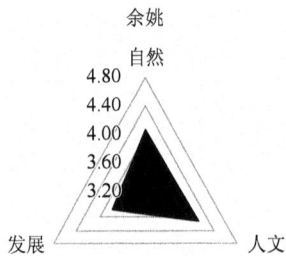

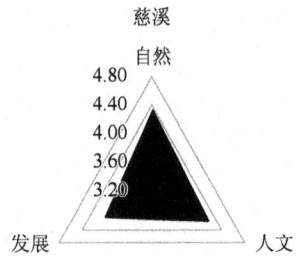

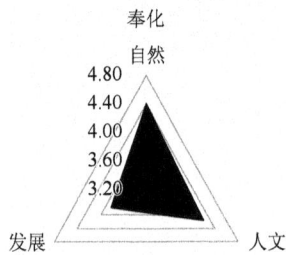

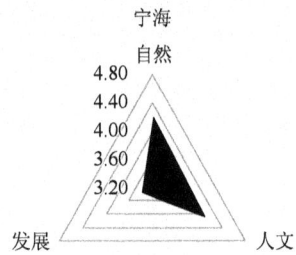

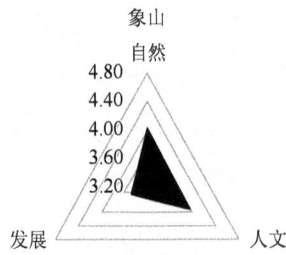

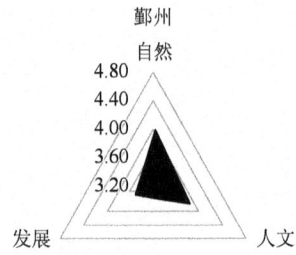

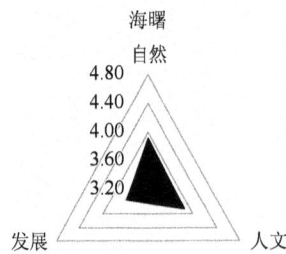

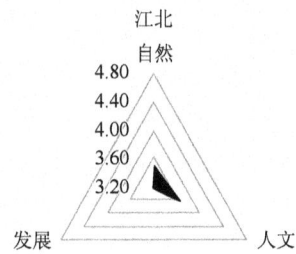

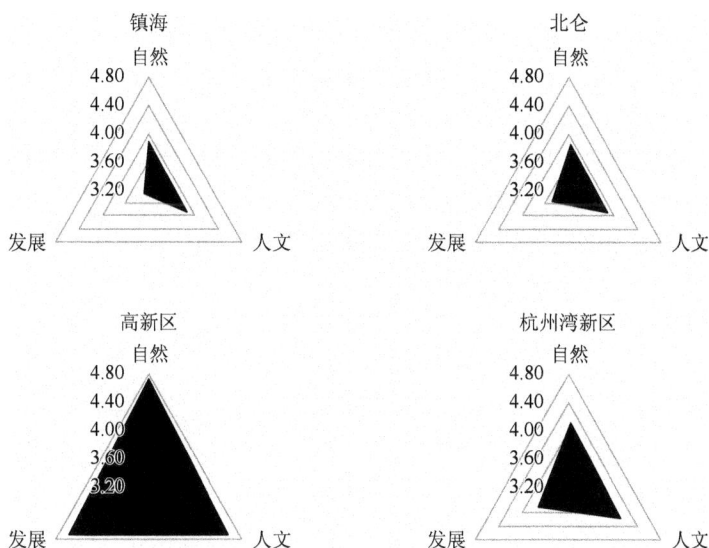

图 19.5　各县（市、区）技能人才工作环境满意度雷达图

19.3　各县（市、区）技能人才队伍建设综合比较

依据"特别报告篇"中设计的调查问卷及收集的问卷数据，从技能人才队伍结构、企业技能人才评价和技能人才工作环境满意度三个维度，拟合综合发展评价得分，对 12 个地区的技能人才队伍建设实际情况进行综合比较。

19.3.1　数据处理与指标赋权

19.3.1.1　数据处理方法

由于指标体系中各个指标原始数据的来源、单位、类型等存在很大的不同，拥有不同量纲和数据间差异性的各指标不具有可比性，因而在不专门设置权重的情况下，如果不进行标准化处理，与标准差较小的指标相比，相对较大标准差的个指标会在计算中隐含着相对较大的权重。因此必须对指标体系中各指标的原始数据进行无量纲化处理，使其能够满足数据的可比性、统一规范性和高保真性。

无量纲化处理的方法有很多，本节采用比重法对原始数据进行处理，即将实际值转化为它在指标值总和中所占的比重。为使数据更为直观，将标准化后的数据乘以 100，其公式为

$$X_i' = \frac{X_i}{\sum_{i=1}^{n} X_i} \times 100$$

19.3.1.2　指标权重确定

运用层次分析法构造判断矩阵，充分利用技能人才相关领域专家对技能人才发展的

理解，参照萨迪 1～9 标度法则，通过两两比较重要性赋予指标相应的权重。

　　本研究邀请 10 位专家填写了"技能人才发展指标重要性调查表"，通过 10 位专家打分结果的处理，对各项指标的两两比较数据分布取众数并讨论形成比较一致的指标相对重要性打分结果。根据该打分结果，形成各级指标的判断矩阵。一次计算一级指标相对于目标层（技能人才发展）的权重，二级指标相对于一级指标的权重，并进行一致性检验和层次单排序，运用 yaahp11.2 软件进行计算，各指标判断矩阵及检验结果见表 19.13 和表 19.14。

表 19.13　一级指标重要性评价

	技能人才结构	企业技能人才评价	工作环境满意度	W_i
技能人才结构	1	1	3	0.4161
企业技能人才评价	1	1	4	0.4579
工作环境满意度	1/3	1/4	1	0.1260

一致性检验：CR = 0.0088＜0.10，通过一致性检验

表 19.14　二级指标重要性评价（技能人才结构）

	年龄结构	学历结构	等级结构	W_i
年龄结构	1	3	1/3	0.2605
学历结构	1/3	1	1/5	0.1062
等级结构	3	5	1	0.6333

一致性检验：CR = 0.0372＜0.10，通过一致性检验

19.3.2　各县（市、区）技能人才队伍建设综合评价的空间分异

　　根据标准化后的得分与层次分析法所得的指标赋权，计算所得宁波市 12 地区技能人才队伍建设分维度得分及综合评价得分如表 19.15 所示。

表 19.15　各县（市、区）分维度得分及综合评价得分

地区	分维度			综合发展	综合排名
	人才结构	人才评价	工作环境		
余姚	8.36	7.93	8.48	8.18	9
慈溪	8.45	8.26	8.89	8.42	3
奉化	7.89	8.13	8.72	8.11	11
宁海	8.69	8.83	8.11	8.68	2
象山	7.55	8.38	8.09	8.00	12
鄞州	7.96	8.71	8.05	8.31	7
海曙	8.27	8.11	8.07	8.17	10
江北	8.15	8.83	7.33	8.36	4

地区	分维度			综合发展	综合排名
	人才结构	人才评价	工作环境		
镇海	8.60	8.22	7.78	8.32	5
北仑	8.31	8.42	7.99	8.32	5
高新区	8.01	8.01	9.98	8.26	8
杭州湾新区	9.76	8.16	8.52	8.87	1

为更加清晰地呈现宁波市技能人才队伍建设在县级层面的空间分异情况，根据表 19.15 中列出的 12 县（市、区）技能人才队伍建设的综合发展得分，初步以 8.1 分、8.3 分和 8.5 分为界将各地区划分为四个档次，绘制出如图 19.6 所示的技能人才队伍建设综合发展得分分布地图。

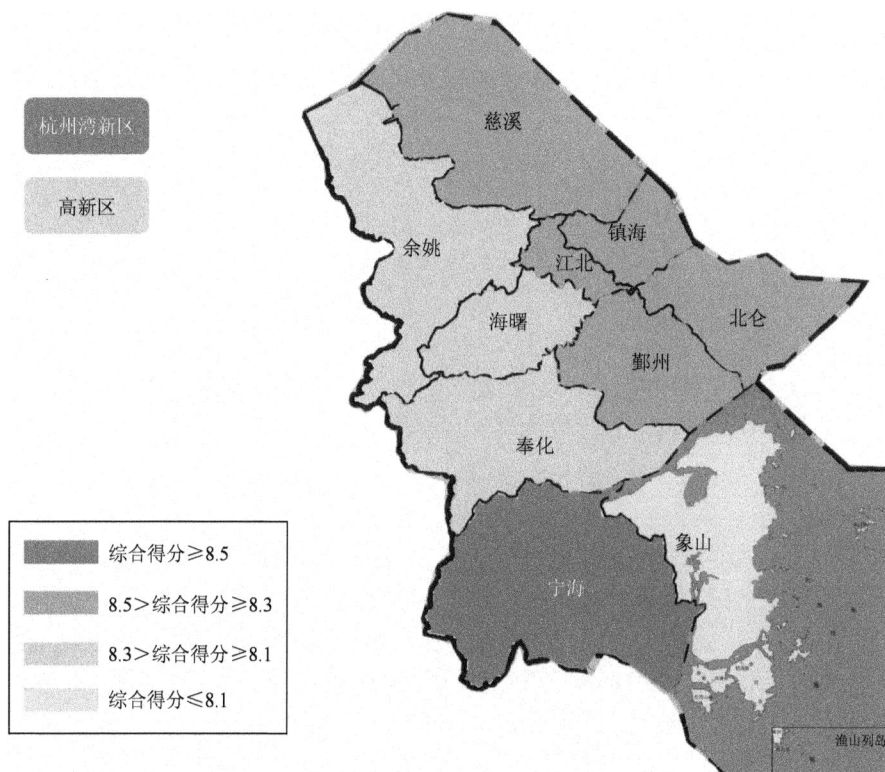

图 19.6 各县市综合得分分布地图

由分布地图可知，就技能人才队伍建设综合评价得分而言，杭州湾新区、宁海两个区域技能人才发展总体最佳，处于第一梯队；慈溪、江北、镇海、北仑、鄞州等地技能人才总体发展也较好，紧随其后；高新区、余姚、海曙、奉化四个区域位于第三梯队，技能人才总体发展尚可；而象山技能人才队伍发展总体不尽人意，亟待优化。为分析宁波市 12

地区技能人才队伍发展水平及发展特色，可以依据每个地区各维度得分绘制雷达图，便于观察对比。

19.3.2.1　杭州湾新区、宁海

由图 19.7 可以得出位于第一梯队的杭州湾新区和宁海县两地技能人才队伍综合发展的具体情况，在综合评价得分上远高于其他地区，差异十分明显。杭州湾新区挂牌成立以来，拥有国家级经济技术开发区、国家级出口加工区、省级产业集聚区、省级海洋经济集聚区、省级高新技术产业园区等名片。经过 7 年多的开发建设，大力推进装备制造企业、汽车产业、航空产业、智能电器制造业、新材料产业、生命健康产业等先进制造业，成为建设"大产业、大平台、大企业、大项目"的战略性平台，集聚效益显著。根据抽样调查结果，杭州湾新区在企业技能人才结构、企业对技能人才各方面评价、技能人才对工作环境满意度等方面均位列全市前列，尤其是人才结构指数远远领先于其他区域。但企业对人才评价方面仍稍显欠缺，侧面反映技能人才质量尚不能满足企业期望，在人才培养和优化上仍需引起高度重视，以获得技能人才队伍的持续优化和发展。

图 19.7　杭州湾新区、宁海技能人才队伍建设各维度得分雷达图

宁海县的技能人才队伍发展综合评价得分仅次于杭州湾新区，名列全市第二位。宁海县现已形成以五金机械、模具、文具、电子电器、汽车零部件、灯具六大特色行业为主的工业格局，同时，新型建材与家居、新材料、新能源及新装备等行业也正在快速发展之中，为技能人才提供了良好的发展环境，同时也对技能人才队伍建设提出了更高的要求。从各方面得分来看，宁海县技能人才结构、企业对技能人才评价、技能人才对工作环境满意度等三方面发展较为均衡。但在调研中发现，技能人才对工作环境满意度相对较低，需从技能人才工作自然环境、人文环境、职业发展前景等方面加大努力，提升技能人才满意度，吸引更多优秀人才，以谋求人才队伍的稳定与优化。

19.3.2.2　慈溪、江北、镇海、北仑、鄞州

慈溪、江北、镇海、北仑和鄞州五地技能人才发展综合评价得分处于第二梯队。其中，

慈溪技能人才发展综合评价得分在全市居第三位，尽管与杭州湾新区和宁海县仍存在一定差距，但各方面发展较为均衡，企业对技能人才评价相对较低，表明技能人才质量是慈溪市技能人才发展相对薄弱的环节，当前技能人才还不能满足企业发展和期望，应在技能人才职业技能提升等方面加大力度，吸引更多优秀人才集聚。

从各维度得分雷达图（图19.8）看，江北和鄞州的技能人才发展情形十分相似，存在偏科的现象，两地在人才评价方面得分均远高于其他方面，表明江北和鄞州的企业对现有技能人才能力等方面评价较高，基本能够符合企业发展和期望。然而，技能人才队伍结构和工作环境满意度方面相对薄弱，应从这两方面入手，加大技能人才培养和引进力度，优化技能人才结构，同时为技能人才提供更为安全、宽松、舒适的工作环境，营造"崇尚技能"的社会氛围，拓宽技能人才的发展空间。

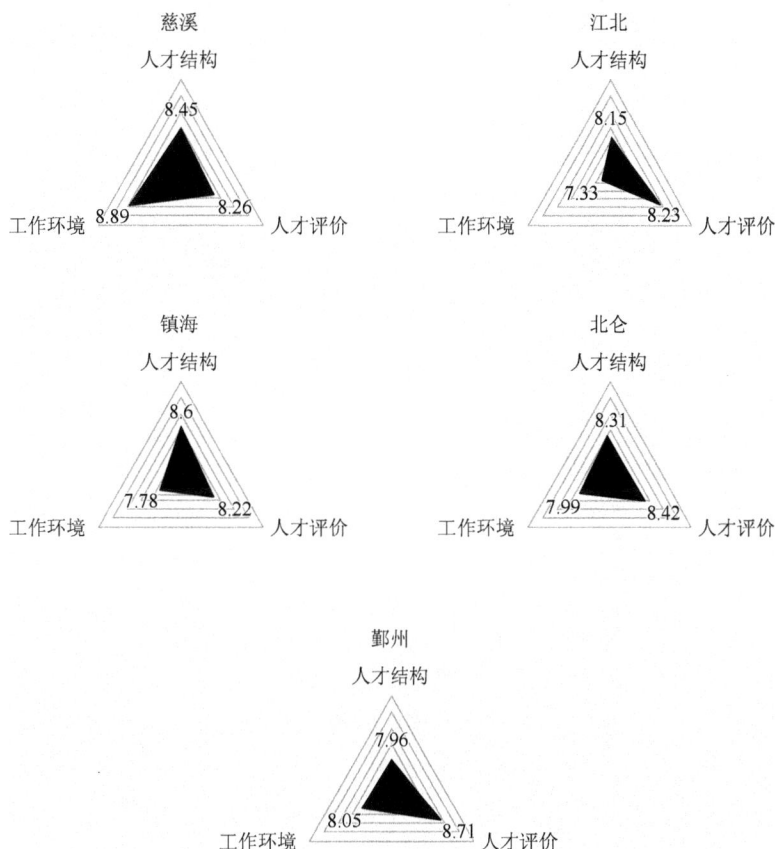

图 19.8　慈溪、江北、镇海、北仑、鄞州各维度得分雷达图

镇海与北仑技能人才发展情况相似，各方面发展相对均衡，而工作环境满意度是两地共同的薄弱环节，表明两地技能人才对工作环境满意度并不理想。技能人才往往工作在生产一线，工作环境相对艰苦，发展前景受到限制，需从技能人才工作自然环境、人文环境、职业发展前景等方面加大努力，吸引更多优秀人才。

19.3.2.3　高新区、余姚、海曙、奉化

高新区、余姚、海曙、奉化四地技能人才发展综合评价得分处于第三梯队，从各维度得分雷达图（图19.9）看，高新区和奉化区技能人才发展偏科较为严重，而余姚、海曙则相对均衡。

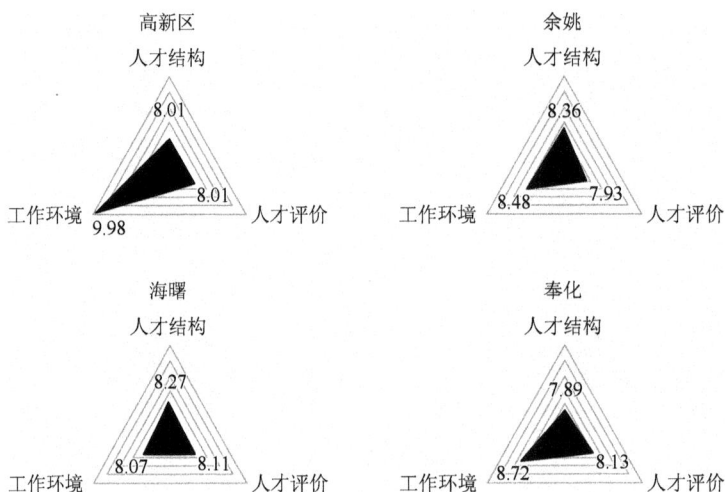

图19.9　高新区、余姚、海曙、奉化各维度得分雷达图

高新区和奉化区技能人才发展偏科较为严重，工作环境得分处于高位，而人才结构与人才评价成为两地的薄弱环节。特别是高新区，工作环境得分为9.98，远远领先于其他地区，这与高新区的定位与产业结构密不可分，宁波国家高新区不断加快新材料科技城建设，打造了一批在全国有影响力的创新创业平台，集聚了一批高端优质的创新项目和人才，人才生态环境良好，技能人才对工作环境满意度在全市处于领先地位。然而，高新区与奉化区在人才队伍结构和人才评价方面仍相对不足，亟须从这两方面入手，优化人才队伍结构、提升人才质量。

余姚和海曙技能人才队伍各方面发展相对均衡，但总体得分在全市未能跻身前列，需加大各方面的投入，创新发展政策，以提升地区技能人才发展的综合水平，培养和吸纳更多的优秀人才服务地方发展。

19.3.2.4　象山

象山产业特征鲜明，坚持走特色发展、创新发展之路，工业经济以临港装备、船舶制造、电力能源等临港工业为龙头，荣获中国针织名城、中国水产食品加工基地、中国铸造模具之乡等荣誉称号。从各维度得分雷达图（图19.10）看，象山县技能人才发展水平与宁波市其他县区相比仍较为落后。为应对经济转型升级和产业结构调整对

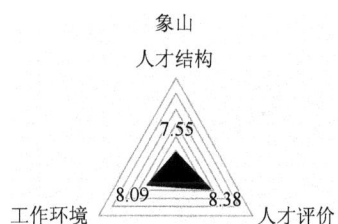

图 19.10　象山技能人才队伍建设
各维度得分雷达图

技能人才的要求，象山以开展各类职业技能培训和鉴定为抓手，以培养高技能人才为重点，搭平台、强培训、建机制，从一定程度实现职业技能培训和鉴定工作新突破。在今后发展中，仍应加强技能人才队伍建设，优化技能人才队伍结构，加强职业技能培训，提升技能人才质量，同时打造安全、宽松、舒适的工作环境，提升技能人才发展水平。

20 技能人才队伍发展地方经验借鉴

20.1 引　　言

近年来,党中央、国务院高度重视技能人才工作。习近平总书记指出,"作为一个制造业大国,我们的人才基础应该是技工""工业强国都是技师技工的大国"。李克强总理强调,打造中国经济升级版,要靠数亿掌握知识和技能的人才大军。作为技工人才队伍的核心骨干,技能人才则代表着一个地区和国家技能人才队伍的总体实力。全国各地通过人才培养模式创新、公共实训基地建设、职业鉴定模式突破、管理体制机制改革等举措,完善工作机制、拓宽培养途径、创新评价方法、强化激励引导,形成了不少具有鲜明特色、效果显著的技能人才队伍建设工作新机制,值得学习借鉴。

本章对国内兄弟城市技能人才队伍建设的经验进行梳理和分析,提取技能人才队伍建设的共性因素。围绕技能人才队伍建设的各个环节,各地开展了有益探索,形成了一些具有特色的技能人才队伍建设做法,从技能人才队伍建设各环节出发,形成了人才培养模式创新、公共实训基地建设、职业鉴定模式突破,以及管理体制机制改革等四个主要突破方向,为进一步完善技能人才培养、引进、使用、评价等工作机制提供思路。

20.2 人才培养模式创新

技能人才培养模式应采取以产学研合作(校企合作)为主体的培养模式,其具体内容是:在政府宏观调控和指导下,以校企合作为主体,以社会培训机构、就业训练中心和国际合作培养为辅助,行业提供相应支持和服务,联合培养各类高技能人才(图 20.1)。

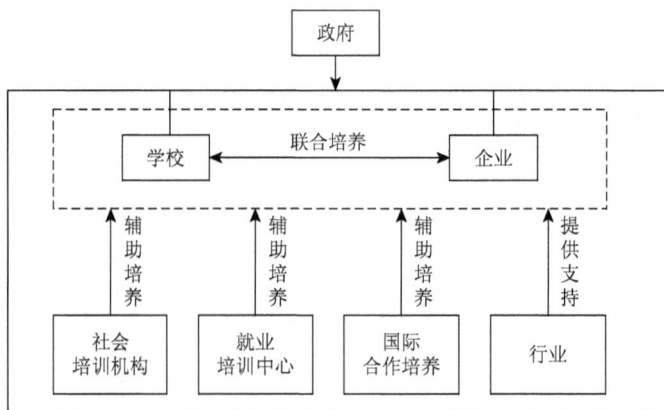

图 20.1　技能人才培养模式解析

各主体相互合作，探索形成了大量的创新模式，主要有宁波职业技术学院"院园融合"、上海"双证融通"、天津"职业培训包"、重庆"规范建设年"等人才培养和职业培训模式。

20.2.1 校企合作模式：宁波职业技术学院"院园融合"

"院园融合"的"院"指宁波职业技术学院（以下简称"宁职院"），"园"指宁波经济技术开发区数字科技园。到目前为止，数字科技园已有注册企业 278 家，其中绝大部分与宁职院建立了合作办学关系。目前宁职院的合作办学企业已达 500 多家，"工学结合"的学生受益面在 60% 以上。据统计，宁职院 3 万多名毕业生中，近 70% 在企业技术岗位工作，其中 30% 成为技术骨干，25% 晋升为企业中层管理人员和部门负责人，成为推进企业发展尤其是促进北仑区域经济发展的重要力量。

（1）学院、园区、企业三方合作水乳交融。宁职院与数字科技园的产学研合作，已经实现了教室车间合一、教师师傅合一、学生学徒合一、教程工艺合一、作品产品合一。近年来开设的工业设计、乐器制造、动漫设计与制造、物流信息化、电子商务等专业，都与园区企业紧密合作，校企共同进行专业方向设置，制定和实施专业人才培养方案。企业的生产、研发项目，成为实践教学的真实项目。园区企业也成为相关专业的实习实训基地。在园区企业中，有 200 多名技术骨干承担宁职院各种专业课程的设计和教学任务，企业参与宁职院建设的课程已有 114 门，先后为 5300 多人次的学生提供职场化训练、项目和实训实习岗位。

（2）企业成为"院园融合"的一大受益者。"院园融合"实现了学校专业和区域企业深度合作的互融格局。企业则是一大受益者。"院园融合"的办学模式，可以让企业接触到最新的科研动态，并快速将智力转化为生产力。虽然园区的税收优惠等扶持政策在逐渐弱化，但是园区对企业的吸引力并没有因此而减弱。充分发挥"院园融合"的优势，已经成为园区企业增强核心竞争力的普遍共识。

此外，全国各地坚持"产教融合、校企合作""工学结合、知行合一"的原则，积极探索，形成了"校区—产业园区"联动模式、"校企合作办学"模式、"县校合作"模式、"学校—行业组织"合作模式等多种技能人才培养模式，取得了巨大突破（表 20.1）。

表 20.1 各地技能人才合作培养模式的实践探索

模式	案例
"校区—产业园区"联动模式	苏州工业园区职业技术学院（IVT） 中山职业技术学院（一镇一品一专业）
"校企合作办学"模式	山东东营："校企合作交融"模式，将专业实训教学有机融入东营的经济产业链当中，探索"2+1 模式""三学期模式""订单式培养"，把教室放到企业的车间，教师与学生兼具企业管理人员和员工的双重身份，实现双向"零距离"
"县校合作"模式	浙江工商职业技术学院宁海基地：中国模具产学研合作创新示范基地
"学校—行业组织"合作模式	中央广播电视大学（中国开放大学）与机械工业教育发展中心合作：开设数控技术专业 广东交通职业技术学院与广东公路学会等行业组织合作：组建广东交通职业教育集团

20.2.2 学历教育与职业资格培训的贯通：上海"双证融通"

上海市人社局和上海市教育委员会在开展中等职业院校双证融通试点工作的基础上，2014 年 8 月联合发布了《关于本市开展"双证融通"试点工作的实施意见》的通知，在职业培训与学历教育中全面启动了职业资格证书和学历证书的"双证融通"试点工作。

"双证融通"是指以学历教育与职业资格培训之间共同的职业能力为本的教育培训要求，探索专业教学标准和职业技能标准的融通、教育课程评价方式和职业技能鉴定方式的融通，从而实现学历教育与职业资格培训的衔接贯通，实现职业资格证书和学历教育课程学分的转换互认。试点工作共有四种类型。

（1）面向院校学生的"课程重组型双证融通"。对以应用型人才为培养目标的中等职业学校、高等职业学校和成人高校，通过将专业教学要求与职业技能标准有机融合，对课程进行改革重组，确定若干门"双证融通"课程为专业教学和职业资格培训的共同课程，在校学生按教学计划依次参加"双证融通"课程学习和考核，全部"双证融通"课程考核合格的可颁发相应的职业资格证书，继续修满其余课程的学分可取得学历证书。

（2）面向院校学生的"学分认可型双证融通"。对中高等职业院校、成人高校和成人中等学校所开设的学历教育课程，经评估认定覆盖了相应职业资格考核要求的，学历教育学生取得相应课程的学分后，凭上海市学分银行成绩证明可替代相应职业资格证书部分考核项目，予以认可为相应职业资格的理论知识合格。

（3）面向培训学员的"直通车式双证融通"。职业培训机构举办职业技能标准与学历教育专业教学要求相融合的培训课程，对有提升学历需求的培训学员，通过"双证融通"培训课程考核的，既可获得相应职业资格证书，又可直接取得学历教育中的课程学分（融通课程学分比例原则上为学历总学分的 40%～60%）。同时探索对培训学员的工作业绩、实践经历也予以相应学分认定。培训学员继续修完其余课程的学分后，可直接获得相应的学历证书。

（4）面向持证学员的"证书认可型双证融通"。对已获得职业资格证书的学员，可通过学分银行服务平台，对所取得的职业资格证书，以及先前的工作业绩和实践经历进行认定，并转换为相应的学历教育课程学分。学习者参加学分银行高校网点的学历教育，可直接获得证书认可学分。

20.2.3 职业培训一条龙服务：天津"职业培训包"

2012 年 5 月，天津市依据国家职业标准，针对不同职业层次的培训对象进行职业技能培训资源汇总，建立新型职业培训模式，推出了"职业培训包"。"培训包"主要包括职业标准、教学内容、教材、教学方式、考核标准、师资标准、实训条件 7 个方面的内容，通过对 7 个标准的集中打包，实行捆绑作业，进而形成规范、标准、科学的培训模式，有效解决了以往技能培训和实践操作脱钩的问题，使高端人才和新型岗位人才的培育更具科学性和实用性。

为保证"培训包"工作的有效开展，天津市还成立了项目开发工作领导小组，负责项目开发领导和组织协调工作，同时印发《天津市"职业培训包"项目开发实施方案》等13个政策文件，有效保证了项目开发单位遴选的开放性、校企合作开发的应用性、专家全过程参与的权威性。与此同时，宁波市还规范了"培训包"项目开发工作的流程，确定开发项目、开发单位遴选、成果验收程序，并对验收工作进行了细致规范，从多个环节确保工作质量。

20.2.4　技工院校规范发展：重庆"规范建设年" [①]

2016年以来，重庆市人社局在全市职业院校深入开展"规范建设年"主题活动，有力促进广大技工院校健康发展，全年招生稳定在3万人左右，毕业生就业率保持在98%以上。以提高职业技能为核心，突出提高质量、促进就业、服务发展3个导向，分技师学院、高级院校、国家重点、市级重点、普通院校5个层次，设置三级共110项质量评估指标，出台"1+9"配套制度，切实加强技工院校的管理服务。

（1）加强宏观谋划。重庆对标国家技工院校改革创新意见、技工教育"十三五"规划和全市6大支柱产业、10大战略产业、10大新兴服务业和7大现代特色效益农业战略发展，编制规划，宏观布局，精准施策。在发展思路上，以提高职业技能为核心，坚持学制教育和职业培训并举，突出提高质量、促进就业、服务发展3个导向。在工作目标上，聚焦促进技工教育办学能力显著提高、特色专业蓬勃发展、教学改革深入推进、保障措施丰富完善4大总体目标。在政策措施上，配套创新特色立校、育人为本、精品打造、规范办学、安全管理5项制度机制。同时，整合资源，捆绑政策，配套实施"巴渝工匠2020"计划，力争5年投入11亿元，建设精品特色专业70个、培养高素质"双师"1000名、打造10所国家"双一流"技工院校。54所技工院校也出台了5年规划和年度计划，形成上下呼应的技工教育发展"一盘棋"。

（2）严格质量评估。重庆委托第三方机构实地开展质量评估。细化标准，依据人社部技工院校设置标准，分技师学院、高级院校、国家重点、市级重点、普通院校5个层次，设置三级共110项指标，涵盖办学方向、基础条件、学校管理、质量效益等内容。严格打表，制定评估纪律"八不准"，完善执行规定流程，通过听汇报、查资料、看现场、听课质询、量化评分等方式，提出意见1200余条，评出优秀院校12所、合格院校22所、不合格院校20所并向社会公示。强化运用，坚持奖罚分明，对评估结果优秀的在专业申报、学科建设、评先评优等方面优先倾斜；对不合格的集体约谈，限期整改，并一律暂停招生。应学校要求，2017年年初组织复评，9所院校整改达标。通过质量评估，规范办学，震慑违规行为，激励先进标杆。

（3）标本兼治，多管齐下，切实加强技工院校的管理服务。先后出台"1+9"配套

① 重庆：推动技工院校规范发展 http://www.mohrss.gov.cn/zynljss/gzjl/201707/t20170731_274922.html。

制度，建立 1 个技工院校管理暂行办法和院校设置、校外及联合办学、专业设置、招生就业、教学管理、德育工作、师资队伍、学籍管理、安全管理 9 个配套文件相结合的体系，基本涵盖技工院校管理的重点经费环节。提升管校治校能力：安排 200 万元，在浙江大学举办校长书记管理能力提升培训班，在五一技师学院分 7 个类别、3 个批次，对办公室、人事、财务、教务、招生、就业、安全等部门的 378 名中层员工进行轮训。开展专项经费审计：委托财务审计机构，对实训基地、重点特色专业和示范校建设等项目补助资金进行专项检查，涉及 88 个单位、资金 7030 万元。加强安全管理：出台《技工院校安全管理"八必须"》，年初签订责任书，年中组织督查，年尾总结检查，对发生安全责任事故的 5 所院校通报批评，责令整改并在项目经费、评优评先等方面"一票否决"。

20.3 公共实训基地建设

近年来，全国各地在公共实训基地建设方面进行了有益探索，形成多元建设和多元发展模式。例如，天津、杭州政府部门主导主管，建设独立运行的公益性、公共性的实训基地；青岛、无锡、苏州依托现有资源，建设与技校一体运行、兼顾社会培训与学制教育的公共实训基地；绍兴等地发挥劳动保障部门的引领作用，依托高职院校等社会资源建立公共实训基地。此外，福建、黑龙江、新疆、北京等地积极推进区域性和中心城市公共实训基地建设，也已开始发挥作用，如表 20.2 所示。

表 20.2 各地公共实训基地建设经验参考

地区	模式	投入	规模	功能定位	实训模块
中国（天津）职业技能公共实训中心	产学研引领发展	设备投资 2.8 亿元	占地面积：规划占地 120 亩培训规模：设施设备共 1750 台（套），同时容纳 1700 人进行实训，年培训规模达 20 万人次，职业技能鉴定能力 5 万人次	实训中心围绕职业技能培训、职业技能鉴定、职业技能竞赛、职业标准研发、培训模式创新、职业能力展示六大核心功能	现代制造、现代控制、现代物流、现代电子、焊接、信息和创意设计
中国（上海）创业者公共实训基地	市区共建，定位明确	总投资 10 亿元	占地面积：5 万 m²，总建筑面积 11 万 m²	创业实训功能技能人才培养功能	创业实训功能：创业能力实训平台、产品实验试制平台、创业企业孵化平台、创业指导服务平台高技能人才培养功能：职业技能实训平台和国际培训平台
杭州市公共实训基地	政府出资，独立运营	总投资 3 亿元，其中实训设备 1.7 亿元	占地面积：占地约 30 亩，总建筑面积约为 4 万 m² 培训规模：可提供 48 个职业（工种）的实训，能容纳 2655 名学员同时实训	为技能实训、技能鉴定、师资培训、技能竞赛、校企合作、就业服务等提供服务的公益性平台	先进机械制造、现代服务业、电工电子与自动化技术、信息技术、汽车修理技术、食品与药品检验和制冷技术
绍兴市公共实训基地	政社共建，合力运营	总投资为 1.22 亿元	占地面积：占地面积 30 亩，建筑面积 2 万 m²	实训功能技能人才培养功能	5 个实训中心（机电技术实训中心、数控与模具技术实训中心、电工电子与自动化技术实训中心、建筑工程实训中心、纺织染整实训中心）

20.3.1 产学研引领发展：中国（天津）职业技能公共实训中心

中国（天津）职业技能公共实训中心位于天津中心城区和滨海新区连接的核心区域，是目前全国首家设施最好、规模最大、功能最完善的面向高端技能人才实施职业技能培训和鉴定评价服务的政府单独投资建设的公共实训基地。

中国（天津）职业技能公共实训中心对应天津八大优势产业结构需求，瞄准国际领先行业技术水平，建有现代制造、现代控制、现代物流、现代电子、焊接、信息和创意设计7个技术培训分基地。规划占地 120 亩，失业保险基金投入设施设备购置费 2.8 亿元，配备设备 1750 台（套），能同时容纳 1700 人进行实训，年培训能力达 20 万人（次），职业技能鉴定能力达 5 万人（次）。

在功能定位上，围绕天津经济发展方式转变和产业结构优化升级的需要，发挥技能人才培养的引领作用。在运行机制上，实行政府购买培训成果机制，根据职业等级高低及其在劳动力市场需求程度，享受培训成本 100%、80%、60%的培训费补贴。在管理模式上，发挥市场竞争机制的引力作用，将培训教学、师资组建、教材开发等环节，服务外包天津职业技术师范大学专家团队。

20.3.2 市区共建，定位明确：中国（上海）创业者公共实训基地

中国（上海）创业者公共实训基地由上海市人力资源和社会保障局、杨浦区政府历时三年共同规划建设的创业者公共实训基地，是全国首创由政府设立的专门为创业者提供服务的公共实训平台。

中国（上海）创业者公共实训基地占地 5 万 m^2，建筑面积 11 万 m^2，实训基地面向全国有创业意愿的劳动者特别是大学生创业者，提供创业实训、创业咨询、创业孵化和创业园区等一条龙劳动服务。另外，基地还将着眼上海产业发展对技能人才的需求，兼顾高技能实训功能，按照资源整合、功能互补原则，发挥上海高等院校集中的优势，提供创业技能实训平台和引进国际培训平台。聚焦创业促进就业，兼顾高技能人才培养的实训需要，采取市区合作，"园区、校区、地区、厂区"联动，引进社会资源参与共建。

20.3.3 政府出资，独立运营：杭州市公共实训基地

杭州市公共实训基地利用杭州职业技术学院 30 亩闲置土地新建，整个工程耗资 3 亿元，其中基础建设 1.3 亿元、设施设备购置 1.7 亿元，都由市财政承担。总建筑面积约 4万 m^2，目前已设立先进机械制造、现代服务业、电工电子与自动化技术、信息技术、汽车修理技术、食品与药品检验、制冷技术 7 个实训中心，可提供 48 个职业（工种）的实训，能容纳 2655 名学员同时实训。

2009 年年底公共实训基地投入运作后，由市编办核准单独设立杭州市公共实训指导中心，财政全额拨款事业单位，机构编制 19 人，负责基地的日常运作管理。基地的设施

设备维护保养、物业管理实行服务外包，市财政每年投入 2000 万元（含水电费、实训项目开发、办公用品添置等）。

20.3.4　政社共建，合力运营：绍兴市公共实训基地

绍兴市公共实训基地以浙江工业职业技术学院为依托，由绍兴市人民政府和浙江工业职业技术学院按 1∶1 共同出资建设，首期工程于 2006 年 11 月动工，2008 年 4 月落成，占地面积 30 亩，建筑面积 2 万 m²，总投资为 1.22 亿元。

绍兴市公共实训基地设 5 个实训中心（机电技术实训中心、数控与模具技术实训中心、电工电子与自动化技术实训中心、建筑工程实训中心、纺织染整实训中心），基本涵盖数控技术、机电一体化技术、建筑工程技术、织造、印染等学院所设专业，可提供百余个岗位实训。从实训基地运行情况看，院校学生是实训基地的主要群体。公共实训基地由绍兴市人力资源和社会保障局负责管理，下设公共实训基地办公室；浙江工业职业技术学院设立公共实训基地管理中心，配备工作人员，具体负责组织实施。实训基地的技术指导、设备维护、物业管理等由学院负责，承担费用。

然而，在实际建设过程中存在以下普遍性问题：实训针对性不强，与企业需求有部分脱节，造成基地培训学员能力与企业的岗位需要难以对接；实训基地的一般投资方式为一次性投入，缺乏可持续发展的保障机制；实训基地建设缺乏统一规划，重复建设现象严重，资源配置效率低下。

20.4　职业鉴定模式突破

打造中国经济升级版和促进就业，需要高素质技能人才。职业技能鉴定工作要坚持就业导向。当前，解决就业结构性矛盾的重要手段就是提升劳动力的能力素质，使职业技能鉴定在提升劳动力的能力素质中充分发挥作用。北京、江苏、珠海等地均采取了各具特色的方式，突破职业鉴定模式，取得了不错的成效。

20.4.1　鉴定资源整合：北京市鉴定管理服务体系改革[①]

一直以来，北京市职业技能鉴定的管理体系为市—所的两级管理模式，即市鉴定管理中心负责考务的管理、成绩的判阅、证书的核发等，职业技能鉴定所负责具体组织实施。该模式存在很多弊端，主要表现在三个方面。一是职业技能鉴定管理相对比较薄弱；二是区县人力资源和社会保障局所属职业技能鉴定机构主要依靠企业或职业院校的鉴定场地、设施、设备，缺乏自有资源；三是鉴定所和机关事业单位工人技术等级考核委员会并存，鉴定机构重复设置。经过前期的调研，北京市在 2013 年启动职业技能鉴定

① 凝心 聚力 坚定信心 谋划职业技能鉴定事业长远发展——北京市职业技能鉴定管理中心主任 王小兵，2015 年 5 月，http://www.cettic.gov.cn/zxzx/dfhykx/2015-05/07/content_442554.htm.

体系改革工作，经过两年多的改革调整，鉴定管理服务体系改革已经初步显现了成效，主要有以下几点经验和做法。

（1）市-区-所的三层二级管理模式。按照"统筹规划、合理布局、优化配置、适度超前"的原则，在2013年年初出台了《关于加强职业技能鉴定管理服务体系建设的指导意见》，初步提出了市-区-所的三层二级管理模式的概念。区（县）鉴定机构退出具体鉴定工作，更名为区（县）职业技能鉴定管理中心，突出管理服务，参照市鉴定管理中心模式，具体负责辖区内鉴定所的管理、监督、服务等工作。为积极稳妥地推进鉴定体系，优化改革工作，根据新体系区县鉴定机构的性质要求，一方面要求全市16家区（县）鉴定管理服务机构在充分领会体系改革精神实质的基础上，统筹规划、沟通协调，积极争取领导、财政、资源三方面的支持，顺利完成更名改制的"退所转职"任务；另一方面以"上"促"下"，以市对区县发文的形式建议其转变下属鉴定机构职能，目前，北京全市各区县人力资源和社会保障局所属的鉴定机构均已转为全额或规范的单位。

（2）"三位一体"的监管模式，落实"逢考必督"的原则。为确保职业技能鉴定统一标准、公平公正，北京市鉴定管理中心一方面注重加强质量督导人员队伍建设，督导员培训新增模拟督导和案例教学，另一方面，通过探索实践，建立了市鉴定管理中心巡考、区鉴定管理中心督考、职业技能鉴定监考的"三位一体"监管模式，2014年全面落实了"逢考必督，一考三监"的原则，并于同年出台了区（县）督考办法实行辖区督考。目前，北京市16家区县鉴定管理中心已组建了300余人的督考队伍，全市各种类型的鉴定考试，区县督考覆盖率已达100%。

（3）考评人员统一派遣。在逐步实行理论上机考试的趋势下，抓好实操鉴定，实行考评人员全市统一派遣是此次鉴定改革的重点部分，随着新版考务系统的上线运行，这项工作于2013年开始实行，按照地域划分，由考务系统随机派遣考评人员，并通过短信回复确认，最后由系统记录考评人员在考评、打分、出勤、廉洁等方面的情况，此举的实行对于提高实操鉴定的质量具有重要的意义。随着改革的不断深入，目前，全市已有10余个职业实行了考评人员统一派遣。

（4）强化基础设施建设，提升服务规范化水平。2014年出台《职业技能鉴定视觉识别系统管理办法》，着力推动标识规范化建设，强化、统一区县鉴定管理中心办事服务场所、基础设施的硬件保障能力；配发《职业技能鉴定视觉识别系统手册》，在办公设施用品、业务工作开展等基础建设方面制定了一整套方案，要求各区县鉴定管理中心根据手册的设计要求和规范，明确提出要完成的具体项目、设计内容、完成时间和预算保障等指标。目前，北京市中心城区的鉴定管理中心均已建成办事服务大厅，并在大厅内设置了统一的标牌；远郊区县中有的鉴定管理中心也已依托本区的办事大厅，设立了规范的服务窗口。

20.4.2　鉴定品牌建设：江苏省技能人才评价工作①

江苏是人力资源大省，鉴定量也比较大，截至2014年年底，累计取证1187.26万人

---

① 营造大环境　寻求新突破　全力打造江苏鉴定工作品牌——江苏省职业技能鉴定中心主任　金松，2015年5月，http://www.cettic.gov.cn/zxzx/dfhykx/2015-05/07/content_442551.htm.

次。2012~2014 年江苏年鉴定量一直在 150 万人次以上。近年来，营造大环境，寻求新突破，全力打造江苏鉴定工作品牌，在技能人才评价和企业技能人才评价方面取得了初步的成效。

（1）营造氛围，搭建平台："江苏技能状元"大赛＋高技能人才成果展。"江苏技能状元"大赛是以省政府名义举办的综合性职业技能大赛，两年一届，2014 年成功举办了第二届"江苏技能状元"大赛，构建了培养选拔高技能人才的新平台，打造了技能人才工作特色品牌，也产生了巨大的社会影响力。为配合大赛，同步举办了全省高技能人才成果展，通过产品作品、实物模型、绝技表演互动、音像视频、图片文字等生动丰富的形式，全面展示了近年来全省高技能人才工作的丰硕成果，与大赛相辅相成、交相辉映，成为展示、宣传高技能人才重要作用和业绩贡献的又一创新形式。

（2）突出地方特色，加大资源开发："1＋X"原则。评价技能人才的尺子是鉴定的试题，为了让高技能人才更加符合江苏省经济发展需要，以国家职业技能标准为基础，按照《国家职业技能鉴定命题技术标准》和《国家题库开发规程》进行技术资源开发，在开发过程中坚持"1＋X"原则，1 是国家职业技能标准，X 是江苏特色。

（3）强化管理，提升质量。为了确保高技能人才评价的整体工作质量，2014 年，江苏省从考务管理、考评管理、信息化管理等方面进行了完善和提升。一是制定《职业技能鉴定质量评估管理办法》，确立了以质量为核心的多渠道、多角度、全方位的综合评估机制，从评估过程和反馈情况来看，达到了预期的效果。二是制定《江苏省职业技能鉴定考评人员管理办法》，从制度层面对考评人员管理提出了新的规范性要求，形成了全省上下齐抓共管的良好局面。三是在在线考务管理方面提出了新的要求，日常鉴定和统一鉴定全部纳入全省统一的在线考务管理系统，实现了省、市、县三级在线考务管理全覆盖，实现全省所有鉴定批次在线实施、在线监控和数据信息实时在线共享。

20.4.3　技能互通：珠澳培训鉴定"一试两证"

2014 年 6 月 19 日，珠海市人力资源和社会保障局与澳门劳工事务局签订珠澳培训鉴定"一试两证"《合作框架备忘录》，珠澳合作开展培训鉴定"一试两证"工作正式拉开序幕。

经广东省鉴定考试院同意，以"可编程控制设计师"工种为试点，通过融合珠澳职业技能培训鉴定标准，双方共同确定培训鉴定大纲、审核计划、确认场地、选定教材和组织鉴定等事宜，为今后珠澳双方深入开展培训鉴定合作机制探索有效路径。2014 年 11 月 22 日，来自澳门的首批 20 名学员，经过 45 天的培训后在珠海市技师学院完成"可编程控制设计师"职业技能鉴定"大考"。

"一试两证"即通过国家职业资格鉴定后，将获得珠澳两地版本的职业资格证书，并在两地实现互认。发挥两地职业优势，融合两地职业标准，提升珠澳两地人力资源的职业技能水平，培养高技能人才，为两地经济发展提供支撑。

20.4.4 "以赛代鉴"：苏州职业技能竞赛品牌建设

截至 2016 年年末，苏州技能人才队伍达 161 万余人，累计培养高级工以上的高技能人才 52.43 万人，全市高级工以上的高技能人才占技能劳动者的比例达到 32.5%，这些高技能人才奋斗在各行各业，为苏州产业转型提供强大后劲。

（1）职业技能竞赛品牌化。近年来，苏州每年组织举办近 30 个职业（工种）技能竞赛，会同指导各板块开展区域技能竞赛。通过竞赛，2000 余人直接取得高级工职业资格证书，10 多万劳动者素质及岗位技能得到提升。同时，两年一届的"苏州技能英才周"，以"苏州技能状元大赛"为主线，加入"高技能人才成果展""高技能人才交流会"等内容，打造苏州技能人才队伍建设全新品牌活动。把职业技能竞赛作为实现高质就业、推动转型发展、积累人才"红利"的重要抓手，大力推进技能竞赛"绿色通道"建设，倍化放大品牌效应。

（2）"一条主线、行业串联、版块联动、品牌多元"。"一条主线"：发挥省、部级技能赛事的引擎发动作用，积极参加省第二届技能状元大赛、世界技能大赛江苏选拔赛等一系列重点赛事；"行业串联"：全面开展行业比武大练兵活动，拓展既有行业竞赛项目范围，扩大行业比赛范围；"版块联动"：通过多年的推动发展，全市形成版块联动，上下一体的竞赛体系，各市、区结合自身产业整体布局、经济转型特点开展了大范围职业技能竞赛活动，竞赛活动在全市范围内蔚然成风，社会影响力显著；"品牌多元"：苏州注重发挥各类职业技能竞赛活动的品牌效应，全市品牌竞赛项目不断增多，形成了"点面结合、板块聚集、企业参与、人才为优"的良好格局，全面提升了社会对技能人才队伍建设的关注度和认可度。

20.5 管理体制机制改革

当前技能人才管理机制缺乏统一规划和协调，与经济社会发展不匹配，管理职能重复交叉、管理资源浪费现象突出。加快体制机制创新，打破人才工作机制束缚，是规范市场主体行为、提升资源配置效率、保障培训市场公平有序的重要手段。各地开展的重要探索中，以珠海的人才地方立法、宁波市职业技能培训条例和香港的职业训练局最具借鉴价值。

20.5.1 人才发展地方立法：珠海经济特区人才开发促进条例

2013 年 7 月 26 日，《珠海经济特区人才开发促进条例》（以下简称《条例》）人大立法通过，同年 10 月 1 日实施。该条例是《国家中长期人才发展规划纲要（2010—2020 年）》实施以来全国首部人才地方性法规，形成了有利于人才发展的法制环境。珠海人才开发立法两年来，"升级"后的人才政策从资金保障、高层次人才、区域合作（如珠澳职业资格互认工作）、技能培训等方面获得了显著成效①。尽管是人才开发立法，也为技能人才相关立法提供了示范。

---

① 率先人才立法 一年成效几何？ http://zh.southcn.com/content/2014-07/29/content_105395263.htm。

（1）内生动力促立法①。把成功的经验用法律固化下来，这是珠海人才立法的现实意义所在。改革开放以来，珠海市先后制定出台了重奖科技人才、支持技术入股、促进科技创新等系列政策法规，为鼓励人才创新创业、推动科技进步、提高城市综合竞争力发挥了积极作用，为珠海的人才立法工作积累了丰富的经验，提供了现实基础。珠海在过去几年的实践中不断创新人才评价模式，将很大一部分选择权交给市场，引才前就实现人才、资本的有机对接，提高引进人才与团队的效益。《条例》将行之有效的人才实践经验上升到法规层面，有利于在珠海营造人才发展的良好环境，增创特区发展新优势，并为广东乃至国家的人才法制建设积累经验。

（2）约束领导裁量权②。构建公正高效的纠纷解决机制和权利保障机制，妥善解决人才工作中出现的各种问题，有效保护各类人才的合法权益，以形成吸引人才、培养人才、广纳贤才、人尽其才的生动局面。以往，各地竞相推出各种人才优惠政策，但因为政策知晓率低，加之灵活性较大，没有强制力，政策机制引领往往未达到预期效果。此外，人才政策解释权归政府，也造成了人才在政府面前总是处于弱势地位的局面。《条例》可以促进政府提供规范有序、公开透明、便捷高效的人才公共服务，也有利于构建优质的法治软环境，对于加快全国人才开发法制化的进程，具有特别重要的理论和现实意义。

（3）珠海人才发展地方立法的六大亮点。坚持创新先行，结合了珠海科学发展的迫切需要，已将行之有效的人才实践经验上升到法规层面，主要有六个方面的亮点。一是首次通过立法明确人才概念。《条例》将人才的界定和分类纳入地方立法，强调人才是指具有一定的专业知识或者专门技能，进行创造性劳动并对社会做出贡献的，在人力资源中能力和素质较高的劳动者。二是确立人才开发投入增长机制。《条例》规定市、区政府每年应当按不少于当年地方公共财政预算收入的 1%建立人才专项资金，用于人才资源开发投入，为人才开发工作提供坚实的保障。三是充分保障人才权益。《条例》规定重大人才政策实行公开听证和实施效果评估制度，建立人才开发责任制和监督考核制，明确市政府应定期向人大报告人才开发工作，加大对人才开发工作的监督力度。《条例》还创设重要人才特殊保障，规定健全人才诉求表达机制等内容，保障人才权益。四是创新人才评价机制。《条例》适应现代社会人才评价的发展趋势，规定拓宽人才评价渠道，建立重创新创业实绩、重社会和业内认可的多元化人才评价发现机制。并规定根据国家规定探索与港澳职业资格的双向或多向互认制度，促进与港澳之间的人才交流。五是建立人才荣誉制度。《条例》规定对人才建立荣誉制度，是珠海继百万重奖科技人才、设立自主创新促进奖以来又一个吸引人才、激励人才的重大举措。六是放宽港澳人才服务机构进入条件。《条例》规定港澳人才服务机构在珠海通过独资或者合资方式开展业务，突破现行境外人才服务机构只能通过合资方式进入内地的限制，提升珠海人才服务业发展水平，优化人才发展环境③。

---

① 最好的人才环境是法治环境，http://www.gmw.cn/sixiang/2013-08/07/content_8530982_2.htm.
② 最好的人才环境是法治环境，http://www.gmw.cn/sixiang/2013-08/07/content_8530982_2.htm.
③ 珠海以立法方式制定人才开发促进条例 http://www.huaxia.com/gdtb/gdyw/szyw/2013/07/3452542.html.

20.5.2　技能培训地方立法：宁波市职业技能培训条例

《宁波市职业技能培训条例》将于 2016 年 7 月 1 日起施行。这一针对职业技能开发的国内首部地方性条例，将鼓励和支持符合条件的企业、行业协会开展技能人才自主评价，实现人才评价"不看证书看技能"；同时，该条例还提出多项举措，促进企业职工培训；施行后，宁波市民办职业技能培训机构也将得到明确分类，推动职业技能培训市场的健康发展。

（1）立法背景。目前，在宁波市 636.5 万名劳动者中，技能劳动者数量仅占就业人员的 18.4%，这样的情形使得招工就业两难并存。技能人才的总量短缺和结构失衡对经济社会的转型发展带来重重制约。而如今，宁波市的职业培训市场上，多头管理导致职能重复、资源浪费等问题，培训市场上的不规范和无序竞争现象多发。在此背景下，宁波市邀请国内众多专家深入调研，经过一年多时间的酝酿和修改，制定出台了《宁波市职业技能培训条例》，成为国内首部职业技能培训地方性法规。

（2）立法特点。《宁波市职业技能培训条例》明确提出，鼓励和支持符合条件的企业、行业协会开展技能人才自主评价工作，将企业从评价结果的接受者转变为评价工作的主导者，使得"不看证书看技能"有法可依。同时，条例规定，企业应当建立职工培训制度，在职工教育经费中，60%以上需应用于一线职工的教育和培训，让技能提升真正成为每位职工应该且能够享受到的待遇。本次立法还突破性地提出，鼓励社会力量投资举办或引进职业技能培训机构和鉴定机构，促进培训机构的有序和充分竞争。

浙江大学公共管理学院教授、博士生导师郭继强指出，建设一支符合转型升级需要的技能人才队伍，营造有利于各类"大国工匠"脱颖而出的社会氛围，需要有相应的制度安排作为支撑，宁波市开展职业技能培训地方立法，从破解当前工作存在的问题入手，初步构建了具有宁波特色的职业技能培训制度框架。这些探索对于全国性制度的形成，将起到极大的借鉴作用[①]。

20.5.3　政策机制创新：武汉政策助推技能人才成就梦想[②]

为深入贯彻中共中央《关于深化人才发展体制机制改革的意见》（中发〔2016〕9 号）和武汉市《关于深化人才发展体制机制改革推动建设具有强大带动力的创新型城市的实施意见》（武办发〔2016〕41 号）等文件精神，武汉市人力资源社会保障局紧紧围绕武汉建设国家中心城市、"中国制造 2025"试点示范城市和"工业倍增"计划等战略目标对高技能人才队伍的紧迫需求，连续印发《关于实施技能兴汉工程的意见》《武汉市拓宽技能人才成长通道实施办法》《武汉市高技能人才引进工作实施办法》等三个政策性文件，后续还将进一步推动"企业新型学徒制"和"武汉工匠"培育计划等技能人才培养政策的制定，

---

① 全国首部职业技能培训地方性法规落地宁波，http://www.sohu.com/a/75946578_362803.

② 武汉创新政策机制助推技能人才成就梦想，http://www.whrsj.gov.cn/publish/rbj/C1201701101139560253.shtml.

这是武汉市转变政府人才管理服务职能，加快政策机制创新，努力拓展技能人才职业发展空间，助推技能人才成就梦想的系列政策举措。

（1）高技能人才工作顶层设计。深入贯彻国家"高技能人才中长期发展规划"和"高技能人才振兴计划"，印发了《关于实施技能兴汉工程的意见》（武人社发〔2016〕46 号），文件以"四个坚持"为切入点，从"坚持政策创新驱动，拓展技能人才职业发展空间；坚持工作项目引领，大规模开展技能培训工作；坚持培养选拔导向，营造有利的社会环境；坚持基础能力先行，提升培训培养工作效能"等四个方面，规划了一系列宏观性的目标任务，对我市"十三五"期间高技能人才工作进行全面布局，为加强高技能人才工作指明方向。

（2）六大创新突破。武汉市积极拓展技能人才职业发展空间，人社局与市委组织部联合印发了《武汉市拓宽技能人才成长通道实施办法》（武人社规〔2016〕1 号）。该文件立足武汉市技能人才工作实际，重点围绕破除束缚人才发展的思想观念和体制机制障碍，实现了六个方面的创新突破。一是首次明确技工院校毕业生落户与大中专毕业生统一政策和办理通道；二是首次明确技工院校预备技师与普通高校本科学历相对应；三是首次明确技能人才流动的方向和途径，拓宽技能人才职业发展通道；四是首次明确工程技术类职业技能等级与专业技术职称之间比照认定的途径和办法，为高技能人才与专业技术人才建立双向互通的立交桥。五是首次明确各类技能人才申报专业技术职称的途径；六是首次明确急需紧缺型拔尖高技能人才通过专项招聘等渠道纳入事业单位编制。该文件进一步完善了政策机制，明确了拓宽成长通道的具体措施，对于加快推进我市高技能人才队伍建设具有现实意义和深远影响。

为积极应对我市经济社会快速发展背景下高技能人才缺口逐年增加的发展"瓶颈"，加大对企事业单位引进拔尖高技能人才工作的支持力度，人社局与市财政局、公安局联合印发了《武汉市高技能人才引进工作实施办法》（武人社发〔2016〕47）。从刚性引进和柔性引进两个方面，明确拔尖高技能人才引进的条件、程序和支持政策，引进的高技能人才可享受 30 万元一次性安家补贴及其他政策优惠。

20.5.4　市场化运行：香港职业训练局

香港职业训练局（简称"VTC"）于 1982 年成立，是香港最具规模的职业专才教育机构。其宗旨是为香港市民提供职业教育培训服务，并配合社会经济需求，负责制定、发展及推行训练计划，训练操作工、技工、技术员及技师，以促进工商及服务行业的发展。每年为约 25 万名学生提供全面的职前和在职培训，颁发国际认可的学历资格[①]。

香港是一个高度市场化的社会，职业教育也是如此，市场机制在职业教育资源配置方面发挥着决定性作用，主要反映在四个方面。

（1）机构高度精简。管理人员少，兼职教师比例大，教学场地多是租用的。职业训练局理事会是局内最高的管理组织，成员包括政府官员，以及来自工商、服务、工会、教育

---

① 职业训练局官网简介：http://www.vtc.edu.hk/html/tc/about/corp_info.html.

界的非政府人士。职业训练局理事会下设 5 个功能委员会、21 个行业训练委员会及 5 个跨行业的一般委员会，协助推行有关培训工作。

（2）教学设置紧贴市场需求。香港职业教育的目标明确，即为就业市场输送合适的劳动力。职业教育机构的招生办学计划、课程开设计划，甚至职业教育训练的课程内容，都是围绕着人才市场的供求信息制定的。香港职业训练局通常每两年一次对所在行业的人力资源需求状况进行全面调查，对现行职业教育规模、办学方向甚至课程内容作出客观评估，形成书面报告并公之于众。不仅为各办学机构提供指导，也帮助求学者选择专业和课程，提高就业率。从整体看，香港就业市场上需求最大的是具有一定技能的操作工和服务人员，因此，香港职业教育的重点是技工课程，主要培养技术工人和服务人员。

（3）办学布局社区化、网络化。办学机构的竞争、服务意识非常强烈，新居民点建到哪里，教学点就设到哪里，大型机构的优势十分明显。这些机构往往开设有十多个甚至数十个教学点，遍布各居民社区，形成庞大的职业教育网络体系，统一决策、集中管理、分散经营、独立核算，在市场竞争中显示出巨大优势。

（4）办学方式灵活多样。香港办学机构的经营方式是内地难以想象的，在中小学甚至居民区租一或二间空房，设一名管理人员，教学点就开办了，而且，同一个机构可以开办各种形式的教育，包括从普通教育到职业教育、成人在职培训，从全日制到夜校，从知识性、技能性到娱乐性、生活性等各类课程。多层次、全方位、大跨度的办学形式，使香港的职业教育涵盖面极广，受教育的人众多而具有顽强的生命力。香港的这种做法，也与联合国教育、科学与文化组织所大力提倡的对全民进行职业教育与终身教育的理念是完全一致的。

20.6　技能人才队伍发展的启示

随着国内对技能人才队伍建设的重视，独具特色、配套设施齐全、服务专业化的高技能人才培养体系、人才工作机制不断形成，也不乏一些影响广泛、成效显著的经典模式涌现。技能人才队伍建设的实践经验共性分析和发展趋势研究有助于从中提取有益元素，引领技能人才队伍建设。各地技能人才队伍建设特色迥异，剖析其实质，不外乎法律保障、政府支持、校企合作、资源整合、品质提升、氛围营造等。总结国内技能人才队伍发展地方经验，结合国外技能人才发展的先进做法[①]，为宁波市，乃至全国技能人才队伍建设提供了发展思路。

20.6.1　立法建设：技能人才队伍建设的制度保障

《珠海经济特区人才开发促进条例》进行了地方立法的有益尝试，《宁波市职业技能培

---

① 德国、美国、日本、澳大利亚等国家在技能人才培育方面更是建立了完善的法律体系，在技能人才培育方面的投入也有严格的法律保障，如韩国的"分担金"制度。他们还建立了十分完善的技能人才培育体系，在人才培训过程中创新培训模式，并且十分注重技能人才的技能实训，以德国为代表的双元制模式，以法国为代表的学校本位模式，以日本为代表的企业本位模式，以英美为代表的社会本位模式（即市场化的社会培训）等人才培养模式具有重要的借鉴意义。

训条例》从破解当前工作存在的问题入手，初步构建了具有宁波特色的职业技能培训制度框架。这些探索对于全国性制度的形成，将起到极大的借鉴作用。

国外先进国家尽管在技能人才培养上采取的方式不同，但具有一个共同的特征，即已经形成了相对完善的职业教育法律体系，具有十分重要的参考价值。

德国：1969 年《联邦职业教育法》作为职业教育的基本法规定了职业教育的定义、适用范围、相应的权利和义务等；其余的配合性法律如《企业组织法》《工商企业实训教师资格条例》等明确了企业职工委员会和企业在职业教育上的义务，并对企业实训师的基本条件、职责范围等作了相应规范。

日本：日本建立了一套职业训练法规体系，由三个部分构成，主要包括《职业训练基本法》职业训练单向法和规章、对职业训练产生影响的其他有关法律。

美国：美国在职业教育法律内容修订上是应对时代变迁反应最快的国家，针对不同时期的情况制定的主要法规有：《国防教育法》《人力资源开发和培训法》《综合就业培训法》《就业培训合作法》等，满足了不同时期对职业教育的要求。法国：

法国 1919 年颁布的第一部职业教育法《阿斯杰法》，确立了职业教育的法律地位。此外，法国通过立法强制了企业对职业教育的义务，既促进了职业教育机构的发展，又保证了企业对人才的需求。在教育经费方面，法律规定企业完成各项缴税义务后必须承担至少两项支出：一是按本企业上一年职工工资 1.5%的比例提取继续教育经费，用于本企业职工的在职培训，二是按上一年职工工资 0.5%的比例缴纳"学习税"，用于支持职业技术教育的发展。

20.6.2　经费保障：技能人才队伍建设的政府支持

无论是各式人才培养模式创新、公共实训基地建设、职业鉴定工作，还是以德国、瑞士等为代表的先进国家，技能人才队伍建设均得到了大量政府经费支持。以瑞士为例，《联邦职业教育法》规定联邦政府、州政府和行业组织都要承担职业教育资金的投入。2008～2011 年，联邦政府对职业教育投入 270.8 亿瑞士法郎，平均每年投入 67.7 亿瑞士法郎。设立技能人才专项资金，建立健全政府、企业、社会、个人等多元化技能人才建设投入机制，方能夯实技能人才工作基础。

（1）设立技能人才专项资金。市财政设立市级技能人才专项资金，资金投入每年增幅不低于市财政收入增幅，重点用于支持技工院校、公共实训基地、大师工作室等基础平台建设，对技能人才培养引进、师资培训、教材编写、教育研究、标准修订、题库开发、培训鉴定、技能竞赛、评选表彰等工作给予专项经费支持，及时跟踪监控各项目绩效目标实现情况，规范专项资金管理，提高使用效益，确保高技能人才队伍建设工作有序开展。

（2）确保企业技能人才培养投入。各类企业严格按照工资总额 1.5%～2.5%的比例，足额提取职工教育经费，并按不少于 60%的比例用于一线职工技能培训，企业应将职工教育经费的提取与使用情况列为厂务公开的重要内容，接受职工代表质询和全体职工监督。同时引导企业应按照国家有关规定制定激励办法，鼓励和支持职工参加相应的职业技能培训，对参加企业紧缺的工种高级技能以上培训并获得相应职业资格的，从职工教育培训经费中部分或全额报销培训和鉴定费用。

（3）鼓励社会力量积极参与技能人才队伍建设。鼓励社会各界参与兴办各类职业院校和社会职业培训机构，积极引导民间资本投入职业教育培训产业。鼓励金融机构为公共实训基地建设和参与校企合作培养高技能人才的职业学校、培训机构提供融资服务。鼓励和支持行业、企业和社会组织设立民间高技能人才建设基金，为开展高技能人才培养研修、技术攻关、创新交流、带徒传技等活动提供资金支持。企业和个人对高技能人才培养进行捐赠，按有关规定享受优惠政策。

20.6.3 校企合作：技能人才培养的必然选择

技能人才培养与使用脱节是当前技能人才队伍建设面临的最大挑战。走校企合作之路是实现技能人才培养目标的有效途径，把握企业、市场需求，紧跟产业、技术发展趋势是技能人才队伍建设的重点和难点。无论是以宁波职业技术学院"院园融合"为代表的企业主导的技能人才培养模式，还是职业鉴定模式突破、公共实训基地建设，均建立和完善了有效的工作机制和保障机制，从而建立起长久、稳固、实质性的校企合作人才培养模式。

技能人才的培养必须与经济发展密切相连。任何职业教育模式都离不开与经济界的合作，需随着经济结构和用人单位需求的变化而调整战略思路。例如，英国政府大力提倡教育与工商企业建立有效的联系，并要求教师到工商企业中去进行工作体验。美国社区学院的生存之道就在于其随时顺应经济发展的变化，课程设置和专业设置具有高度的开放性和灵活性。德国的双元制教育和日本的企业教育更是依靠企业内部力量培养技术工人，人才培养的专业化程度高，针对性强，受到产业界的普遍认可。

（1）探索企业新型学徒制试点。在有条件的大中型企业推行企业新型学徒制试点，以中、高级技能人才为培养目标，采取"企校双制、工学一体"模式，加快培养企业后备技能人才。建立企校双师联合培养制度，企业导师指导学徒进行岗位技能操作训练，学校导师承担学徒的学校教学任务；结合企业生产管理和学徒工作生活的实际情况，推行技工院校弹性学制和学分制；健全企业新型学徒制培训投入机制，学徒在学习培训期间，按照劳动合同约定，由企业根据学徒实际工作贡献支付不低于当地最低工资标准的学徒基本工资；对开展学徒制培训的企业按规定给予职业培训补贴，补贴资金从就业专项资金列支。

（2）创新技工院校高技能人才培养模式。以提高质量、促进就业、服务发展为导向，坚持学制教育与职业培训并举，深化技工（职业）院校办学机制改革，创新技能人才培养模式。优化专业设置和布局，重点发展与产业转型升级和战略新兴产业发展相适应的专业，逐步形成以省级品牌专业、市级特色优势专业构成的专业建设梯队；加强学校与行业、企业的深度合作，开展订单培养、委托培养，加快推进"招工即招生、入企即入校"的新型学徒制试点工作；支持行业企业、技工（职业）院校、社会组织按照"平等自愿、优势互补、资源共享、骨干带动"的原则，积极探索组建行业性、区域性技工（职业）教育集团。探索"知识＋技能"、单独招生、自主招生和技能拔尖人才免试等办法，开发优秀生源，拓展全日制招生规模，扩大非全日制招生规模。

20.6.4　氛围营造：技能人才的地位提升

社会氛围对个体行为潜移默化的影响不可替代,技能人才工作的活力和动力不是靠管出来的、不是靠政府的计划排出来的、不是靠财政资金扶持出来的,深入人心的自发行为才是动力的源泉所在。上海的"双证融通"便是探索学历教育与职业资格培训贯通的重要途径。

（1）谋求职业教育与普通教育等值。努力扭转职业技术教育处于低层次、面向社会下层和被轻视的状态,追求职业教育与普通教育的等值,乃是社会进步和发展的必然趋势。例如,美国的各类教育能够互相沟通,实行职业资格证书与学位文凭并行并重及有条件沟通的制度,构建人才培养的立交桥,实现了职业培训与普通教育的广泛沟通,实行不同类型的学习和教育机构间学分互认;英国建立了职业资格证书与普通教育证书的等值等效制度,其职业资格证书与普通学院教育文凭在地位上有对等的关系。职业教育与普通教育等值体系有利于提升技能人才的社会地位。

（2）成才途径的多样性和开放性。传统的职业教育使学生具有一定技能技术之后送入就业市场,而新型的职业教育则在注重培养学生的技能水平的同时更加重视学生的意愿、兴趣和创造力。从终生教育的观点出发,教育不再仅仅为经济发展服务,而转化为以个人的发展和成长为己任。对德国、瑞士等国家的学生来说,上职业学校从来不是低人一等的选择。在德国,只有 30%左右的人会选择上大学,约 70%的青少年在中学毕业后会接受双轨制职业教育,这种十分注重理论和实践结合的双轨制职业教育,保证了企业能够拥有一批技术娴熟的员工,帮助德国企业在经济全球化过程中始终保持强大竞争力。在瑞士,60%以上的适龄青年参与学徒制学习,学习内容包括文化知识、专业知识和实践操作三部分,其中,文化知识和专业知识在职业学校和职业培训中心学习,实践操作在企业中跟着师傅学习,学徒在企业中学习的时间占整个学习时间的 70%以上。

20.6.5　质量提升：技能人才队伍建设的品牌打造

江苏的鉴定品牌建设、苏州的技能竞赛品牌发展均是技能人才建设品牌打造的有益探索,近年来,芜湖的"芜湖工匠"品牌、常德的"常德工匠"品牌、大连的"大连技工"品牌等不断涌现。为了加快技能人才培养步伐,打造技能人才培训的高端品牌,促进广东省技工教育高端发展,从 2013 年起,广东省着力打造"世界知名、全国一流"的技师学院,致力于打造"技能人才硅谷"。宁波也以打造立足宁波、服务长三角、面向全国、放眼世界的技能人才开发、培训、评价和竞赛高地为目标,致力于打造"技能宁波"城市品牌,形成"技能之星"职业技能电视大赛、"技能宁波"活动月等品牌活动,营造"劳动光荣、技能宝贵、创造伟大"的良好氛围。

品牌建设有利于积极调动社会力量,提升技能人才工作影响力,有助于技能人才队伍的质量提升。

（1）突出地方特色,塑造品牌形象。围绕"技能宁波"品牌塑造,积极调动社会力量,着力提升宁波影响力。以品牌活动"技能之星"职业技能电视大赛为基础，根据宁波本地特色以骨干专业为核心组织开展多形式、多层次的品牌活动，奖励和宣传力度，重点推进"技能之星"电视技能大赛工作，加大对"技能之星"表彰、奖励和宣传力度，增强职业技能竞赛"宁波现象"的全国辐射效应。增设"技能宁波"活动月，全力搭建技能展示交流平台，采用"观摩、展示、体验"为一体的会展模式，集中开展"技能之星"比赛成果观摩，技术研修、技术攻关、技术技能创新等作品展示，技能实操体验等活动，提高"技能宁波"的社会影响力，共同营造"劳动光荣、技能宝贵、创造伟大"的社会氛围。

（2）品牌高端引领，提升队伍质量。通过"技能之星"职业技能电视大赛、"技能宁波"活动月系列活动，开展优秀高技能人才赴企业和技工院校宣讲示范活动，组织优秀高技能人才服务基层等各类形式的活动，发挥优秀高技能人才的团队核心作用，扩大优秀高技能人才的影响力和辐射面，促进技能人才队伍建设水平整体提升。同时，加强品牌活动管理，将品牌活动作为实现高质就业、推动转型发展、积累人才"红利"的重要抓手，高端引领，放大品牌效应。

20.6.6 资源整合：技能人才队伍建设的效率提升

当前，多头管理导致职能重复、资源浪费等问题，技能人才队伍建设工作不规范和无序竞争现象多发，缺乏统一规划，重复建设现象严重，资源配置效率低下。北京市鉴定管理服务体系改革、各地公共实训基地建设均为技能人才队伍建设资源整合与效率提升提供了良好的探索。

宁波市应把握"中国制造 2025"示范城市建设的良好契机，以公共实训基地、技能人才技能竞赛集聚高地建设、"技能创业"产业孵化平台建设为抓手，以技能人才信息服务平台为支撑，整合资源，不断提升资源配置效率。

（1）加强公共实训基地建设。紧密结合宁波产业发展导向，整体规划、合理布局，建设 1 家开放性、综合性、公益性的公共实训中心，面向社会提供职业技能研修培训、师资培训、职业技能鉴定、职业技能竞赛和职业技术成果交流等服务，充分发挥综合性公共实训中心对高技能人才队伍建设的示范引领作用。结合区域经济发展的特点和产业发展的需求，在区县周边共建 5 个区域性公共实训基地。发挥行业组织、龙头企业、职业院校、社会培训机构在专业领域的特色优势和优质资源，建设 5 个专业性公共实训基地。

（2）打造技能人才技能竞赛高地。全面整合宁波职教资源，充分发挥地方产业和政策优势，以公共实训基地建设项目为依托，借力宁波技师学院扩建工程，打造高技能人才竞赛高地。以骨干专业为核心在全市范围内组织开展多形式、多层次的职业技能竞赛活动，依托模具设计与制造、烹饪等优势专业，依托本地模具制造等产业优势资源，在优势专业和产业领域发起全国技能竞赛，积极承办省级、国家级技能大赛，争创世界技能大赛集训基地。积极建立和完善技能竞赛体系，超前谋划创新型顶层设计，努力打造全国高技能人才竞赛高地，以技能竞赛平台打开交流窗口，对接世界职业教育，提升师资水平，助力企业发展。

（3）搭建"技能创业"产业孵化平台。打造一批有宁波特色的"技能创业"产业孵化平台，围绕人才引领、创新驱动发展主线，构建"技能创业苗圃＋孵化器＋加速器"的全程孵化链条，形成"技能宁波"创业谷引领，"技能创业"乡镇/街道、"技能创业"小村/社区繁荣发展的"技能创业"新气象，成为宁波经济转型升级的重要抓手、"技能创业"的重要平台和载体、"技能宁波"建设的重要承载空间。

（4）开发一站式高技能人才信息服务平台。充分利用"互联网＋"战略带来的发展新机遇，整合现有"宁波培训网""宁波职业培训公共服务网""宁波就业创业网""宁波职业技能鉴定网"等门户网站的相关功能，开发集技能人才培训、引进、评价、使用和激励等环节的信息采集、查询、发布、申报、公示等功能为一体的一站式服务网站"宁波高技能人才信息服务平台"，推动移动互联网、云计算、大数据与技能人才队伍建设的融合。

第六篇　特　别　报　告

21 宁波市技能人才发展指数研究报告（2016）

21.1 引　　言

宁波是长三角南翼的经济中心，也是制造业强市，是全国首个"中国制造 2025"试点示范城市。近年来，宁波市从优化人才结构、化解就业结构性矛盾、推动产业转型升级的战略高度大力开展高技能人才队伍建设。通过完善工作机制、拓宽培养途径、创新评价方法、强化激励引导等举措，大力推进高技能人才工作，初步形成了政府、技工院校、企业合力培养高技能人才的新格局。在一系列技能人才政策的共同发力下，越来越多活跃在生产一线的技能人才，成为宁波市企业的中坚力量，撑起"宁波智造"半边天。

"宁波市技能人才发展指数研究"旨在构建宁波市技能人才发展指数的测度模型，了解和把握全市、各县市区及各行业技能人才发展水平的现状和变化趋势，为"技能宁波"建设提供及时、客观的决策依据。

21.2 测评对象、指标及方法

21.2.1 测评对象

本次调查研究旨在科学、系统、全面直观地了解宁波市各县市区和各重点行业的技能人才发展情况。对此，本次调查研究通过问卷调研、委托专业机构调研等方式，调查了宁波市 14 个县市区和重点发展区域共 513 家企业、3063 名技能人员及 10 家技工院校（技能学校）的技能人才发展情况。其中，企业涉及国有企业、外资企业、民营企业等多种企业类型；所调研的企业和技能人员主要涵盖制造业和现代服务业两个领域，共 17 个重点行业（表 21.1），其中制造业主要包括传统优势产业和新兴产业两个方面。各行业企业样本数量和技能人才样本数量均保持均衡，其中企业样本在 30 份左右，技能人才样本为150～250 份；样本的地域分布基本符合各县市区的产业特征和政策导向。

表 21.1　重点研究产业

新兴产业	新能源与节能技术	新材料	生物医药
	精密仪器仪表	电子信息与光电	
传统优势产业	机械制造与模具	汽车及零部件	纺织服装
	石化	钢铁冶金	日用家电
现代服务业	人力资源服务	会展与旅游	餐饮服务
	现代物流	科技服务	

21.2.2　测评指标

21.2.2.1　指标设计原则

指标选择是构建技能人才发展指数测评模型的第一步。指标选择的好坏直接影响指数的信度和效度。本研究在设计技能人才发展指数测评指标过程中主要遵循了以下几点原则。

第一，有效性。有效性是指所构建的技能人才发展测评指标能够真正反映宁波市技能人才发展的情况。从统计学上来讲就是指标有效度，测量所需要的结果与外部标准具有高的相关度。

第二，全面性。全面性是指指标体系在描述技能人才发展时能够涵盖足够多的方面，使得评价指标能够尽可能地反映技能人才发展的情况。但是全面性并不意味着面面俱到，而是要能够把握关键要素，用简短精练的指标内容将所需要的各方面的指标描述出来。

第三，独立性。独立性是指各个指标应当是不能相互替代，没有相近内容，不存在交集的。在指标设计时，应当考虑指标之间是否存在因果、相关等关系，选择能够反映最多所需信息的指标。

第四，可操作性。可操作性是指所建立的指标体系在数据收集、数据统计和分析上具有操作性的。指标设计本身就是为了应用到实际中，如果没有可操作性，即使是最全面最完美的指标体系也只能是纸上谈兵，毫无现实意义。可操作性要求数据可获得，能够通过各种专业年鉴、实际调查或者在已有数据的基础上加工获得；可操作性要求数据可分析，即要求数据可量化，尽量少用定性指标。此外，指标层级过多也会阻碍数据的统计和分析，因此指标设计需少而精。

第五，动态性。动态性是指所建立的指标不仅能够反映现实的技能人才发展情况，而且能够反映其未来发展趋势。技能人才发展与产业结构调整、经济发展密切相关，这决定了技能人才发展的衡量指标也需要随着环境的变化不断做出调整。

第六，导向性。导向性是指所建立的指标能够反映当前技能人才发展中存在的问题，并指出是哪方面的问题，为公共政策的发展起到导向作用。

21.2.2.2　指标体系设计

在以上原则的指导下，本研究借鉴全球人才发展指数、上海市人才发展指数、江苏省人才发展指数、全国区域人才发展指数等指数的指标，结合技能人才的特点和宁波市经济社会发展情况，设计了宁波市技能人才发展指数指标体系（2016）（表21.2）。该指标体系包含一级指标4项，二级指标10项。

表21.2　宁波市技能人才发展指数指标体系（2016）

一级指标	二级指标	指标解释
技能人才发展供求指数	技能人才供给指数	技能人才增长数 高技能人才增长数
	技能人才需求指数	技能人才缺工情况
技能人才发展质量指数	技能人才结构指数	技能人才年龄结构① （包括技能人才总体年龄结构和高技能人才年龄结构） 技能人才技能等级结构② 技能人才学历结构③
	技能人才流动指数	（技能人才增加数＋技能人才离职数）/技能人才总数
技能人才发展潜力指数	技能人才储备指数	35岁以下技能人才占比
	技能人才培训指数	技能培训教学水平
		技能培训效果（是否对工作有帮助）
技能人才发展环境指数	技能人才发展 工作环境指数	对培训机制、晋升机制、薪酬制度、激励机制、工作场所满意度
	技能人才发展 政策环境指数	政策满意度 政策知晓度
	技能人才发展 文化环境指数	对职业教育的认可度 对技能人才的尊重和认可度
	技能人才发展 环境信心指数	对目前工作的信心 对未来技能人才发展的信心

21.2.3　测评方法

21.2.3.1　指标权重确定

本研究运用层次分析法构造判断矩阵，充分利用技能人才相关领域专家对技能人才发展的理解，参照萨迪1～9标度法则，通过两两比较重要性赋予指标相应的权重。

本研究邀请了8位专家填写"技能人才发展指数测评指标重要性调查表"，通过8位专家打分结果的处理，对各项指标的两两比较数据分别取众数并讨论形成比较一致的指标相对重要性打分结果。根据该打分结果，形成各级指标的判断矩阵。一次计算一级指标相对于目标层（技能人才发展指数）的权重，二级指标相对于一级指标的权重，并进行一致性检验和层次单排序，运用yaahp7.5软件进行计算，各指标判断矩阵及检验结果见表21.3～表21.7。

---

① 计算方法：将35岁以下的技能的权数定义为1，36～45岁定义为0.8，46～55岁定义为0.6，56岁以上定义为0.4，技能人才年龄指数等于各年龄段技能人才所占比例与其权数乘积。

② 计算方法：将技师定义的权数为1，高级技师为1.2，高级工为0.8，中级工为0.6，初级工为0.4，技能人才技能等级指数等于不同职称技能人才所占比例与其权数乘积。

③ 计算方法：将本科学历的技能人才的权数定义为1，将研究生、大专、大专以下学历分别定义为1.2、0.6、0.4，技能人才学历指数等于各学历层次的技能人才所占比例与其权数乘积。

表 21.3　一级指标重要性评价

	技能人才发展供求指数	技能人才发展质量指数	技能人才发展潜力指数	技能人才发展环境指数	W_i
技能人才发展供求指数	1	1/2	1	2	0.2336
技能人才发展质量指数	2	1	1	3	0.3645
技能人才发展潜力指数	1	1	1	2	0.2777
技能人才发展环境指数	1/2	1/3	1/2	1	0.1242

一致性检验：CR = 0.0171＜0.10，通过一致性检验

表 21.4　二级指标重要性评价（技能人才发展供求指数）

	技能人才供给指数	技能人才紧缺指数	W_i
技能人才供给指数	1	1	0.5
技能人才紧缺指数	1	1	0.5

一致性检验：CR = 0.00＜0.10，通过一致性检验

表 21.5　二级指标重要性评价（技能人才发展质量指数）

	技能人才结构指数	技能人才流动指数	W_i
技能人才结构指数	1	3	0.75
技能人才流动指数	1/3	1	0.25

一致性检验：CR = 0.00＜0.10，通过一致性检验

表 21.6　二级指标重要性评价（技能人才发展潜力指数）

	技能人才储备指数	技能人才培训指数	W_i
技能人才储备指数	1	1/3	0.25
技能人才培训指数	3	1	0.75

一致性检验：CR = 0.00＜0.10，通过一致性检验

表 21.7　二级指标重要性评价（技能人才发展环境指数）

	技能人才发展工作环境指数	技能人才发展政策环境指数	技能人才发展文化环境指数	技能人才发展环境信心指数	W_i
技能人才发展工作环境指数	1	3	3	3	0.4811
技能人才发展政策环境指数	1/3	1	2	3	0.2586
技能人才发展文化环境指数	1/3	1/2	1	1	0.1345
技能人才发展环境信心指数	1/3	1/3	1	1	0.1259

一致性检验：CR = 0.0444＜0.10，通过一致性检验

此外，根据专家意见，技能人才发展结构指数所涉及的三项指标中，技能等级因素对技能人才发展的影响较大而学历的影响较小，因此不适宜加权平均，因此对技能人才发展结构指数的三项指标亦通过层次分析法计算权重，如表 21.8 所示。

表 21.8　二级指标重要性评价（技能人才发展结构指数）

	技能人才年龄指数	技能人才学历指数	技能人才技能等级指数	W_i
技能人才年龄指数	1	3	1/3	0.2605
技能人才学历指数	1/3	1	1/5	0.1062
技能人才技能等级指数	3	5	1	0.6333

一致性检验：CR = 0.0372＜0.10，通过一致性检验

由此，最终得出各级指标对于总目标——技能人才发展指数的权重，如表 21.9 所示。

表 21.9　宁波市技能人才发展指数的权重

目标层	一级指标		二级指标		
	目标	权重	目标		权重
技能人才发展指数	技能人才发展供求指数	0.2336	技能人才供给指数		0.1168
			技能人才紧缺指数		0.1168
	技能人才发展质量指数	0.3645	技能人才结构指数（0.2734）	技能人才年龄指数	0.0712
				技能人才学历指数	0.0290
				技能人才技能等级指数	0.1731
			技能人才流动指数		0.0911
	技能人才发展潜力指数	0.2777	技能人才储备指数		0.0694
			技能人才培训指数		0.2083
	技能人才发展环境指数	0.1242	技能人才发展工作环境指数		0.0597
			技能人才发展政策环境指数		0.0321
			技能人才发展文化环境指数		0.0167
			技能人才发展环境信心指数		0.0156

21.2.3.2　原始数据处理

由于指标体系中各个指标原始数据的来源、单位、类型等存在很大的不同，拥有不同量纲，各指标不具有可比性，因而在不专门设置权重的情况下，如果不进行标准化处理，与标准差较小的指标相比，相对较大标准差的指标会在计算中隐含着相对较大的权重。因此必须对指标体系中各指标的原始数据进行无量纲化处理，使其能够满足数据的可比性、统一规范性和高保真性。

无量纲化处理的方法有很多，本节采用比重法对原始数据进行处理，即将实际值转化为它在指标值总和中所占的比重。为使数据更为直观，将标准化后的数据乘以 100，其公式为

$$X_i' = \frac{X_i}{\sum_{i=1}^{n} X_i} \times 100$$

21.2.3.3　技能人才发展指数的计算方法

技能人才发展指数反映的是技能人才发展程度的相对值，具体来讲，发展指数是每个地区、每个行业在所有评价指标上的相对总体平均水平，其计算方法是将指标体系中各指标的数值乘以各自的权重后再求和，具体计算过程如下。

三级指标数值的计算：三级指标数值是技能人才发展指数系统评价指标的基础，其数值直接采用原始数据无量纲化后处理各指标的数值，即

$$X_i = X_i'$$

二级指标数值及分指数的计算：根据技能人才发展指数指标体系设置的指标，某地区（产业）的第 k 项二级指标的数值 B_i' 可以根据其相对应的三级指标数值加权相加的办法得到，其计算公式为

$$B_i' = \frac{\sum_{i=c(k)}^{d(k)} X_i'}{d(k)-c(k)+1}(i=1,2,3,\cdots,m;k=1,2,3,\cdots,n)$$

分指数 B_i 由相应的三级指标的数值乘以其各自的权重再相加求得，其计算公式为

$$B_i = \sum_{i=c(k)}^{d(k)} X_i'W_i(i=1,2,3,\cdots,m;k=1,2,3,\cdots,n)$$

式中，$c(k)$ 表示技能人才发展指数评价指标体系中第 k 项二级指标所对应的第一个三级指标在指标体系中的序号；$d(k)$ 表示技能人才发展指数评价指标体系中第 k 项二级指标所对应的最后一个三级指标在指标体系中的序号；n 表示智慧城市发展指数评价指标体系中二级指标的数目；W_i 表示三级指标相对应的权重。

技能人才发展指数及其计算方法：将指标体系中二级指标的数值乘以其权重后再求和，计算公式为

$$A = \sum_{i=1}^{n} B_iW_i$$

式中，A 表示某地区（行业）的技能人才发展指数；B_i 表示某一二级指标的具体分数值。

21.3　各行业技能人才发展指数的测评结果与统计分析

21.3.1　各行业技能人才发展综合指数的测评结果与统计分析

本研究对宁波市 17 个行业的技能人才发展数据进行了测算，具体得分情况如图 21.1 所示。从图 21.1 中可以看出，在这 17 个重点研究行业中，没有得分在 5.00 以下的行业，

表明宁波市各行业技能人才发展都比较好①。其中，技能人才发展指数在[6.00，6.50）区间的行业领域有 9 个，分别是钢铁冶金（6.47）、汽车及零部件（6.45）、纺织服装（6.26）、商业与贸易（6.17）、石化（6.15）、生物医药（6.12）、餐饮服务（6.03）、会展与旅游（6.02）及日用家电（6.01）；技能人才发展指数在[5.50，6.00）的行业领域有 5 个，分别是人力资源服务（5.92）、精密仪器仪表（5.81）、电子信息与光电（5.74）、现代物流（5.73）、机械制造与模具（5.53）；技能人才发展指数在[5.00，5.50）区间的行业领域有 3 个，分别是新能源与节能技术（5.31）、新材料（5.20）及科技服务（5.06）。

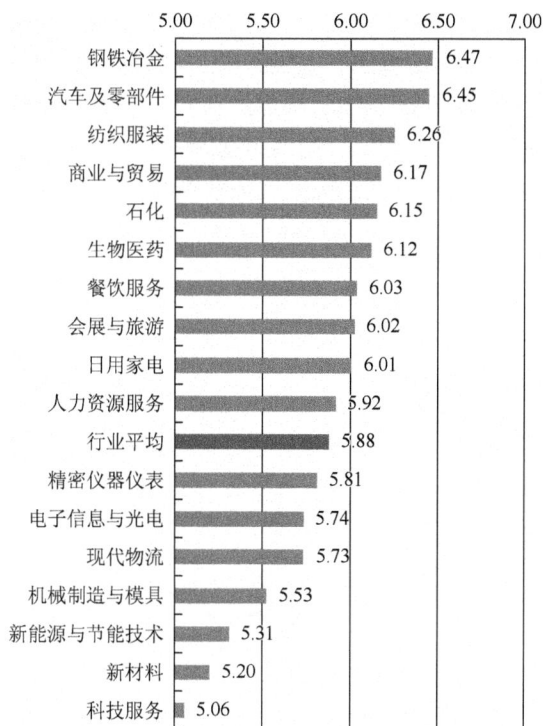

图 21.1　各行业技能人才发展指数

总的来看，石化、汽车及零部件、钢铁冶金、纺织服装等传统工业产业的技能人才发展指数得分较高，这些行业发展时间长，形成了比较完善的行业制度，在技能人才的发展上也较为完善；新兴产业中，生物医药行业技能人才发展相对而言比较完善，但新材料、新能源与节能技术两个行业的技能人才发展还需要进一步提升。而在现代服务业中，商业与贸易、餐饮等传统服务业技能人才发展比较好，相对而言，科技服务业等新兴服务业的技能人才队伍还需要不断优化。

① 技能人才发展指数分为 6 个层次："不好[0，4）"、"不太好[4，5）"、"一般[5，6）"、"比较好[6，7）"、"好[7，8）"、"非常好[8，10）"，统计结果表明，技能人才发展指数位于 5.88 左右为市场平均水平，指数高于 5.88 表明该行业技能人才发展处于整个技能人才市场的先导队伍，指数低于 5.88 表明技能人才发展水平比市场平均水平要低，在整个人才市场中间水平，指数低于 4.5 则表明该行业技能人才发展水平较为落后。

21.3.2 各行业技能人才发展分指数的测评结果与统计分析

21.3.2.1 技能人才发展分指数的比较分析

由图 21.2 可得，三种产业在技能人才发展的质量指数、潜力指数、环境指数上相差都不大，主要差异体现在供求指数。其中传统优势产业的供求指数得分明显高于新兴产业和现代服务业，传统优势产业的技能人才发展的供求状况比较好，新兴产业技能人才发展供给指数在 5.0 以下，可见新兴产业技能人才发展供求状况比较严峻。在质量指数上，传统优势产业的得分比较低，在 5.5 以下，新兴产业的得分较高。在潜力指数上，新兴人才发展潜力得分最低，相对而言发展潜力较为不足。在环境指数上，现代服务业的技能人才发展环境指数相对偏低，现代服务业在技能人才发展环境上需要做进一步努力。

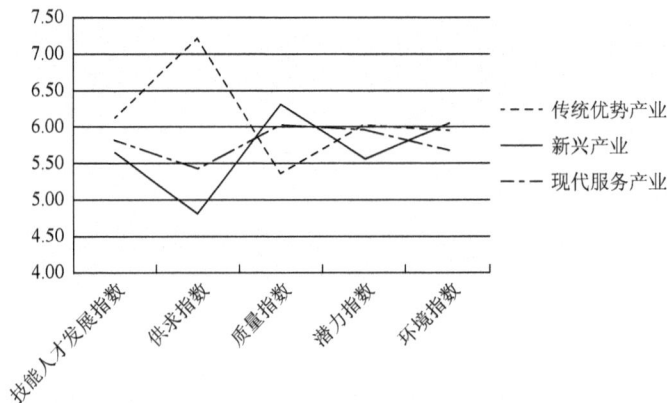

图 21.2 三类产业技能人才发展分指数均值比较

21.3.2.2 技能人才发展供求指数分析

由图 21.3 可以看出，各行业技能人才供求指数分值差异较大。其中，传统优势产业的供求指数得分都相对较高，在 7 以上，供求状况相对较好；新兴产业供求指数得分较低，相对于其他行业供求状况比较严峻；现代服务业供求指数得分差异较大，其中，商业与贸易行业供求状况良好，餐饮服务和会展与旅游行业供给状况较好，人力资源服务业供求状况处于一般水平，科技服务和现代物流供求状况比较严峻。

具体从供给和需求两个方面来看，传统优势产业无论是供给指数还是需求指数，得分相对而言都比较高，并且大多需求指数得分高于供给指数，如图 21.4 所示，说明大部分传统优势产业对技能人才的需求相对而言不是很大，这主要是因为大部分传统优势产业都面临产能过剩和结构调整等问题，在短期内对人才的需求量不是很大。

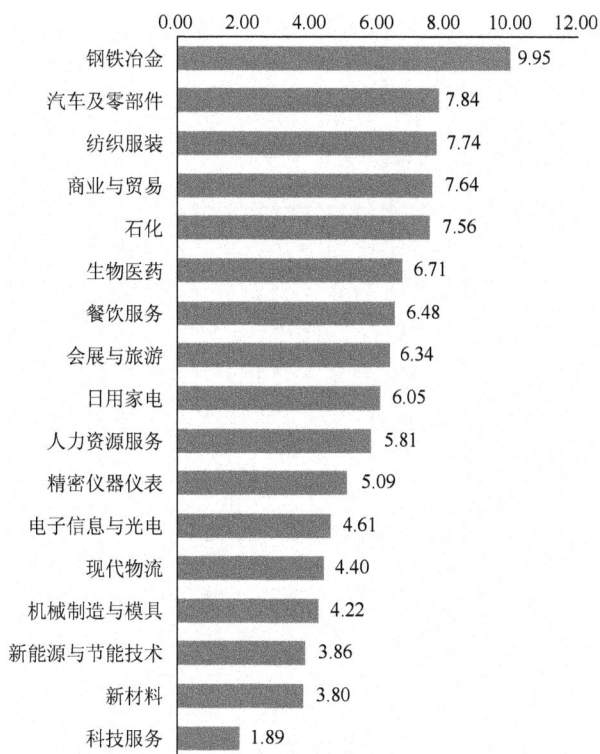

图 21.3 各行业技能人才发展供求指数

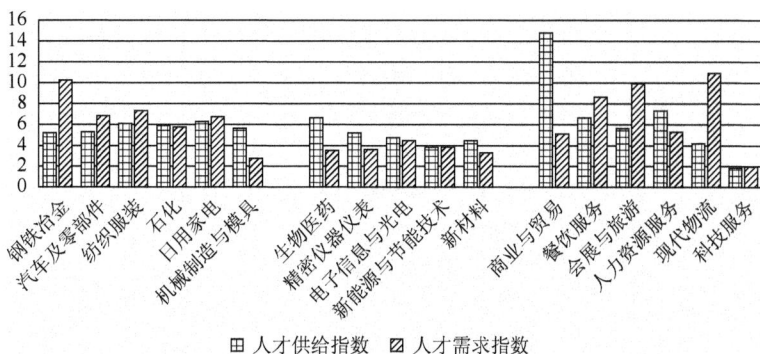

⊞ 人才供给指数 ▨ 人才需求指数

图 21.4 三类产业技能人才供给指数与需求指数

新兴产业的供给指数和需求指数得分都比较低，并且供给指数得分几乎都大于需求指数。新兴产业对技能人才的需求相对而言比较大，尤其是在产业转型升级的背景下，"宁波制造2025"等方案都提出了要加快新材料、新能源等新兴产业的发展，这都离不开相关领域的技能人才的推动，企业对新兴产业技能人才的需求量大。

现代服务业中，除科技服务业以外，其他行业的供给指数和需求指数都比较高，现代服务业的供求状况相对于其他行业发展得比较好。然而，现代服务业的供给指数和需求指数差异比较大，其中商业与贸易行业技能人才供给指数得分明显高于其他行业，现代物流行业技能人才需求指数得分明显高于其他行业。科技服务业无论是在供给指数还是需求指数上得分都比较低，供求状况比较严峻。

21.3.2.3　技能人才发展质量指数分析

在人才质量指数上（图21.5），钢铁冶金、石化、汽车及零部件的技能人才发展质量指数在[4,5）区间内，技能人才发展指标不太好；商业与贸易、新材料、会展与旅游、餐饮服务、纺织服装行业的技能人才发展质量指数在[5,6）内，技能人才发展质量一般；人力资源服务、机械制造与模具、生物医药、电子信息与光电、新能源与节能技术、科技服务、日用家电、精密仪器仪表、现代物流等行业技能人才发展质量指数在[6,7]之间，技能人才发展质量比较好。

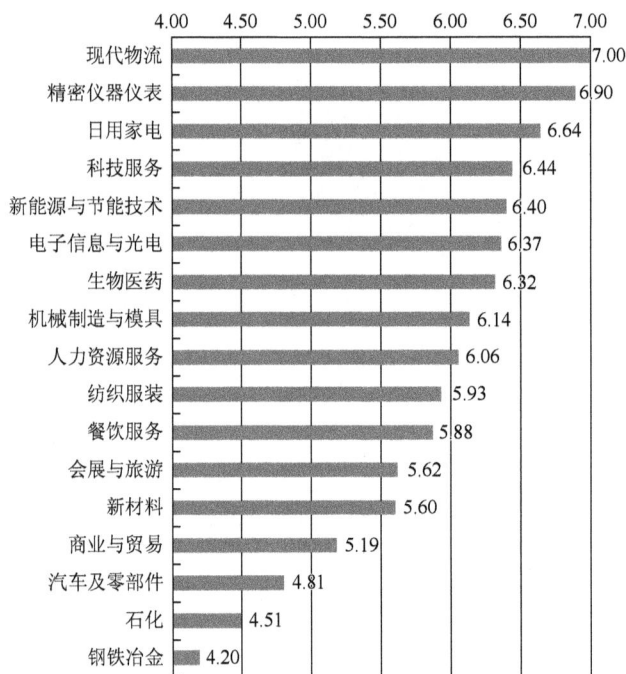

图 21.5　各行业技能人才发展质量指数

在技能人才发展结构指数上（图21.6），通过原始数据的分析能够更加准确地反映各行业技能人才发展情况。从中可以更加明显地看到，三类产业技能人才年龄结构偏年轻化，年龄结构得分均在0.75～0.80，现代服务业的平均年龄指数最高，为0.79。虽然技能人才总体年龄结构偏年轻化，但是在高技能人才中，年龄结构偏向老龄化，均在0.60～0.70。在技能等级结构上，新兴产业技能等级结构得分最高，在0.60以上，但总体而言，三类产业的技能结构指数都比较低，高技能人才缺乏；在学历结构上，学历结构指数也比较低，基本在0.60～0.70之间，其中新兴产业的学历结构得分最高，在0.70以上，传统优势产业的得分较低。

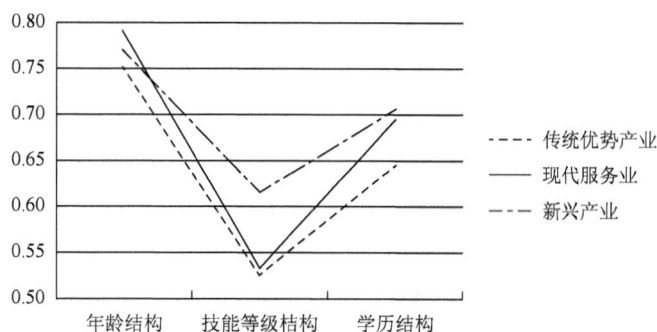

图 21.6 三类产业技能人才发展结构分指数

在人才流动方面（图 21.7），三类产业的技能人才流动指数差别较大。其中新兴产业人才流动指数最高，人才稳定性好，有利于技能人才技能提升；传统优势产业人才流动指数在[6.00, 7.00）区间内，人才稳定性比较好；现代服务业技能人才流动指数在[3.00, 4.00）区间内，人才流动相对而言比较频繁，不利于技能提升。

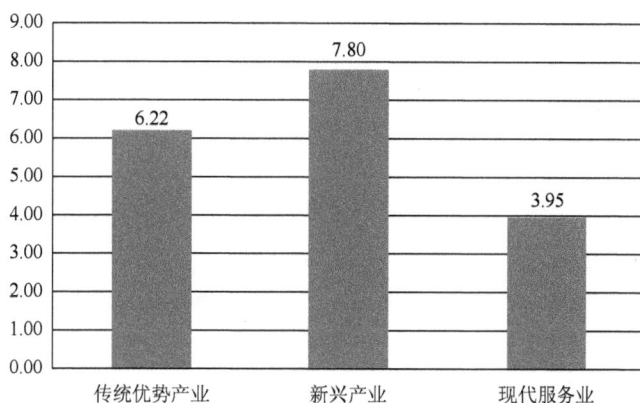

图 21.7 三类产业技能人才发展流动指数比较

21.3.2.4 技能人才发展潜力指数分析

在技能人才发展潜力指数上（图 21.8），商业与贸易、汽车及零部件、纺织服装、人力资源服务、日用家电的技能人才发展潜力指数得分较高，在[6.00, 7.00）区间；新能源与节能技术的技能人才发展潜力指数得分较低，在 5 以下。

从图 21.9 中可以更加明显地看到，新兴产业在人才储备上得分明显低于传统优势产业和新兴产业。这有可能是因为新兴产业发展时间比较短，对技能人才的要求也比较高，在短期内这方面的人才储备比较少。同时，新兴产业的技能人才培训也还存在诸多不足，相关产业专业化的培训师资力量也比较匮乏，因而新兴产业技能人才发展培训指数偏低。而传统优势产业经过多年的发展，在技能培训上相应的制度比较完善，培训指数相对较高。

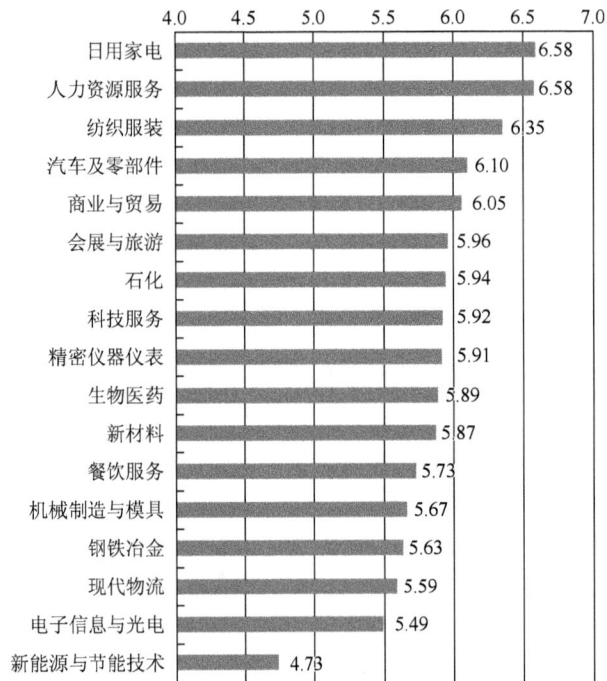

图 21.8　各行业技能人才发展潜力指数

21.3.2.5　技能人才发展环境指数分析

在技能人才发展环境指数上（图 21.10），所有行业得分均在 5.00 以上，其中电子信息与光电、日用家电、精密仪器仪表、餐饮服务、人力资源服务、钢铁冶金、新材料、生物医药和汽车及零部件等 9 个行业技能人才发展环境指数在[6.00, 7.00）区间，技能人才发展环境比较好；纺织服装、会展与旅游、机械制造与模具、现代物流 4 个行业得分在[5.50, 6.00）区间，技能人才发展环境一般；商业与贸易、石化、新能源与节能技术、科技服务 4 个行业得分在[5.00, 5.50）之间，技能人才发展环境相对而言不是很好。

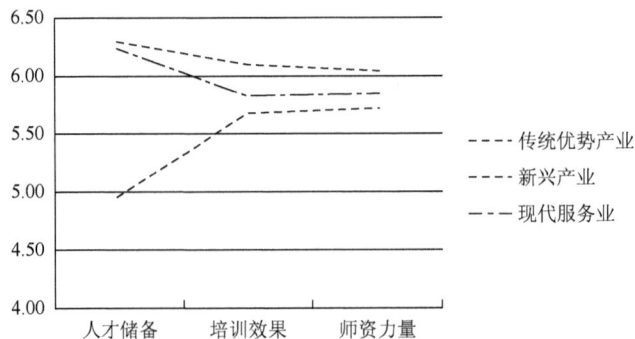

图 21.9　三类产业技能人才发展潜力指数分指数比较

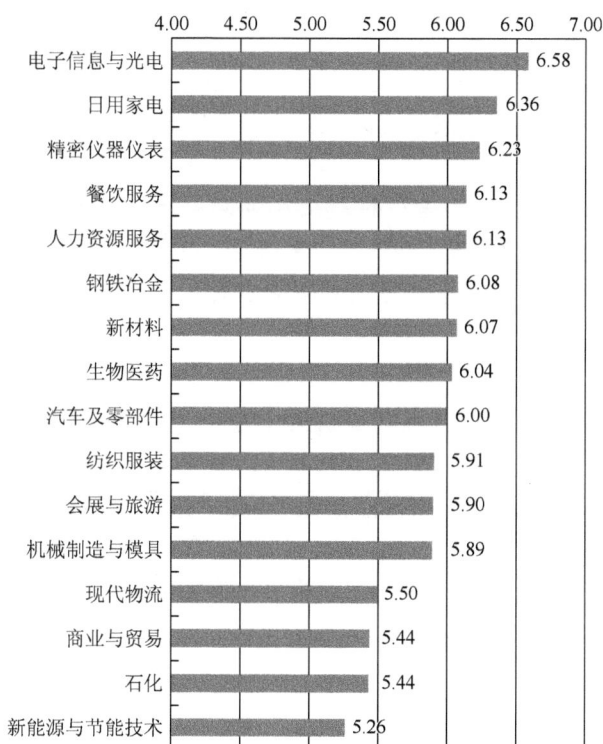

图 21.10　各行业技能人才发展环境指数

在环境指数各个维度①上可以看到（图 21.11），在工作环境上，传统优势产业得分较高。传统优势产业发展多年，在宁波地区已经形成比较成熟的产业体系，不少企业在长期发展过程中也积累了不少组织管理经验，在薪酬指数、福利制度、晋升制度等方面相对比较完善。虽然近几年受到产业转型升级压力，企业在薪酬福利上有所削减，但其相关的组织制度还是得到大部分人的认可。相比之下，新兴产业发展时间短，虽然在工作场所环境方面做得较好，但在组织制度、规则上还需进一步完善。现代服务业中，不少服务业还停留在传统服务业的组织理念和运营模式上，且技能人才流动速度较快，企业对于技能人才的关心稍显不足。

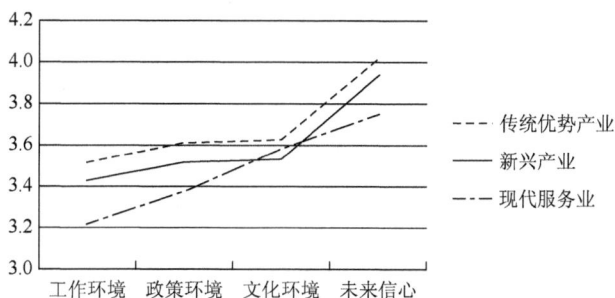

图 21.11　三类产业技能人才发展环境分指数分析

---

① 由于技能人才发展环境指数是通过李克特 5 点量表来测量的，通过原始数据的分析，能够较为完整地体现技能人才发展环境各方面的情况。

在政策环境上，传统优势产业和新兴服务业的技能人才政策环境明显高于现代服务业。宁波作为"中国制造 2025"试点示范城市，出台了大量政策促进技能人才的培养、引进，为技能人才队伍发展提供政策支撑。但是技能人才政策主要针对制造业企业，对于服务业企业关注较少。

在文化环境上，三类产业的技能人才发展文化环境差异不大，均在 3.6 左右。可见当前社会对技能人才的认同度越来越高，技能人才越来越得到社会的认可和尊重。

技能人才发展环境信心指数在环境指数中得分最高，大部分技能人才对于未来发展都抱有乐观积极态度。

21.4 各县市区技能人才发展指数测评结果与统计分析[①]

21.4.1 各县市区技能人才发展综合指数的测评结果与统计分析

本研究对宁波市 14 个县市区及重点发展区域的技能人才发展指数进行了测量，如图 21.12 所示。

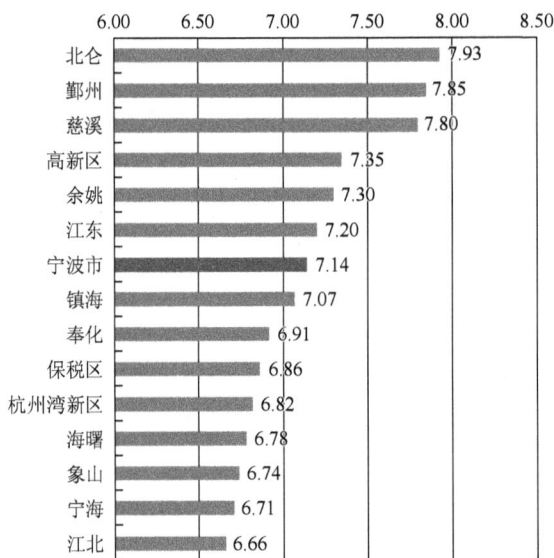

图 21.12 宁波市各县市区技能人才发展指数

在这 14 个地区中，没有技能人才发展指数低于 6.50 的地区，说明宁波市技能人才发展总体比较好。其中，在[7.50, 8.00)区间的地区有 3 个，分别是北仑（7.93）、鄞州（7.85）、慈溪（7.80），这 3 个地区在宁波市技能人才发展中处于领先地位；在[7.00, 7.50)区间的地区有 4 个，分别是高新区（7.35）、余姚（7.30）、江东（7.20）、镇海（7.07），这 4 个地区是宁波市技能人才发展的中坚地区；在[6.50, 7.00)区间的地区有 7 个，分别是奉化（6.91）、保

---

① 各县市区包括 11 个县市区和 3 个重点发展区域，为行文方便，本书的各县市区指 11 个县市区和 3 个重点发展区域。

税区（6.86）、杭州湾新区（6.82）、海曙区（6.78）、象山（6.74）、宁海（6.71）、江北（6.66），是宁波市技能人才发展的潜力地区。

21.4.2 各县市区技能人才发展分指数的测评结果与统计分析

21.4.2.1 技能人才发展供求指数分析

在技能人才发展的供求指数上（图 21.13），鄞州、慈溪、余姚、北仑得分在 8.00 以上，供求情况好；镇海、高新区、江东区得分在 7.00 以上，供求状况比较好；象山、海曙得分在[6.00, 7.00)，供求状况一般；奉化、江北、杭州湾新区、宁海、保税区得分在[5.00, 6.00)，供求状况相对而言较为严峻。

从供给指数和需求指数两方面看（图 21.14），北仑、鄞州、杭州湾新区的供给指数得分比较高，相对而言技能人才的增长数比较多；慈溪、高新区、余姚、镇海的需求指数得分比较高，企业的缺工状况相对而言不是很严重。北仑、鄞州、奉化、保税区、杭州湾新区、象山和宁海均是供给指数得分高于需求指数得分，表明这些地区人才供给侧相对而言比人才需求侧发展得好，其中杭州湾新区和保税区的人才供给指数和需求指数分差较大，表明这些地区在人才需求方面的情况比较严峻，需要重点关注技能人才发展需求侧；慈溪、高新区、余姚、江东、镇海、海曙和江北均是人才需求指数得分高于人才供给指数得分，表明这些地区在技能人才的需求侧发展得比供给侧好，其中高新区、余姚、镇海的供给指数和需求指数分差较大，在人才供给方面的情况相对而言比较严峻，需重点关注技能人才发展的供给侧；海曙、象山、宁海、江北等地供给指数和需求指数的得分相对而言都比较低，需要"供"、"需"两手抓，促进技能人才的供需平衡。

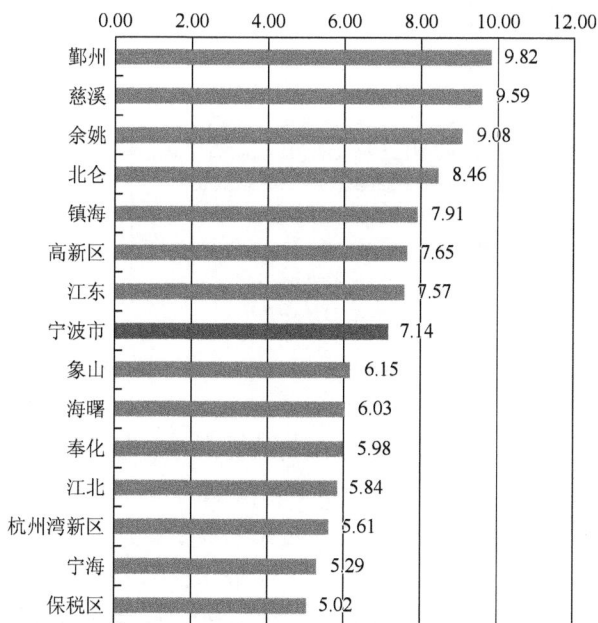

图 21.13 各县市区技能人才发展供求指数

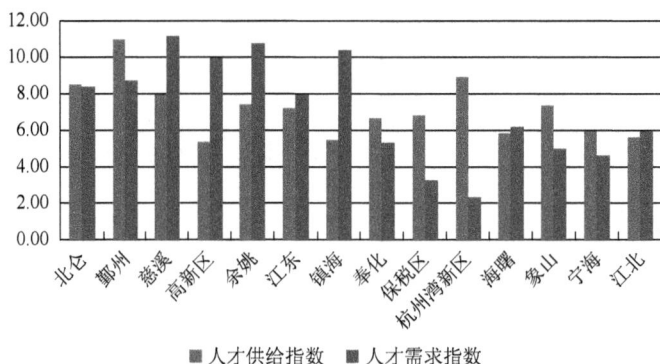

图 21.14　各县市区技能人才发展供给指数和需求指数

21.4.2.2　技能人才发展质量指数分析

从技能人才发展的质量指数看（图 21.15），北仑的技能人才发展质量明显领先于其他地区，保税区、宁海、奉化、江东、慈溪、鄞州、象山、杭州湾新区技能人才发展质量指数均在 7.00 以上，技能人才发展质量好；高新区、镇海、海曙、江北、余姚等地的技能人才发展指数也均在[6.00, 7.00)，技能人才发展质量也处于较好的水平。

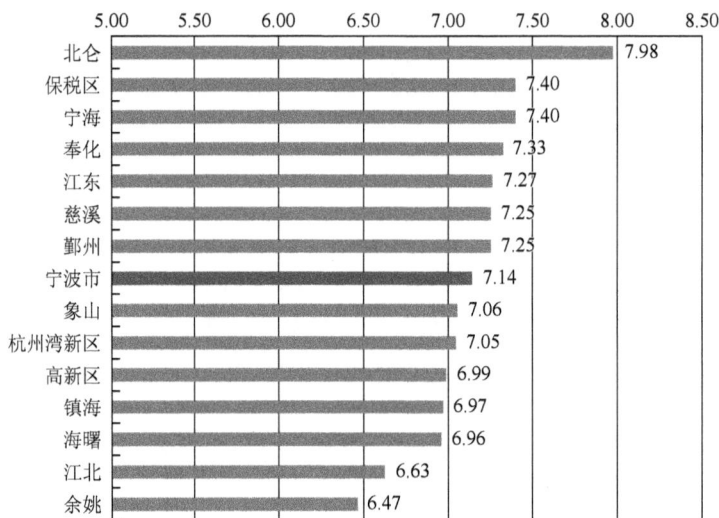

图 21.15　各县市区技能人才发展质量指数

从人才结构上看（表 21.10），各县市区的技能人才总体年龄结构分数都比较高，均在 0.8000 左右，而技能人才的年龄结构基本上在 0.8500 以上，北仑、慈溪、余姚、高新区、杭州湾新区更是达到了 0.9000 以上，可见当前宁波技能人才的年龄结构趋于年轻化，存在很大的发展动力。然而，高技能人才年龄结构却并不如技能人才总体年龄结构那么乐观，高技能人才的年龄结构在 0.6000～0.7000，高技能人才队伍缺乏年轻血液。此外，技能等级结构和学历结构也并不乐观。技能等级结构中，大部分地区的得分在

0.5000~0.6000，最大值也仅为 0.6989，可见各地区的技能人才中，高级工、技师和高级技师占比较小，高技能人才缺乏依然是宁波市技能人才发展过程中存在的重要问题。在学历结构上，大部分地区的得分在 0.6000~0.7000，最高不超过 0.8000，可见技能人才学历水平并不高。虽然技能人才的培养重实操而轻理论，重技能而轻学历，但是随着产业转型升级，新兴产业尤其是高新技术产业快速发展，需要技能人才掌握更全面的知识，学历的提升有助于技能人才为产业发展贡献更多力量，同时学历也是技能人才个人职业发展的重要保障。

表 21.10　各县市区技能人才发展结构指数分指数

	总体年龄结构	分指数		技能等级结构	学历结构
		技能人才年龄结构	高技能人才年龄结构		
镇海	0.7822	0.8647	0.6997	0.6989	0.6562
北仑	0.7957	0.9162	0.6752	0.6941	0.7318
保税区	0.7778	0.8886	0.6669	0.6461	0.6474
慈溪	0.8009	0.9347	0.6670	0.6206	0.7521
杭州湾新区	0.8334	0.9698	0.6970	0.6142	0.6355
宁海	0.7477	0.8567	0.6387	0.5995	0.5822
宁波市	0.7866	0.9051	0.6680	0.6456	0.6675
海曙	0.7634	0.8743	0.6524	0.5819	0.6845
奉化	0.7695	0.8931	0.6459	0.5784	0.6857
鄞州	0.7532	0.8825	0.6238	0.5761	0.6008
江东	0.7799	0.8593	0.7005	0.5740	0.7753
江北	0.7894	0.8934	0.6854	0.5581	0.5923
象山	0.7223	0.8215	0.6231	0.5388	0.6036
高新区	0.8022	0.9188	0.6855	0.5347	0.7381
余姚	0.8247	0.9583	0.6911	0.4761	0.7775

在人才流动指数上（图 21.16），保税区、象山、宁海、鄞州、奉化、江东、北仑的人才流动指数比较高，由于该指标是一个反向指标，已进行反向处理，人才流动指数高表明这些地区人才相对比较稳定。技能的提升需要长时间的实践和经验积累，流动率过高会消耗大量的时间和精力，不利于技能人才培养。因此，镇海、高新区、杭州湾新区等地的企业在提高技能人才队伍稳定性上需要作进一步努力。

21.4.2.3　技能人才发展潜力指数分析

技能人才要持续发展，人才潜力是不容忽视的因素。从各县市区技能人才发展潜力指数来看（图 21.17），保税区、北仑的人才发展潜力指数大，在 7.50 以上；高新区、杭州湾新区、鄞州、江北、慈溪、江东、海曙的技能人才发展潜力得分在[7.00, 7.50)区间内，技能人才发展潜力较大；余姚、奉化、镇海、象山、宁海等地的技能人才发展潜力指数在[6.50, 7.00)区间内，发展潜力相对而言稍弱。

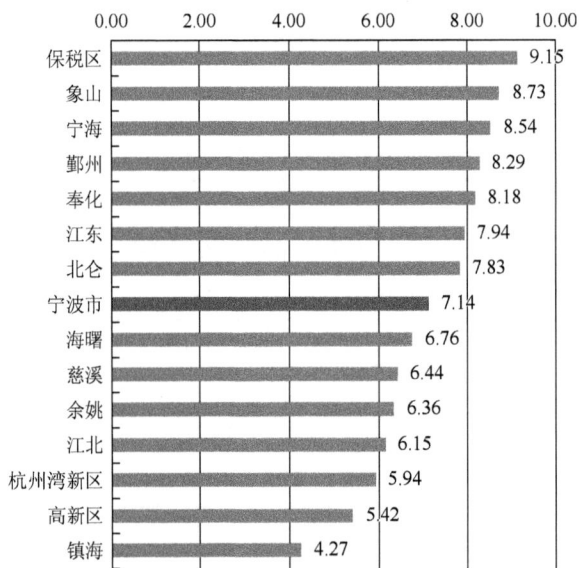

图 21.16　各县市区技能人才发展流动指数

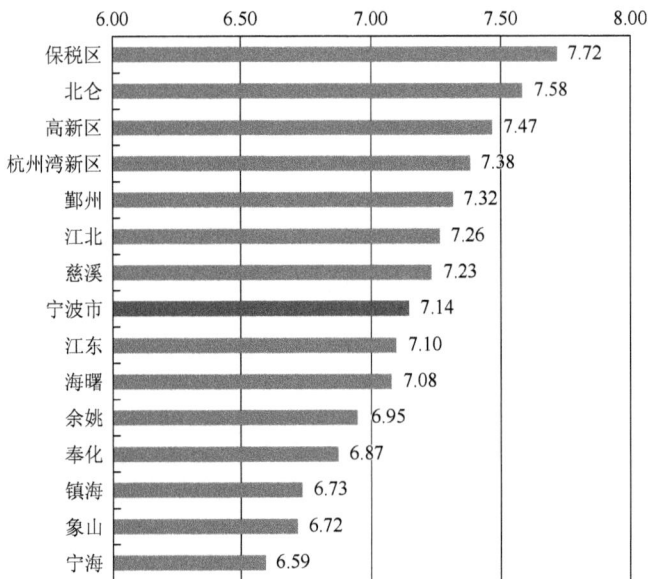

图 21.17　各县市区技能人才发展潜力指数

在人才储备上，根据各企业的调查情况，大部分县市区企业 35 岁以下技能人才比例均在 50%以上。年轻技能人才是未来推动宁波市技能人才发展的中坚力量，人才储备的雄厚展现了宁波市技能人才发展的巨大潜力。

在人才培训上（表 21.11），技能人才对培训老师的授课水平和培训效果的满意度大部分在 3～4 之间，满意度并不是很高，并且对老师授课水平的满意度略高于对培训效果的满意度。在培训效果上，鄞州区的培训效果满意度明显高于其他地区，这主要源于技能培训机构的地域分布不均匀。当前宁波市建立的 7 家市级高技能人才实训中心中，市本级有3 家，北仑、余姚、象山、宁海各 1 家。鄞州区作为宁波市的市辖区，其技能培训资源相对比较充足。

表 21.11　各县市区技能人才发展培训指数（原始数据）

地区	培训效果	授课水平
鄞州	4.30	3.78
保税区	3.93	3.93
余姚	3.85	3.90
北仑	3.84	3.84
海曙	3.82	3.73
江北	3.78	3.83
高新区	3.77	3.77
宁波市	3.71	3.73
奉化	3.70	3.46
江东	3.65	3.75
慈溪	3.57	3.57
象山	3.56	3.68
镇海	3.49	3.67
杭州湾新区	3.47	3.83
宁海	3.41	3.63

21.4.2.4　技能人才发展环境指数分析

在技能人才发展环境指数上（图 21.18），高新区、宁海、奉化、北仑等地的技能人才发展环境指数在 7.50 以上，发展环境好；慈溪、余姚、杭州湾新区、鄞州、海曙技能人才发展环境指数在[7.00, 7.50)区间内，技能人才发展环境较好；象山、江北、保税区、江东、镇海等地的人才发展环境在[6.50, 7.00)之间，人才发展环境相对而言比较一般。

具体而言（表 21.12），高新区、奉化、慈溪、北仑等地区的工作环境得分较高，这些地区的企业在薪酬福利、晋升激励等机制上相对而言比较完善，为技能人才发展提供良好的工作环境和工作氛围；在政策环境上，奉化、鄞州等地区政策环境得分较高；在文化环境上，镇海、江东、保税区等地得分相对较低，人们对于技能人才的认同度和尊重感还不够高，应当加强宣传，提升社会对技能人才的认同感。

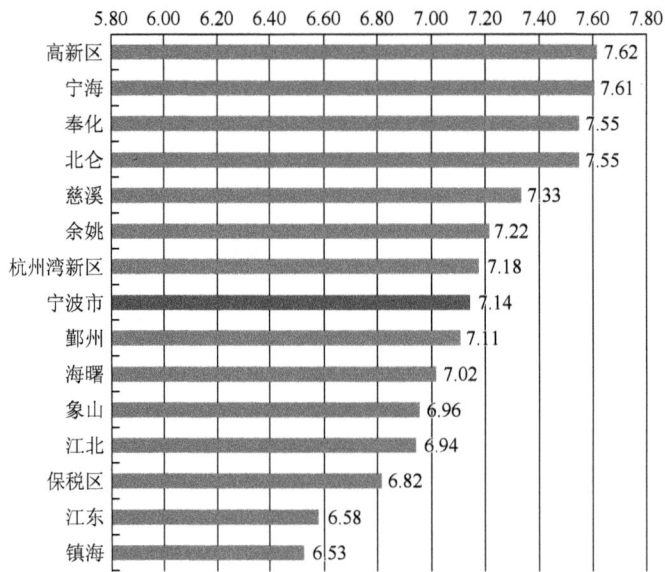

图 21.18　各县市区技能人才发展环境指数

表 21.12　各县市技能人才发展环境指数分指数（原始数据）

	工作环境	政策环境	文化环境	发展信心
高新区	4.13	3.11	3.40	3.98
奉化	4.02	3.90	4.01	4.01
慈溪	3.78	3.47	3.42	3.46
北仑	3.70	3.67	3.62	4.07
宁海	3.45	3.79	4.16	4.45
余姚	3.45	3.54	3.48	4.16
杭州湾新区	3.34	3.71	3.44	4.11
江北	3.32	3.38	3.58	3.79
象山	3.30	3.10	3.57	3.48
保税区	3.27	3.23	3.30	4.14
鄞州	3.25	3.90	3.42	3.81
海曙	3.11	3.67	3.72	4.20
江东	3.03	3.43	3.25	3.73
镇海	2.91	3.46	3.23	3.55
宁波市	3.45	3.55	3.56	3.91

从 4 个环境分指数的平均值中可以看出，工作环境指数相对于其他分指数得分较低，工作环境的改善是未来各地提高技能人才发展环境的重点。此外，本次调查显示，所有地区无论是工作环境、政策环境、文化环境还是发展信心均在 3.00 以上，可见各县市区技

能人才发展的环境在不断完善[①]。而技能人才发展环境信心指数的得分大多在 4.00 左右，明显高于其他指标，表明宁波市技能人才普遍对技能人才的未来发展持乐观态度。

21.5　主　要　结　论

21.5.1　技能人才发展情况总体较好，北仑、鄞州、慈溪领跑全市

在对 17 个重点行业的技能人才发展指数测算中，没有出现低于 5.00 的发展状况不好的行业；在对 14 个县市区及重点发展区域的技能人才发展指数测算中，没有出现低于 6.50 的地区，宁波市技能人才发展指数总体比较高。其中，北仑、鄞州、慈溪三个地区的技能人才发展指数在各县市区和重点发展区域中位于前三位，并且在技能人才供求、质量、潜力、环境等分指数上也处于一个较为领先的水平。

21.5.2　技能人才供求指数差异较大，供求状况复杂

钢铁冶金、汽车及零部件、服装纺织等传统优势产业的供求指数得分相对较高，均在 7.0 以上，供求状况相对较好。在两化融合等政策刺激和市场需求拉动下，生物医药、新能源与节能技术、新材料等新兴产业对技能人才的需求量大，对技能人才的需求大于供给，供求指数得分较低，供求状况比较严峻。现代服务业供求指数得分差异较大，商业与贸易行业供求状况良好，科技服务和现代物流供求状况比较严峻。

21.5.3　技能人才年龄结构不尽合理，高技能人才比重偏低

技能人才发展结构指数结果显示，技能人才总体年龄结构指数在 0.9000 左右，35 岁以下的技能人才占比高于 50%，技能人才队伍呈现"年轻化"趋势。但是高技能人才年龄结构指数在 0.6000 左右，高技能人才平均年龄超过 46 岁，呈现"老龄化"趋势，人才断档问题比较突出，年轻高技能人才短缺。此外，技能人才技能等级结构指数在 0.5000～0.7000 之间，技能人才以中级工为主，高技能人才较为匮乏。

21.5.4　技能人才发展环境日趋完善，工作环境仍需改善

从本次调查的原始数据看，各地区、各行业技能人才发展的工作环境、政策环境、文化环境和环境发展信心指数均在 3.00 以上，相对于 2015 年，技能人才对发展环境更加满意。但工作环境指数相对其他环境指数得分较低，需进一步完善企业的薪酬福利、晋升、培训等机制。

---

① 在问卷中，环境指数的测量是通过询问被试，与 2015 年相比，是否认为 2016 年的环境有所改善或是以更加满意的方式进行测量的，3 表示没有变化，3 以上表示有所改善。

21.5.5　传统优势产业技能人才发展基础好，但人才质量有待提升

除机械制造与模具行业外，石化、汽车及零部件、钢铁冶金、纺织服装等传统产业的技能人才发展指数得分较高，均在 6.00～6.50 之间，主要是这些产业发展比较成熟，更加重视技能人才培养。在分指数上，传统优势产业的技能人才发展供求指数、潜力指数、环境指数得分都较高，基本都在 6.00 以上，但质量指数得分较低，为 5.37。当前，传统优势产业正向高端化、智能化、绿色化方向发展，亟须提高技能人才质量。

21.5.6　新兴产业技能人才发展质量高，人才发展潜力相对不足

生物医药、精密仪器仪表、电子信息与光电、新能源与节能技术等新兴产业是宁波市未来制造业发展的重点。这些产业目前的平均技能人才发展质量指数为 6.32，相对于传统优势产业和现代服务业，技能人才发展质量高。但新兴产业的人才潜力指数明显低于传统优势产业和现代服务产业。这主要是由于新兴产业发展时间比较短，对技能人才质量要求也比较高，而相关的培训力量比较匮乏，人才培训质量不高，人才储备量不足。

21.5.7　现代服务业技能人才发展不平衡，科技服务业需重点关注

在现代服务业中，商业与贸易、餐饮服务等传统服务业技能人才发展比较好，在技能人才发展指数及分指数中得分都较高，但科技服务业等新兴服务业的技能人才发展指数得分较低，尤其是在技能人才供给指数和环境指数上，科技服务业的得分都比较靠后。科技服务业是调整优化产业结构、培育新经济增长点的重要举措，是实现科技创新引领产业升级、推动经济向中高端水平迈进的关键一环，需对科技服务业重点关注。

21.6　政　策　建　议

21.6.1　优化行业企业技能人才培养机制，适应行业企业发展需求

针对各行业技能人才发展水平差异大的问题，建议行业组织发挥自身优势，结合本行业生产、技术发展趋势，做好需求预测和培养规划，指导本行业开展高技能人才培养工作。建立企业职工培训制度，实行技能培训与考核评价、工资待遇相结合的激励机制，根据生产经营、科技创新和技术进步的需要，组织职工开展多种形式的职业技能培训。各类企业特别是大中型企业，结合企业生产发展和技术创新需要制定高技能人才培养规划，依法建立和完善职工培训制度。

21.6.2　创新技工院校技能人才培养模式，扩大技能人才储备

针对新兴产业人才发展潜力不足的问题，建议技工院校创新技能人才培养模式，全面

提升技能人才培养能力。一是根据《中国制造 2025》行动纲要的指导，结合宁波市产业发展现状优化专业设置和布局，重点发展新材料、新能源、信息技术、智能家电、装备制造等相关产业工种，发展一批与宁波产业结构相适应，具有良好发展前景的专业。二是鼓励技工院校与企业共同合作开展"招工即招生、入企即入校、企校双师共同培养"的企业新型学徒制试点，加快培养企业青年技能人才。

21.6.3　完善技能人才柔性引进机制，提升技能人才整体水平

完善技能人才柔性引进机制，一是通过优化人才引进补助和奖励制度，在国内外引进宁波先进制造业、海洋经济、智慧制造发展急需的高技能人才，提高宁波市各产业尤其是新兴产业的技能人才质量；二是通过人才、项目、引资相结合的方式，引进新材料、临港石化、纺织服装、智能家电、装备制造等相关重点产业的技能培训大师，以及具有丰富教学经验和专业技能的技校名师，以此提升宁波市技能人才培训师资力量，为优化技能培训，提升技能人才整体水平提供优质的师资资源。

21.6.4　强化技能人才表彰激励制度，营造"技能宝贵"的社会风尚

针对技能人才发展的文化环境相对不完善的问题，建议强化技能人才表彰激励制度。一是要进一步完善技能大奖和技术能手评选表彰制度，完善高技能人才享受国务院、省、市政府特殊津贴的相关政策；二是要提升高技能人才的政治待遇，发展党员、评选劳模、推荐人大代表和政协委员工作适当向高技能人才倾斜，推选高技能人才代表参与政府产业政策制定研讨会或听证会，充分发挥技能人才参政议政作用；三是要加大高技能人才创新成果的推广应用，加大创新成果推广奖励力度，激发企业及高技能人才的自主创新积极性，股份制企业可实行技术入股，对科技攻关和技术革新做出突出贡献的高技能人才，通过奖金期权、股权分配等多种形式给予相应奖励，以此激发高技能人才的创新活力，营造"劳动光荣、技能宝贵、创造伟大"的社会氛围。

21.6.5　建立技能人才供需预警系统，促进技能人才合理配置

针对技能人才供求情况复杂、供求矛盾突出的问题，建议定期开展针对技能人才总量、结构、行业分布等情况的调研，探索建立技能人才调查统计工作机制，对技能人才的需求结构进行研判，为培养引进各类各层次技能人才提供数据支撑。按照"立足当前、适度超前"的原则，做好技能人才需求预测工作，加快建立宁波技能人才供需预警系统，制定应急预案。对供求失衡警情进行即时监测和趋势预判，根据警情级别启动相应的应急预案。探索建立监测激励机制，激发行业组织、企事业单位参与监测的积极性，提升技能人才供需数据的系统性、及时性和精确性。

第七篇　工　作　重　点

22 形势分析与工作重点

——2017 年宁波市技能人才工作重点

李克强总理在 2016 年的政府工作报告中提出"工匠精神"后，在 2017 年的政府工作报告中进一步强调，要大力弘扬工匠精神，厚植工匠文化，恪尽职业操守，崇尚精益求精，培育众多"中国工匠"，打造更多享誉世界的"中国品牌"，推动中国经济发展进入质量时代。我国比历史上任何时期都更需要一支拥有现代科技知识、精湛技艺技能和较强创新能力的高素质技能人才队伍。

22.1 宁波市技能人才发展形势分析

技能人才是创新技术技能、创造社会财富的主要力量，在推动技术创新、经济发展和社会进步中发挥着基础作用。加强技能人才队伍建设，对于提升城市核心竞争力、加快宁波市先进制造业中心和"中国制造 2025"试点示范城市建设具有重大意义。

22.1.1 宁波市技能人才发展的现实基础

近年来，宁波市委市政府高度重视技能人才队伍建设，将其作为人才强市的重要举措，不断加大投入，拓宽培养途径，完善评价方法，强化激励措施，推动了宁波市技能人才、特别是高技能人才队伍的建设。2016 年，宁波市以争创国家技能人才振兴综合示范区为目标，助推技能人才开发工作，弘扬"工匠精神"，打造"技能宁波"城市品牌，形成以下鲜明特色：技能人才队伍发展稳步前进、地方立法护航技能人才开发、行动计划引领技能人才工作、发展指数评估技能人才发展、"155"公共实训体系搭建培养平台、"港城工匠"计划助力技能人才提升、品牌活动打造"技能宁波"城市品牌；取得以下成效：职业教育培训稳步发展、技能人才评价机制日益健全、技能人才平台建设取得新进展、技能人才培养政策不断完善，较好地促进了宁波市经济社会的发展。

22.1.2 宁波市技能人才发展的主要问题

在充分肯定宁波市高技能人才队伍建设成绩的同时，也发现了一些短板和问题。一是技能人才总量严重短缺。近年来，宁波市技能人才数量远远不能满足市场需求，据统计，现宁波市每年新增高技能人才约 3 万人，实际需求约 5 万人，缺口较大。二是技能人才结构不甚合理。宁波市高技能人才占技能人才比例为 25.8%，低于全国 26%的平均水平，与宁波市作为沿海经济发达城市和制造业大市的地位不匹配，领军人才缺乏，断层现象严重。

三是技能人才的孵化器失灵。高职、中职学校是技能人才孵化的基地，然而不少学校培养的学生因专业错位、学用脱节、实操能力不强，难以快速适应企业一线岗位，难以快速成长为技能人才，造成一边是企业缺少技能人才求贤若渴，一"技"难求，另一边是不少高职、中职学生就业困难，一"岗"难求。

22.1.3　宁波市技能人才发展的环境形势

从国际环境看，经济全球化、新一轮技术革命、产业结构调整、气候变化、人口老龄化等，给劳动力市场带来巨大挑战，也蕴含着新的机遇。新一轮科技革命和产业变革蓄势待发，全球治理体系深刻变革，世界经济在深度调整中曲折复苏、增长乏力，主要经济体走势分化。大力发展职业教育和技能培训，培养更多更好的高素质技能人才，在世界范围弘扬劳动光荣、技能宝贵、创造伟大的时代风尚，已逐渐成为全球共识和许多国家的国策。未来劳动世界的就业形式和工作形态将更加多元化，人与技术、人与单位、人与劳动、人与社会之间的关系也会发生新的变化，对技能人才的培养提出了新的更高要求。

从国内环境看，经济发展进入新常态，发展速度变化、结构优化、动力转换特征愈加明显。"中国制造2025"、"互联网＋"等创新驱动战略全面启动，对技能人才工作提出了更高要求。我国制造业体量巨大但缺乏核心技术，长期处于产业链条的末端，大力推进传统制造业转型升级，但却面临"设备易得、技工难求"的尴尬局面。科技的进步、产业的发展需要技能人才的规模、结构、层次、布局与之相协调。

从宁波市具体环境来看，宁波市主动适应和引领经济发展新常态，全面推进改革创新的关键时期，为技能人才工作提供了良好的机遇，也提出了更高的要求。党的十八届五中全会指出，要把改革重点由单纯的需求端向供给侧和需求端并重转变，把人才强国和促进大众创业万众创新作为创造新供给的重要抓手，把推进人事制度改革作为激发活力的重要源泉，这为技能人才工作指明了方向。宁波市委、市政府提出了打造港口经济圈和建设制造业创新中心、经贸合作交流中心、港航物流服务中心等"一圈三中心"战略任务，将人社工作放在经济社会发展更加突出的位置，技能人才工作受到重视。特别是"中国制造2025"试点示范城市建设，对技能人才工作提出了更高的挑战，同时也为技能人才发展提供了良好的机遇，技能人才队伍建设比任何时刻都更为迫切。

22.2　2017年宁波市技能人才工作重点

2017年技能人才工作，坚持以党的十八大、十八届三中、四中、五中全会精神为指导，围绕"中国制造2025"试点示范城市建设和企业转型升级对技能人才的需求，以实施推进宁波市高技能人才"十三五"规划和"技能宁波"三年行动计划为主导，重点抓好政策体系完善、公共实训平台建设、技能领军人才集聚、技能创业孵化、技工学校发展等工作，大力推进技能人才队伍建设。全年目标组织实施技能人才培训20万人次，培养高技能人才3万名，新建市级技能大师工作室10家。

（1）完善健全宁波市职业培训政策体系。以在全国率先颁布的地方性法规《宁波市职业技能培训条例》为契机，抓紧完善职业培训政策，制定该条例配套管理办法。加大培训补贴资金投入，重点开展在岗职工技能提升培训、农村实用性技能人才培训、大学生就业前技能培训。研究探索出台差别化职业补贴标准，鼓励企业、院校和培训机构积极参与面向社会的技能人才培训，提高培训补贴资金使用成效。加强技能人才工作基础研究，加快推进创建中国（宁波）高技能人才研究院建设，继续发布2017年《宁波市技能人才发展指数报告》，提高技能人才培养的科学性和前瞻性。

（2）深入实施高技能人才"155"公共实训基地建设。一是重点建设市级综合性公共实训中心，在2016年制定工作方案、成立工作领导小组及调研论证基础上，2017年重点要做到：编制《项目可行性研究报告》和《宁波技师学院迁建项目建议书》，完成项目立项工作。争取按照项目有关规定进行招投标，进行土建建设。二是启动实施区域性公共实训基地及专业性公共实训基地建设工作。在完成2016年区域性公共实训基地、专业性公共实训基地的前期调研论证工作的基础上，启动实施"5＋5"实训基地建设，重点推动硬件建设，统筹考虑软件建设，推动财政、国土等相关职能部门做好经费统筹、土地配套等工作，同时各县（市、区）要提前谋划，主动配合好"5＋5"实训基地建设。

（3）抓好技工院校发展建设。加强技工院校发展的综合筹划和布局，着眼长远建设，强化内涵发展，创新技能人才培养模式，探索先进的教育理念和教学方法，瞄准市场需求调整专业布局，做强做优主干专业，夯实多元办学基础。一是设立技工院校发展专项经费。在高技能人才专项经费中单列"技工院校发展经费"。二是筹建技工学校"教研教改研究室"，积极借助专家资源，建立由职能部门、技工学校和职业院校多方组织的柔性研究室，加强技工学校管理的前瞻性谋划、专业科学设置等方面的指导和推动。三是在职业院校和应用型普通高校探索推进"技能学分制"。发挥技工学校学生培养重视实操的特点，联合教育部门出台"技能学分制"，由技工院校根据自身专业优势和特点，面向职业院校和普通高校开设实训公开课，把技能学分纳入职业院校和应用型普通高校学生培养体系。

（4）积极实施"551"高技能引才集聚计划。围绕宁波市战略性新兴产业和重点优势产业，大力开展紧缺高技能人才培养和引进工作。一方面，结合宁波市产业发展特点，在充分了解掌握需求基础上，组织用人单位赴国内外产业发达地区引进高技能领军人才，重点引进获得"中华技能大奖"、国家和省"技术能手"等荣誉称号的高技能人才。另一方面，充分发挥市场配置作用，在各级人才网开设高技能人才专栏，收集发布高技能人才需求信息，定期举办高技能人才场招聘会和网络高技能人才招聘专场；积极发挥人力资源中介的作用，多途径引进技能人才。

（5）启动实施技能创业孵化平台建设。按照《"技能宁波"三年行动计划（2016—2018年）》的要求，启动实施技能创业孵化平台建设。一是会同相关职能部门，制定技能创业孵化平台建设的实施方案，明确各部门工作职责，重点落实资金、场地、人员等配套工作。二是开展全市技能创业情况摸底调研，借助各县（市、区）的力量，深入摸清各地技能创业的经验做法和不足，重点调研各地乡镇/街道、村/社区的技能创业孵化情况。三是根据实施方案及调研情况，今年启动建设1家全市引领的创业开发园区，扶持1家"技能创业"乡镇/街道，继续评选3家大学生创业培训示范基地。

（6）开展宁波市职业技能人才培训体制改革。宁波市职业技能人才培训体制改革已被列入 2017 年宁波市社会体制改革任务。计划于 2017 年 3 月底前，出台职业培训机构管理办法、职业技能培训鉴定补贴实施办法、职业技能竞赛管理办法、职业技能鉴定工作管理办法、差别化职业补贴标准等政策。6 月底前，提出高技能应用型人才体制机制改革方案，启动宁波市高技能人才公共实训中心、宁波技师学院迁建、世界技能大赛中国集训基地前期论证工作。9 月底，编制出台宁波市技能人才发展指数。12 月底，研究出台关于改善技能人才待遇的意见，探索建立高技能人才津贴制度。

附　录

附录1　宁波市技能人才发展重要政策（2016年）

《宁波市职业技能培训条例》

宁波市人民代表大会常务委员会
公　告
（十四届第 17 号）

《宁波市职业技能培训条例》已报经浙江省第十二届人民代表大会常务委员会第二十八次会议于 2016 年 3 月 31 日批准，现予公布，自 2016 年 7 月 1 日起施行。

宁波市人民代表大会常务委员会
2016 年 4 月 20 日

浙江省人民代表大会常务委员会
关于批准《宁波市职业技能培训条例》的决定

（2016 年 3 月 31 日浙江省第十二届人民代表大会
常务委员会第二十八次会议通过）

根据《中华人民共和国立法法》第七十二条第二款规定，浙江省第十二届人民代表大会常务委员会第二十八次会议对宁波市第十四届人民代表大会常务委员会第二十八次会议通过的《宁波市职业技能培训条例》进行了审议，现决定予以批准，由宁波市人民代表大会常务委员会公布施行。

宁波市职业技能培训条例

（2015 年 12 月 29 日宁波市第十四届人民代表大会常务委员会第二十八次会议通过
2016 年 3 月 31 日浙江省第十二届人民代表大会常务委员会第二十八次会议批准）

目　　录

第一章　总　　则

第一条　为了提高劳动者职业技能和就业、创业、创新能力，引导和规范职业技能培训活动，根据《中华人民共和国职业教育法》《中华人民共和国就业促进法》《中华人民共和国民办教育促进法》和其他有关法律、法规，结合本市实际，制定本条例。

第二条　本条例适用于本市行政区域内劳动者职业技能培训、鉴定及相关管理活动。

本条例所称职业技能培训，是指培养、提高劳动者职业素养和职业能力的培训活动，主要包括就业前培训、在职培训、再就业培训、创业培训等。

第三条　职业技能培训以服务就业、提高技能、促进经济转型发展为目标，坚持政府引导、企业为主、社会参与、城乡统筹、就业导向的原则，发挥企业和劳动者的积极性。

第四条　市和县（市）区人民政府应当建立职业技能培训协调机制，统筹、协调、指导和推动本行政区域内的职业技能培训工作。

第五条　人力资源和社会保障部门（以下简称人力社保部门）是职业技能培训工作的主管部门。

发展和改革、教育、财政、市场监管、民政、经济和信息化、商务、农业、统计等部门和工会、共青团、妇联、残联等社会团体，应当按照各自职责，做好职业技能培训的组织管理和具体实施工作。

第六条　职业技能培训工作应当纳入市和县（市）区国民经济和社会发展规划、人才发展总体规划。

人力社保部门应当会同发展和改革、教育等部门，结合本地区产业发展特点和社会治理需求，围绕提升劳动者技能水平，制定职业技能培训中长期规划和年度计划，并组织实施。

第七条　劳动者有依法参加职业技能培训的权利。

企业和其他用人单位有保障职工参加从事岗位所需技能培训的义务。

第二章　设立和实施

第八条　民办职业技能培训机构、培训学校（以下统称职业技能培训机构），由人力社保部门按照国家规定的权限审批，并抄送同级教育行政部门备案。

非民办职业技能培训机构的审批，按照国家有关规定执行。

第九条　民办职业技能培训机构实行分类登记管理。营利性职业技能培训机构应当向市场监督管理部门办理注册登记，非营利性职业技能培训机构应当向民政部门申请民办非企业单位登记。

未经依法审批和登记的职业技能培训机构，不得开展培训活动。

第十条　鼓励企事业单位、社会团体、职业学校及个人面向社会开展职业技能培训。鼓励社会力量投资举办或者引进职业技能培训机构和鉴定机构。

政府有关部门在师资培养、购买服务、提供就业信息服务等方面，应当平等对待各类职业技能培训机构和鉴定机构。

第十一条　职业技能培训机构和其他单位实施职业技能培训，应当制定培训计划，保证学员接受培训的时间和质量。

职业技能培训机构发布的招生简章和招生广告内容应当客观、真实、准确，载明职业培训机构名称、培养目标、培训内容、办学层次、办学形式、办学地址、证书发放等有关事项，并报审批机关备案。

第十二条　职业技能培训机构和其他单位实施职业技能培训，应当按照国家相关职业技能培训标准进行；没有国家职业技能培训标准的，市和县（市）区质量技术监督行政主管部门可以会同人力社保部门，在法律、法规授权范围内，制定培训实施标准，在本行政区域内推荐执行。

第十三条　企业应当建立职工培训制度，实行技能培训与考核评价、工资待遇相结合的激励机制，并根据生产经营、科技创新和技术进步的需要，组织职工开展多种形式的职业技能培训。

鼓励有条件的企业利用自身资源建立技能培训中心、技师工作站等技能培训组织。

第十四条　企业应当按照国家有关规定提取并合理使用企业职工教育经费，并可以依法在税前扣除。企业职工教育经费的百分之六十以上应当用于一线职工的教育和培训。

企业应当将职工教育经费的提取与使用情况列为企务信息公开的内容，接受全体职工的质询和监督。

第十五条　企业安排员工参加脱产或者半脱产职业技能培训的，可以与员工签订培训合同，作为劳动合同的补充。

培训合同应当明确培训目标、内容、形式、期限、双方权利义务以及费用承担、违约责任等内容。

第十六条　鼓励企业与职业学校、职业技能培训机构开展订单式培训、定向培训和定岗培训。

职业学校应当积极推行学历证书和职业资格证书制度，实行专业设置与产业需求、课程内容与职业标准相衔接。

第十七条　政府举办或者认定的职业技能实践训练基地应当向社会开放，提供示范性技能训练、技能鉴定、竞赛集训和公共实训等服务。

鼓励和支持企事业单位、社会团体、职业学校及个人建立职业技能实践训练基地。

第十八条　劳动者对在培训过程中知悉的企业或者其他单位的技术秘密，应当依照相关法律规定履行保密义务。

劳动者在培训过程中形成的发明创造，应当依照相关法律规定确定权利归属。

第十九条　市人力社保部门应当会同市教育行政部门落实和完善职业技能培训教师到企业实践和企业技能人才担任兼职教师等制度，提升职业技能培训的师资水平。

第三章　鉴定和评价

第二十条　职业技能鉴定实行职业资格目录清单制度,禁止任何单位和个人在职业资格目录之外开展资格认定工作。

第二十一条　职业技能鉴定由法定的职业技能鉴定机构组织实施。

行业特有工种在本市范围内开展职业技能鉴定的,鉴定机构应当将该鉴定项目报市人力社保部门备案。

对涉及公共安全、人身健康、生命财产安全等特殊工种的职业技能鉴定,按国家有关规定执行。

第二十二条　市人力社保部门应当会同相关行业主管部门、行业协会（学会）等,加快职业技能标准的完善和鉴定题库的开发与更新,为职业技能培训和鉴定提供技术支持。

第二十三条　职业技能培训与鉴定活动应当按照监督管理机构与承办培训机构相分离、鉴定与培训实施机构分开的原则进行。

第二十四条　鼓励和支持符合条件的企业、行业协会（学会）开展技能人才自主评价,可以根据国家职业技能标准,结合生产服务实际,对本企业（行业）职工的技能水平进行自主考核鉴定,在报相关部门认定后,按规定核发相应国家职业资格证书。

第四章　扶持和监管

第二十五条　市和县（市）区人民政府应当加大职业技能培训资金投入,统筹安排各类政府补助资金,对职业技能培训教材和鉴定题库开发、师资培训、职业技能实践训练基地建设、职业技能竞赛、评选表彰等基础工作给予支持。

市人力社保部门应当会同市财政等部门制定职业技能培训资金使用管理办法,提高财政资金的使用效益。

第二十六条　政府财政补贴的培训项目实行服务外包的,培训组织单位应当按照公开、公平、公正的原则向社会公布,依照有关规定,通过竞争方式选定培训机构。培训机构应当按照相应的标准和程序开展职业技能培训,并接受人力社保部门的监督检查。

人力社保部门可以委托有资质的社会中介组织对培训和鉴定机构的服务质量及补贴资金使用情况进行评估。

第二十七条　人力社保部门应当会同相关部门定期组织职业技能竞赛,竞赛优胜者可按规定取得或者晋升相应职业技能等级。

鼓励企事业单位、社会团体、职业学校开展职业技能竞赛。

第二十八条　人力社保部门应当加强对职业技能培训和鉴定活动的监督管理,及时处理对职业技能培训和鉴定活动的投诉举报。

其他有关部门应当依照各自职责,协助做好监督指导工作。

第二十九条　各行业主管部门和有关单位应当按照各自职责,建立劳动者职业技能培训档案和培训机构及其从业人员信用档案,定期对培训主体的培训质量进行评估,并将评估结果抄送人力社保部门。

人力社保部门应当将培训机构的信用信息予以公告后纳入相关信用信息数据库。

第三十条　人力社保部门应当会同相关部门建立和完善职业技能培训信息化公共服务平台，开展统计分析工作，定期发布职业供求、市场工资指导价位、职业技能培训等信息。

第五章　法律责任

第三十一条　违反本条例规定的行为，国家和省有关法律、法规已有法律责任规定的，依照其规定处理。

第三十二条　企业违反本条例规定，有下列行为之一的，由人力社保部门责令改正，并纳入相关信用信息数据库，按规定与相关部门进行监管信息共享：

（一）未制定年度职业技能培训计划或者不组织实施的；

（二）未按照规定提取职工教育经费，或者挪用职工教育经费的。

第三十三条　职业技能培训机构或者鉴定机构违反本条例规定，有下列情形之一的，由人力社保部门责令改正，没收违法所得，并处二千元以上二万元以下的罚款；情节严重的，吊销许可证：

（一）超出核准范围实施职业技能培训或者鉴定的；

（二）在培训或者鉴定过程中弄虚作假的。

第三十四条　未经人力社保部门许可，从事职业技能培训或者鉴定的单位或者个人，由人力社保部门、登记管理部门按国家有关规定予以查处。

第三十五条　违反本条例有关规定，人力社保等部门及其工作人员在职业技能培训管理过程中滥用职权、玩忽职守、徇私舞弊的，由所在单位或者上级主管部门责令改正，并对直接负责的主管人员和其他直接责任人依法给予处分；构成犯罪的，依法追究刑事责任。

第六章　附　则

第三十六条　本条例自 2016 年 7 月 1 日起施行。

送：浙江省人大常委会
　　市政府
　　市中级法院、市检察院、宁波海事法院
　　市级机关各部门、市直属各单位，各驻甬部队
　　各县（市）区人大常委会、人民政府
　　市人大常委会组成人员，各工作机构
　　市人大常委会法工委委员、法制委咨询员
　　市人大常委会立法工作联系点

宁波市人大常委会办公厅

2016 年 4 月 20 日印

附录 2　宁波市技能人才发展大事（2016 年）

◆ 3 月 6～10 日，德国手工业制造领域的资深专家、原德国中小企业联合总会职业培训中心（德国手工业技能发展中心）主任海尔曼·诺德先生一行莅临宁波市考察与指导职业技能教育与培养工作。

◆ 4 月 12～13 日，全国职业能力建设工作座谈会在天津市召开。宁波市人力资源和社会保障局王效民副局长作了"着眼实际，科学立法，努力推进职业培训规范化法制化"的发言，介绍了宁波市培训立法的相关情况和成功经验。

◆ 5 月 6 日，全市职业能力建设工作会议召开。各县（市）区人社局分管领导、职能科室负责人、技工院校负责人及职业能力建设相关处室负责人约 80 人参加了会议。

◆ 作为全国首个制定的职业技能培训地方性法规，《宁波市职业技能培训条例》经省十二届人大常务委员会第二十八次会议审议通过，自 2016 年 7 月 1 日开始施行。5 月 17 日上午，宁波市人力资源和社会保障局和市政府新闻办公室联合召开《宁波市职业技能培训条例》新闻发布会，发布会由市新闻办新闻发布处江再国处长主持，宁波市人力资源和社会保障局林雅莲局长出席发布会并讲话。

◆ 5 月 19 日，2016 年浙江省技能人才校企合作洽谈会（宁波会场）在市人力资源大厦举办。

◆ 6 月 25 日，操作技能型技师市级统一鉴定的理论考试在宁波技师学院考点顺利举行。

◆ 7 月 15 日上午，由宁波市人力资源和社会保障局和市委组织部、团市委、市教育局和市总工会共同举办的"'技能成就梦想'2016 世界青年技能日"主题宣传活动在宁波人力资源大厦举行。

◆ 7 月中旬，职业技能培训网络课堂成功上线，首批近 1000 名企业培训师学员参加了网络培训。

◆ 2016 年"PPG·博客"宁波市维修职业技能大赛经过两天的激烈角逐，于 8 月 25 日在宁波市鄞州职业高级中学校圆满落幕。

◆ 9 月 11～13 日，王效民副局长陪同市政协副主席李太武一行考察广州市开发区高技能人才公共实训基地。

◆ 9 月 23 日上午，2016 中国浙江·宁波人才科技周暨宁波人才紧缺指数新闻发布会上，宁波市人力资源和社会保障局公布了宁波市 2016 年人才紧缺指数和技能人才发展指数报告，其中技能人才发展指数是宁波市首次发布，主要目的是服务于"中国制造 2025"试点示范城市建设要求，为技能人才培养提供指导。

◆ 9 月 24 日，作为宁波市 2016 年人才科技周——"技星汇"重大活动之一的"技能之星"职业技能电视大赛——焊工（焊接机器人）、维修电工、育婴师、化妆师、西式面点师等五项赛事的决赛在宁波技师学院隆重举行。

◆ 10 月 13～14 日，由宁波市委组织部、市人力社保局、市教育局、市总工会主办，象山县委组织部、县人力社保局、县建管局、县教育局、县总工会承办的 2016 年宁波市"技能之星"职业技能电视大赛砌筑工比赛在宁波建设工程学校成功举行。

◆ 应法国鲁昂宁波友好委员会邀请,10月13～18日,宁波技师学院师生一行5人赴法国参加与鲁昂冈特鲁酒店管理学校和尚巴高中的校际交流活动。

◆ 10月21日,2016年浙江省技工院校机械、电工电子中心教研组年会在宁波技师学院举行,省职业技能教学研究所副所长巫惠林出席,来自全省30余所技工院校近百名专业教师参加会议。

◆ 11月8～11日,由市人社局副局长王效民带队,市职业能力建设处、市人才培训中心、宁波技师学院主要负责人等一行5人对深圳市人力资源和社会保障局、深圳技师学院、上海市高技能人才公共实训基地等单位进行了为期4天的考察交流。

◆ 11月14日,宁波技师学院、宁波市鄞州区古林职业高级中学分别获批成为第44届世界技能大赛中国塑料模具工程项目、烹饪项目集训基地,这是宁波市首次获批成为世界技能大赛中国集训基地。

◆ 12月22日上午,宁波(北仑)公共实训中心启动仪式暨吉利汽车技能人才培养开班典礼在新建成的北仑公共实训中心三楼隆重举行。宁波市人社局副局长王效民、北仑区副区长腾安达、吉利集团副总裁魏梅等出席仪式。

◆ 12月26日上午,国家人社部职业能力建设司张立新司长一行,在省、市人社部门相关领导的陪同下莅临宁波考察第44届塑料模具工程和烹饪项目世界技能大赛中国集训基地。

◆ 12月26日下午,宁波市第三届"技能之星"职业技能电视大赛颁奖晚会在宁波电视台800m²的演播厅举行。国家人社部职业能力建设司张立新司长、浙江省人社厅仇贻泓副厅长及市领导杨立平、苏利冕、李关定、陈安平等出席颁奖典礼,并为宁波市第三届"技能之星"颁奖。

附录3 宁波市技能人才发展情况调查问卷(企业部分)

您好,本调查旨在了解宁波市技能人才发展的基本情况,您的回答为优化宁波市技能人才队伍建设相关政策具有重要作用。

请您在百忙中抽出宝贵时间,根据贵企业的真实情况客观作答!

浙江大学—宁波市人力资源和社会保障局联合课题组
2017年3月

一、背景信息(请根据贵公司实际情况对题项填空并在"□"内打"√")

1. 企业类型:
□国有(控股)企业 □外资 □集体 □民营 □个体 □其他
2. 企业所属区域:
□余姚 □慈溪 □奉化 □宁海 □象山 □鄞州 □海曙
□江北 □镇海 □北仑 □保税区 □大榭开发区 □东钱湖旅游度假区
□高新区 □杭州湾新区 □梅山保税港区

3. 企业行业性质：

☐农林牧渔业　☐工业制造　☐高新技术　☐建筑安装　☐房地产业
☐餐饮服务　☐商业贸易　☐文化传播　☐交通运输　☐金融保险
☐投资管理　☐咨询业　☐卫生社会保障和社会福利业　☐其他

4. 企业资产规模：

☐小于4000万　☐大于4000万元且小于40000万元　☐大于40000万元

5. 工业企业所属产业集群：

☐电子信息及光电　☐装备制造　☐汽车及零部件　☐新材料
☐纺织服装　☐家用电器　☐精密仪器仪表　☐精细化工与生物医药
☐新能源及节能技术　☐模具　☐文具　☐其他

6. 现代服务业企业所属产业集群：

☐金融服务　☐现代农业　☐科技服务业　☐会展与旅游　☐大宗商品交易
☐工程与建筑　☐现代物流　☐医疗卫生　☐电子商务　☐商业与贸易
☐人力资源服务业　☐教育　☐其他

7. 本企业目前招用技能人才的主要来源（可多选）：

☐企业自行培养　☐高职技校等推荐　☐校企合作培养　☐社会公开招募
☐公共就业人才服务机构介绍　☐其他

8. 企业主要培训形式（可多选）：

☐企业组织提升培训　☐师带徒型培训　☐送出去进修、培训　☐其他

9. 相较于去年，您认为今年的技能人才政策对企业更加有利吗？

☐不同意　☐不太同意　☐一般　☐同意　☐非常同意

二、宁波市企业技能人才发展基本情况

1. 技能人才规模（单位：人）

	总人数	比2015年增加人数	2016年离职人数	近三年招聘人数	需求人数
初级工					
中级工					
高级工					
技师					
高级技师					
总计					

2. 技能人才的年龄构成（单位：人）

	35岁以下	36-45岁	46-55岁	56岁以上
初级工				
中级工				

续表

	35 岁以下	36-45 岁	46-55 岁	56 岁以上
高级工				
技师				
高级技师				
总计				

3. 技能人才的学历构成（单位：人）

	初中及以下	高中及中专	大专	本科	研究生
初级工					
中级工					
高级工					
技师					
高级技师					
总计					

4. 岗位缺工状况：相较于去年，您认为今年贵公司的技能人才缺工状况是否有所改善？（请您结合实际情况和自身感受做出判断，在相应的栏目上打"√"）

	更加严重	没有改变	有所改善	有较大改善
初级工				
中级工				
高级工				
技师				
高级技师				

5. 生产所需工种缺工状况：相较于去年，您认为今年贵公司的技能人才缺工状况是否有所改善？（对以下各项调查内容做出准确判断，在相应的栏目上打"√"）

工种	更加严重	没有改变	有所改善	有较大改善

6. 人才质量评估：（对技能人才的总体质量进行满意度评价，在相应的栏目上打"√"）

		非常满意	比较满意	一般	不满意	非常不满意
初级工	工作态度					
	专业技能					
	学习能力					
	创新能力					
	总体评价					
中级工	工作态度					
	专业技能					
	学习能力					
	创新能力					
	总体评价					
高级工	工作态度					
	专业技能					
	学习能力					
	创新能力					
	总体评价					
技师	工作态度					
	专业技能					
	学习能力					
	创新能力					
	总体评价					
高级技师	工作态度					
	专业技能					
	学习能力					
	创新能力					
	总体评价					
总体评价						

7. 贵公司对政府的技能人才政策有什么建议？ _____

_____

_____（问卷已结束，感谢您的参与！）

附录4 宁波市技能人才发展情况调查问卷（技能人才部分）

您好！为全面了解宁波市技能人才队伍状况，进一步制定科学的技能人才政策，我们开展本次问卷调查。本问卷匿名填写，所有答案均无正确与错误之分，且仅供本项目研究之用，请您完全按照自己的真实想法填写问卷。衷心感谢您的合作！

浙江大学—宁波市人力资源和社会保障局联合课题组
2017 年 3 月

一、个人及企业基本信息（请根据您的实际情况作答并在"□"内打"√"）

1. 性别：□男　　□女
2. 年龄：□25 岁及以下　□26～35 岁　□36～45 岁　□46～55 岁　□56 岁以上
3. 单位：□政府　□事业单位　□企业　□中介组织　□自由职业　□离退休　□其他
4. 学历：□初中及以下　□高中及中专　□大专　□本科　□硕士及以上
5. 职业技能水平：□初级工（五级）　□中级工（四级）　□高级工（三级）　□技师（二级）　□高级技师（一级）　□无
6. 工作单位所有区域：□余姚　□慈溪　□奉化　□宁海　□象山　□鄞州　□海曙　□江北　□镇海　□北仑　□保税区　□大榭开发区　□东钱湖旅游度假区　□高新区　□杭州湾新区　□梅山保税港区
7. 工作单位所属所有制性质：□国有（控股）企业　□外资　□集体　□民营　□个体　□其他
8. 企业资产规模：□小于 4000 万　□大于 4000 万元且小于 40000 万元　□大于 40000 万元
9. 工作单位所属行业性质：
□农林牧渔业　□工业制造　□高新技术　□建筑安装　□房地产业
□餐饮服务　□商业贸易　□文化传播　□交通运输　□金融保险
□投资管理　□咨询业　□卫生社会保障和社会福利业　□其他
10. 工业企业所属产业集群：
□电子信息及光电　□装备制造　□汽车及零部件　□新材料
□纺织服装　□家用电器　□精密仪器仪表　□精细化工与生物医药
□新能源及节能技术　□模具　□文具　□其他
11. 现代服务业企业所属产业集群：
□金融服务　□现代农业　□科技服务业　□会展与旅游
□大宗商品交易　□工程与建筑　□现代物流　□医疗卫生
□电子商务　□商业与贸易　□人力资源服务业　□教育　□其他
12. 您在贵企业的职务：
□高层管理者（或厂长/经理）　□中层管理者（或车间主任/主管）
□基层管理者（或工段长/小组长/班长）　□普通员工

二、薪酬与福利水平（请根据您的实际情况作答并在"□"内打"√"）

13. 您当前月平均收入是：□3000 元以下　□3000～5000 元　□5000～7000 元
□7000～10000 元　□10000～15000 元
□15000 元以上

14. 相较于去年同期，您的月平均收入提升了多少？
□0～1000 元　□1000～2000 元　□2000～3000 元
□3000～5000 元　□5000 元以上

15. 您目前个人年薪的组成部分主要包括：（多选）
□基本工资　□绩效工资　□年终奖金　□分红　□其他补贴

16. 您所在企业/单位为员工提供哪些福利保障：（多选）
□养老保险　□医疗保险　□失业保险　□工伤保险　□生育保险
□住房公积金　□带薪休假　□其他商业保险　□无福利保障

17. 您获得的年度福利水平是多少：
□3000 元以下　□3000～5000 元　□5000～8000 元
□8000～10000 元　□10000 元以上

18. 您的家庭经济状况在本地属于：（　　）
□上等　□中上等　□中等　□中下等　□下等

19. 您的住房状况（　　），现住房的家庭人均面积：＿＿＿＿平方米/人
□有自己的住房　□租住的公房　□租住的私房　□集体宿舍
□住亲友家/借住　□其他

20. 您的工作年限：
□1 年以内　□1～3 年　□3～5 年
□5～10 年　□10～20 年　□20 年以上

三、工作环境（请您结合实际情况和自身感受，对以下各项调查内容的赞同程度做出准确判断，在相应的数字上打"√"。）

指标名称（请对您的工作环境作出评价）	极不赞同	不太赞同	中等程度	比较赞同	非常赞同
1. 我在一个安全、轻松、舒适的环境中工作	1	2	3	4	5
2. 单位为我提供良好的工作环境（照明、通风、噪声等）	1	2	3	4	5
3. 我从来没有被要求去从事一项不安全的工作	1	2	3	4	5
4. 我被要求进行安全操作以避免工作事故发生	1	2	3	4	5
5. 我认为企业/单位注重安全管理，对此我感到满意	1	2	3	4	5
6. 企业/单位为我配备的设备、资源等条件十分完善	1	2	3	4	5
7. 企业/单位的设备管理及维护非常到位	1	2	3	4	5

（工作自然环境）

续表

指标名称（请对您的工作环境作出评价）		下列陈述是否符合现实状况？				
		极不赞同	不太赞同	中等程度	比较赞同	非常赞同
工作人文环境	8. 我对自己所在工作部门的关系感到融洽	1	2	3	4	5
	9. 我满意目前企业/单位赋予我的权利和责任	1	2	3	4	5
	10. 企业/单位为我提供了丰富多彩的人际交流活动	1	2	3	4	5
	11. 我在工作中有很大的自由度决定如何实现我的目标	1	2	3	4	5
	12. 我愿意帮助同事解决工作中的相关问题	1	2	3	4	5
	13. 我愿意为改善企业/单位的运作情况提出积极建议	1	2	3	4	5
	14. 当工作遇到问题时，我能及时得到指导意见	1	2	3	4	5
工作发展状况	15. 现在的工作充分发挥了我的技能和才华	1	2	3	4	5
	16. 我有明确的职业生涯发展规划与目标	1	2	3	4	5
	17. 我在现在的单位能获得丰富的培训和学习机会	1	2	3	4	5
	18. 单位有健全的职业晋升通道和公平的晋升机会	1	2	3	4	5
	19. 单位在人事调动时会考虑我的兴趣、职业倾向和价值观	1	2	3	4	5
	20. 我在工作中受到户籍、学历、职称等政策的限制	1	2	3	4	5
	21. 我目前的工作充满挑战性，让我感到焦虑和紧张	1	2	3	4	5

四、您对宁波市高技能人才工作的意见或建议是： _____

_____问卷已结束，感谢您的参与！

附录5　宁波市技能人才培养情况调查问卷
（技工/职业院校部分）

尊敬的学校负责人：

　　您好！我们目前正在进行一项有关宁波市技能人才队伍建设的研究，为了解院校技能人才培养的基本状况，我们展开了此次调查，所有答案均无正确与错误之分，且仅供本项目研究之用，希望得到您的支持和帮助。感谢您在百忙之中为我们填写这份调查问卷！

浙江大学—宁波市人力资源和社会保障局联合课题组
2017 年 3 月

一、院校基础信息（请根据您的实际情况作答并在"□"内打"√"）

机构名称	
教育层次	□大学　　　□高职高专　　□技师学院（高级技校） □技工学校（中职、职高、中专）□其他_____
机构类别	□国家级改革发展示范校　□国家重点学校　□省级重点学校　□其他_____

机构性质	□公立院校　□民办院校　□社会培训机构　□其他		
主管部门	□教育行政部门　　　　□人力资源和社会保障行政部门 □其他行业行政部门　　□其他（请说明）_____		
所属区域	□余姚　□慈溪　□奉化　□宁海　□象山　□鄞州　□海曙　□江北　□镇海　□北仑 □保税区　□大榭开发区　□东钱湖旅游度假区　□高新区　□杭州湾新区　□梅山保税港区		
学校规模	教职工数		专业数		在校生数	
	社会培训人次数		人/年		年毕业生数	
教学设施	普通教室		多媒体教室		计算机教室	
	实训实验室		实训设备	台	实训基地	

师资队伍结构

专职教师	专职教师总数				高级技师	
	教师职称	中级		职业资格	技师	
		高级			高级技工	
	"双师型"教师数量				中级技工	

师资队伍结构

兼职教师	兼职教师总数				高级技师	
	教师职称	中级		职业资格	技师	
		高级			高级技工	
	"双师型"教师数量				中级技工	

毕业生情况

	2014 年	2015 年	2016 年
毕业生数			
双证书率（%）			
就业率（%）			

二、各专业大类学生数量与师资力量总体情况

专业大类	2016 年学生数	2016 年教师数	2015 年学生数	2015 年教师数
农林牧渔大类				
交通运输大类				
生化与药品大类				
资源开发与测绘大类				
材料与能源大类				
土建大类				
水利大类				
制造大类				

专业大类	2016 年学生数	2016 年教师数	2015 年学生数	2015 年教师数
电子信息				
环保、气象与安全大类				
轻纺食品类				
财经管理类				
医药卫生类				
旅游大类				
公共事业管理大类				
文化教育大类				
艺术设计与传媒大类				
总计				

三、院校技能人才培养相关信息

1. 贵校是否有供师生使用的实训资源（实训室或实训基地），效果如何？
□有，资源丰富科学有利于实训教学　　□有，但其设计不适用于实训教学 □有，师生没有意识到其作用　　　　　□学校无实训资源
2. 您认为贵校的实训资源能否满足实训教学需求？
□满足　□不满足（如果不满足请选择原因） 您认为贵校实训资源不能满足需求的原因为（可多选） □实训资源数量不足　□设备陈旧落后　□设备先进但与教学不配套　□设备的配套设施缺乏
3. 您认为"双师型"教师培养的评定标准是什么？
□具有教师资格证和行业资格证（即"双证书"） □具有中级以上教师职称和专业技术职称（即"双职称"） □具备教学科研能力，又具备专业实践能力（即"双能力"） □在企事业单位工作来校兼课的教师（即"双来源"）　　□其他_____
4. 您认为"双师型"教师培养的关键是什么？（可多选）
□完善的培养机制　□学校的科学管理　□教师的自身发展　□校企合作
5. 贵校为在校教师提供过哪些在职学习或培训？
□学历提升　□自行安排专业技能学习　□学校安排的各级培训　□其他_____　　□无
6. 您认为贵校的师资力量能否满足教学需求？
□很难满足　　　　□难满足　　　　　□基本满足　　　　　□完全能满足
7. 您认为贵校目前的专业设置是否能够符合企业和社会的需求？
□非常符合　　　□比较符合　　　□一般　　　□不符合　　　□非常不符合

8.您认为现在职业院校课程设置存在的突出问题是？（可多选）	重要性排序
□专业课程内容老化，没有随社会发展需要及时更新	
□实践课程太少，专业课程中不注重对实践能力的培养	
□公共课、专业基础课与专业课之间缺乏有效的衔接	

续表

| □选修课程数量太少，选择范围有限 | |
| □其他（请补充） | |

9. 您认为贵校培养出来的学生是否具有较强专业技能？

| □非常强 | □比较强 | □一般 | □较弱 | □非常弱 |

10. 贵校进行校企合作的经历

| □没有 | □1～5 年 | □6～9 年以上 | □10 年以上 |

11. 贵校校企合作的主要模式有哪些？（可多选）

| □订单式合作 | □合作办学 | □共建专业 | □顶岗实习 | □共建实训基地 |
| □工学交替 | □其他（请说明） |

您认为贵校开展的校企合作模式中哪种效果最好？ _____

12. 总体来看，贵校目前与企业合作的效果如何？

| □非常好 | □比较好 | □一般 | □较差 | □非常差 |

13. 您认为校企合作培养的学生职业技能是否强于一般模式培养的学生？

| □强很多 | □稍强 | □无差异 | □稍差 | □差很多 |

14. 您认为目前的校企合作模式存在哪些问题？（可多选）

| □企业参与意愿不高 | □对学生吸引力不够 | □合作流于形式 |
| □院校与企业需求难以无缝对接 | □政府扶持力度不足 | □其他（请说明） _____ |

15. 请问贵校是否有"订单式"人才培养模式？

| □有 | □没有（选择"没有"请从 18 题继续） |

16. 您认为贵校的基本教学设施能满足"订单式"培养模式的教学要求吗？

| □很难满足 | □难满足 | □基本满足 | □完全能满足 |

17. 您认为"订单"班学生与非"订单"班学生相比在哪些方面比较有优势？

| □专业理论方面 | □实践操作方面 | □企业文化方面 | □团队意识方面 | □其他方面_____ |

18. 就您了解的情况，企业、学生、社会对职业教育的认同如何？

企业	□非常高	□比较高	□一般	□较低	□非常低
学生	□非常高	□比较高	□一般	□较低	□非常低
社会	□非常高	□比较高	□一般	□较低	□非常低

19. 就您了解的情况，宁波市技能人才培养/教学质量如何？

| □非常好 | □比较好 | □一般 | □较差 | □非常差 |

20. 就您了解的情况，宁波市技工学校/职业院校毕业生就业时是否具有较大竞争力？

| □非常大 | □比较大 | □一般 | □较小 | □非常小 |

21. 您认为目前的技能人才普遍短缺的原因是什么？（可多选）

□熟练操作技能人才数量较少	□技能人才综合素质与企业需求不相适应
□岗位技术要求高，职业教育培训难以实现 □工资待遇吸引力不强	
□企业生产、生活条件差，导致人员流动性大 □生产规模扩大 □其他（请说明） _____	

22. 您认为目前宁波市的技能人才队伍建设工作开展得如何？

| □非常好 | □比较好 | □一般 | □较差 | □非常差 |

23. 您对目前宁波市出台的技能人才队伍建设相关政策是否满意？

| □非常满意 | □比较满意 | □一般 | □不太满意 | □非常不满意 |

您的建议：

再次感谢您的大力支持，谢谢！祝您生活愉快！

附录6　宁波市技能人才培养情况调查问卷（教师部分）

尊敬的老师：

　　您好！我们目前正在进行一项有关宁波市技能人才队伍建设的研究，为了解院校技能人才培养的基本状况，我们展开了此次调查，调查结果仅作为研究参考，希望得到您的支持。

　　请根据贵校的真实情况客观作答。感谢您在百忙之中为我们填写这份调查问卷！

浙江大学—宁波市人力资源和社会保障局联合课题组

2017 年 3 月

一、基础信息

所在学校	
教师类型	□专职教师　　□兼职教师

二、院校技能人才培养相关信息

1. 贵校是否有供师生使用的实训资源（实训室或实训基地），效果如何？

□有，资源丰富科学有利于实训教学　　□有，但其设计不适用于实训教学
□有，师生没有意识到其作用　　□学校无实训资源

2. 您认为贵校的实训资源能否满足实训教学需求？

□满足　□不满足（如果不满足请选择原因）
您认为贵校实训资源不能满足需求的原因为（可多选）
□实训资源数量不足　□设备陈旧落后　□设备先进但与教学不配套　□设备的配套设施缺乏

3. 您认为"双师型"教师培养的评定标准是什么？

□具有教师资格证和行业资格证（即"双证书"）
□具有中级以上教师职称和专业技术职称（即"双职称"）
□具备教学科研能力，又具备专业实践能力（即"双能力"）
□在企事业单位工作来校兼课的教师（即"双来源"）　　□其他_____

4. 您认为"双师型"教师培养的关键是什么？（可多选）

□完善的培养机制　□学校的科学管理　□教师的自身发展　□校企合作

5. 您参加过哪些在职学习或培训？

□学历提升　□自行安排专业技能学习　□学校安排的各级培训　□其他_____　　□无

6. 您认为贵校的师资力量能否满足教学需求？

□很难满足　□难满足　□基本满足　□完全能满足

7. 您认为影响贵校专业课程设置的主要因素有哪些？（限选 3 个）

□国家政策　□社会发展需求　□学校教学设施　□师资力量　□学生生源质量
□就业形势　□其他

8. 您认为贵校目前的专业设置是否能够符合企业和社会的需求？

| □非常符合 | □比较符合 | □一般 | □不符合 | □非常不符合 |

9. 您认为现在技工学校课程设置存在的突出问题是什么？（可多选）　　重要性排序

| □专业课程内容老化，没有随社会发展需要及时更新 |
| □实践课程太少，专业课程中不注重对实践能力的培养 |
| □公共课、专业基础课与专业课之间缺乏有效的衔接 |
| □选修课程数量太少，选择范围有限 |
| □其他（请补充） |

10. 您认为贵校培养出来的学生是否具有较强专业技能？

| □非常强 | □比较强 | □一般 | □较弱 | □非常弱 |

11. 总体来看，贵校目前与企业合作的效果如何？

| □非常好 | □比较好 | □一般 | □较差 | □非常差 |

12. 您认为校企合作培养的学生职业技能是否强于一般模式培养的学生？

| □强很多 | □稍强 | □无差异 | □稍差 | □差很多 |

13. 您认为目前的校企合作模式存在哪些问题？（可多选）

□企业参与意愿不高　　　□对学生吸引力不够　□合作流于形式
□院校与企业需求难以无缝对接　□政府扶持力度不足　□其他（请说明）

14. 请问贵校是否有"订单式"人才培养模式？

□有　　□没有（选择"没有"请从 17 题继续）

15. 您认为贵校的基本教学设施能满足"订单式"培养模式的教学要求吗？

□很难满足　□难满足　□一般　□基本满足　□完全能满足

16. 您认为"订单"班学生与非"订单"班学生相比在哪些方面比较有优势？

□专业理论方面　□实践操作方面　□企业文化方面　□团队意识方面　□其他方面＿＿＿＿＿

17. 就您了解的情况，企业、学生、社会对职业教育的认同如何？

企业	□非常高	□比较高	□一般	□较低	□非常低
学生	□非常高	□比较高	□一般	□较低	□非常低
社会	□非常高	□比较高	□一般	□较低	□非常低

18. 就您了解的情况，宁波市技能人才培养/教学质量如何？

| □非常大 | □比较大 | □一般 | □较小 | □非常小 |

19. 就您了解的情况，宁波市技工学校/职业院校毕业生就业时是否具有较大竞争力？

| □非常大 | □比较大 | □一般 | □较小 | □非常小 |

续表

20. 您认为目前的技能人才普遍短缺的原因是什么？（可多选）

□熟练操作技能人才数量较少　　　　　　　□技能人才综合素质与企业需求不相适应

□岗位技术要求高，职业教育培训难以实现　□工资待遇吸引力不强

□企业生产、生活条件差，导致人员流动性大　□生产规模扩大　□其他（请说明）

21. 您认为目前宁波市的技能人才队伍建设工作开展得如何？

| □非常好 | □比较好 | □一般 | □较差 | □非常差 |

22. 您对目前宁波市出台的技能人才队伍建设相关政策是否满意？

| □非常满意 | □比较满意 | □一般 | □不太满意 | □非常不满意 |

再次感谢您的大力支持，谢谢！祝您生活愉快！

附录7　宁波市技能人才培养情况调查问卷（学生部分）

亲爱的同学：

　　您好！我们目前正在进行一项有关宁波市技能人才队伍建设的研究，为了解院校技能人才培养的基本状况，我们展开了此次调查，调查结果仅作为研究参考，希望得到您的支持。

　　请根据贵校的真实情况客观作答。感谢您在百忙之中为我们填写这份调查问卷！

浙江大学—宁波市人力资源和社会保障局联合课题组

2017 年 3 月

一、基础信息

您所在学校	
您的专业	

二、院校/培训机构技能人才培养相关信息

1. 贵校是否有供师生使用的实训资源（实训室或实训基地），效果如何？

□有，资源丰富科学有利于实训教学　　□有，但其设计不适用于实训教学
□有，师生没有意识到其作用　□学校无实训资源

2. 您认为贵校的实训资源能否满足实训教学需求？

□满足　□不满足（如果不满足请选择原因）
您认为贵校实训资源不能满足需求的原因为（可多选）
□实训资源数量不足　□设备陈旧落后　□设备先进但与教学不配套　□设备的配套设施缺乏

3. 您认为贵校的师资力量能否满足教学需求？

□很难满足　□难满足　□基本满足　□完全能满足

4. 您认为贵校目前的专业设置是否能够符合企业和社会的需求？

| □非常符合 | □比较符合 | □一般 | □不符合 | □非常不符合 |

5. 您认为现在技工学校课程设置存在的突出问题是？（可多选）	重要性排序
□专业课程内容老化，没有随社会发展需要及时更新	

续表

□实践课程太少，专业课程中不注重对实践能力的培养	
□公共课、专业基础课与专业课之间缺乏有效的衔接	
□选修课程数量太少，选择范围有限	
□其他（请补充）	

6. 您认为贵校专业课程设置的结构是否合理？

□非常合理　　　　□比较合理　　　　□一般　　　　□较不合理　　　　□非常不合理

7. 您认为贵校您所在专业的专业课程实施效果如何？

□非常好　　　　□比较好　　　　□一般　　　　□较差　　　　□非常差

8. 您认为学校培养出来的学生是否具有较强专业技能？

□非常强　　　　□比较强　　　　□一般　　　　□较弱　　　　□非常弱

9. 总体来看，目前学校与企业合作的效果如何？

□非常好　　　　□比较好　　　　□一般　　　　□较差　　　　□非常差

10. 您认为校企合作培养的学生职业技能是否强于一般模式培养的学生？

□强很多　　　　□稍强　　　　□无差异　　　　□稍差　　　　□差很多

11. 您认为目前的校企合作模式存在哪些问题？（可多选）

□企业参与意愿不高　　　　□对学生吸引力不够　　　　□合作流于形式
□院校与企业需求难以无缝对接　　□政府扶持力度不足　　□其他（请说明）

12. 请问贵校是否有"订单式"人才培养模式？

□有　　　□没有（选择"没有"请从17题继续）

13. 您认为贵校的基本教学设施能满足"订单式"培养模式的教学要求吗？

□很难满足　　□难满足　　□一般　　□基本满足　　□完全能满足

14. 您认为"订单"班学生与非"订单"班学生相比在哪些方面比较有优势？

□专业理论方面　　□实践操作方面　　□企业文化方面　　□团队意识方面　　□其他方面_____

15. 就您了解的情况，企业、学生、社会对职业教育的认同如何？

企业	□非常高	□比较高	□一般	□较低	□非常低
学生	□非常高	□比较高	□一般	□较低	□非常低
社会	□非常高	□比较高	□一般	□较低	□非常低

16. 就您了解的情况，宁波市技工学校/职业院校教学质量如何？

□非常好　　　　□比较好　　　　□一般　　　　□较差　　　　□非常差

17. 就您了解的情况，宁波市技工学校/职业院校毕业生就业时是否具有较大竞争力？

□非常大　　　　□比较大　　　　□一般　　　　□较小　　　　□非常小

18. 您认为目前的技能人才普遍短缺的原因是？（可多选）

□熟练操作技能人才数量较少　　　　　　□技能人才综合素质与企业需求不相适应
□岗位技术要求高，职业教育培训难以实现　□工资待遇吸引力不强
□企业生产、生活条件差，导致人员流动性大　□生产规模扩大　□其他（请说明）

19. 您认为目前宁波市的技能人才队伍建设工作开展得如何？

□非常好　　　　□比较好　　　　□一般　　　　□较差　　　　□非常差

20. 您对目前宁波市出台的技能人才队伍建设相关政策是否满意？

□非常满意　　　　□比较满意　　　　□一般　　　　□不太满意　　　　□非常不满意

再次感谢您的大力支持，谢谢！祝您生活愉快！